光纤传感技术及应用

冯文林　杨晓占　陶传义　著

重庆大学出版社

内容提要

本书以光纤传感技术及应用为核心,着重阐述了光纤传感技术在气体检测、液体检测、生物检测、结构健康安全监测、电力装备状态监测等领域的原理和应用,详细介绍了光纤传感在上述领域的研究现状、发展趋势和传感器设计方法等内容,并给出了多个具有典型特色的应用案例。

本书可供理工科院校光电、电子、信息、电气工程、土木工程和自动化等专业从事传感器研究的本科生、研究生以及相关领域的研究人员参考阅读。

图书在版编目(CIP)数据

光纤传感技术及应用 / 冯文林,杨晓占,陶传义著.
重庆 : 重庆大学出版社,2025. 2. -- ISBN 978-7-5689-
5152-4
Ⅰ. TP212.4
中国国家版本馆 CIP 数据核字第 2025Q114C3 号

光纤传感技术及应用
GUANGXIAN CHUANGAN JISHU JI YINGYONG
冯文林 杨晓占 陶传义 著
策划编辑:杨粮菊
责任编辑:文 鹏 版式设计:杨粮菊
责任校对:王 倩 责任印制:张 策

*

重庆大学出版社出版发行
出版人:陈晓阳
社址:重庆市沙坪坝区大学城西路 21 号
邮编:401331
电话:(023) 88617190 88617185(中小学)
传真:(023) 88617186 88617166
网址:http://www.cqup.com.cn
邮箱:fxk@ cqup.com.cn(营销中心)
全国新华书店经销
重庆升光电力印务有限公司印刷

*

开本:720mm×1020mm 1/16 印张:21 字数:300 千
2025 年 2 月第 1 版 2025 年 2 月第 1 次印刷
ISBN 978-7-5689-5152-4 定价:88.00 元

编　委

序

欣闻冯文林老师的专著《光纤传感技术及应用》即将由重庆大学出版社出版,十分高兴。

我与冯文林老师相识多年,冯文林老师是重庆理工大学教授、博士生导师、重庆市巴渝学者特聘教授,重庆市科技创新领军人才,现任重庆理工大学电气与电子工程学院院长兼光学工程学科点负责人,长期从事光纤传感技术及应用领域的研究,并在这条路上稳扎稳打十余年。

近年来,光电技术有力地推动着高端精密仪器的发展,激光测量和光纤传感技术在其中起到了强有力的支持作用。光纤传感利用外界物理量引起的光纤中传播的光的特性参数变化,对外界物理量进行测量和数据传输,本质绝缘、传感端无须供电。在某些复杂环境(如矿井)中,使用电传感器存在较大的安全隐患,其电火花较易点燃空气中的易燃易爆气体(如硫化氢、甲烷、一氧化碳等)造成燃爆。冯文林老师团队研究的光纤传感器更适用于这样的环境,其能对周围环境参数进行高灵敏实时监测,能更好地确保安全。

本书以光纤传感技术及应用为核心,着重阐述了光纤传感技术在气体检测、液体检测、生物检测、结构健康安全监测、电力装备状态监测等领域的原理和应用,详细介绍了光纤传感在上述领域的研究现状、发展趋势和传感器设计方法等内容,并结合冯文林老师团队的具体科研工作,给出了多个具有典型特色的应用案例。

对于有志于进入光纤传感领域的本科生、研究生、青年学者来说,本书内容丰富、理论扎实,兼具工程应用特色,是一本难能可贵的佳作,其出版必将受到读者的热烈欢迎。

朱涛

2024年9月12日

前　言

　　传感技术是信息获取的源头,随着数字化、智能化转型在各行业领域不断的深入,传感技术已成为重要的基础性技术,发挥着举足轻重的作用,研发具有自主知识产权的先进传感技术是国家重大战略需求。

　　由光纤与激光器、半导体探测器等一起构成的光纤传感技术是 20 世纪后半叶的重要发明。光纤传感技术利用外界物理量引起的光纤中传播光的特性参数(如强度、相位、波长、偏振、散射等)变化,对外界物理量(如温度、压力、应变、磁场、电场、化学与生物成分等)进行测量,并传输信号,它具有体积小、质量轻、抗电磁干扰、安全性高(无电火花,可在易燃易爆环境下工作)、探头端无须供电等优点,其在能源、医疗、环境、土木、安防等领域的应用受到广泛关注,具有广阔的应用前景。

　　基于此现状,本书在对光纤传感技术的理论基础进行全面介绍的基础上,着重阐述了光纤传感技术在气体检测、液体检测、生物检测、结构健康安全监测、电力装备状态监测等领域的原理和应用,并详细介绍了光纤传感在上述领域的研究现状、发展趋势和传感器设计方法等内容,给出了多个具有典型特色的应用案例。希望本书的出版,能对相关领域的工作者了解光纤传感领域的前沿动态、启发创新思维有一定的参考价值。

　　本书涉及的研究内容和成果得到国家自然科学基金"基于类石墨烯纳米涂层空芯微结构光纤传感机理及其在硫化氢监测中的应用研究(NSFC-51574054)""用于结构安全监测的自适应光纤声发射传感系统关键技术研究(NSFC-51874064)"等项目的资助。

　　因作者水平所限,错误之处在所难免,恳请专家、同行和读者给予批评指正。

编　者

2024 年 10 月

目　录

1　绪论

　　光纤(Optic fiber),全称光导纤维,是一种重要的、常用的光波导材料。它利用光的全反射原理将光波能量限制在其传输界面内,并引导光波沿着光纤轴线方向传播。光纤传感技术的基础主要包括光纤的结构特点、光学特性与传输特性。传输特性主要是指光纤的损耗及色散特性。本章主要聚焦介绍光纤基础理论中光信号在光纤中的传输原理,光纤的结构与分类,光纤的损耗、色散,光纤耦合技术,光学干涉仪,光学传感器等。

1.1　光纤的基本特性

1.1.1　光纤结构

　　光纤是工作在特殊电磁波段的一种介质波导,其形状一般为典型的多层同轴圆柱体状。在整个传输过程中受全反射的作用,电磁波的能量被束缚在光纤的传导界面内,沿着光纤轴线的方向前进。从结构上来说,制作玻璃光纤的材料一般是高透明的石英经过复杂的工艺拉制形成的光波导材料。一般是由纤芯、包层、涂覆层以及护套构成,光纤的侧面结构与剖面结构如图 1.1 所示。

　　其中,纤芯的折射率高于包层的折射率,明显,纤芯与包层是光纤结构的主体,决定了光信号传播过程中的质量,护套与涂覆层的作用是提升光纤的抗压

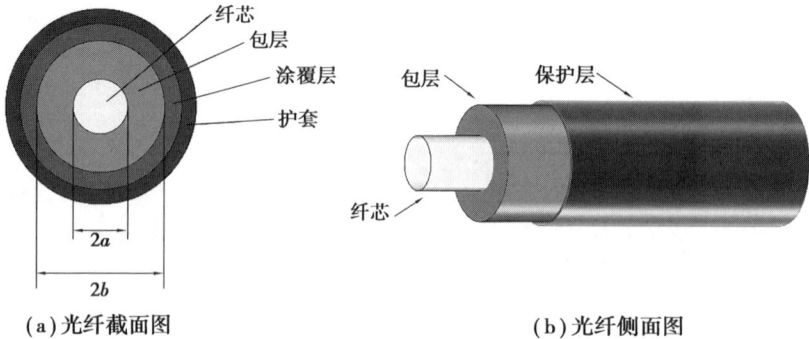

(a) 光纤截面图   (b) 光纤侧面图

图 1.1　光纤的结构

强度,将光纤与外界杂散光信号隔离开起保护光纤的作用。在工业应用中,经常会用到去除涂覆层与护套的裸光纤结构。

纤芯的主要成分是二氧化硅(SiO_2),除此之外,还掺杂有其他材料,如五氧化二磷(P_2O_5)、二氧化锗(GeO_2)等,纤芯的直径一般为 $5 \sim 75$ μm。包层的主要成分一般为纯 SiO_2,除此之外也掺杂材料以降低包层的折射率,如三氧化二硼(B_2O_3)、四氧化二硅(Si_2O_4),普通光纤包层的直径一般为 $100 \sim 200$ μm。光纤的涂覆层材料一般为硅橡胶、环氧树脂等高分子材料,主要用于增强光纤的柔韧性和机械强度。光纤的护套材料一般是尼龙等有机材料,用于增加光纤的机械强度从而起保护光纤的作用。

1.1.2　光纤的导光原理

把光波看成一条几何射线,采用光射线理论分析光纤传输特性。同样,可将光波按照电磁场理论,用麦克斯韦求解分析光纤传输特性。利用射线思路主要是因为光在介质分界面发生全反射现象。如图 1.2 所示,当入射光线从高折射率的光密介质入射到相对低折射率的光疏介质的分界面时将发生光的折射与反射。

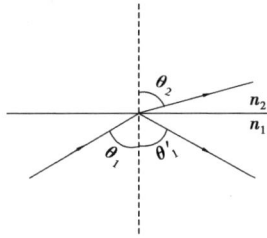

图 1.2　光纤在分界面的折射与反射

根据反射与折射定律的规律,光纤的入射角、反射角与折射角满足以下的关系,即:

$$\theta_1 = \theta_2 \tag{1.1}$$

$$n_1 \sin \theta_1 = n_2 \sin \theta_2 \tag{1.2}$$

随着入射角增大,当 $\theta_2 = 90°$ 时,将不会有光线进入光疏介质中,所有的光能量将被全部反射,这种现象就是全反射。刚好发生全反射时对应的入射角即为全反射的临界角。当然,事实上,光具有波动性,当发生全反射时,仍然会有部分光能量进入光疏介质的表面,其穿透深度往往取决于发生全反射两种介质的折射率、入射角以及入射光的频率。

光纤中存在两种不同形式的射线,它们是子午线与斜射光线。通过光纤纤芯的轴线可以得到多个平面,这些同轴平面称为子午面,子午面上与轴相交的射线是子午线,如图 1.3 所示。子午线在纤芯与包层的交界面发生全反射形成锯齿波,将光波能量限制在光纤的纤芯中。

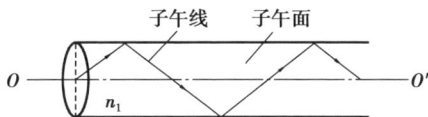

图 1.3　光纤中的子午线与子午面

光线在阶跃式光纤中传输时,当光线进入纤芯后,会在纤芯与包层的界面处发生全反射,从而能在纤芯内向前传播,在纤芯端面上的光发生折射,其折射角 θ 满足 snell,定律若改入射光线达到纤芯和包层界面恰好发生全反射,即折射角 $\theta_2 = 90°$,则可以计算出发生全反射的临界角。相应的入射角 θ_0 称为入射临界角。当然,若是入射光纤端面的光线入射角大于其入射临界角,则它的界面入射角将小于 θ_1,这表示光纤将不会发生全反射,部分光波将射入包层。当光线从空气射入纤芯端面的入射角小于入射临界角时,进入纤芯的光纤将在纤芯与包层界面发生全反射而向前传播,当入射角大于了临界角时,光线将进入包层散失,临界角是影响光纤传播光波质量的一个重要参数,其与折射率的关系为:

$$\sin \theta_0 = n_1 \sin(90° - \theta_c) = n_1 \sqrt{2\Delta} \qquad (1.3)$$

式中,Δ 为纤芯与包层的相对折射率的差值,即:

$$\Delta = \frac{n_1^2 - n_2^2}{2n_1^2} \approx \frac{n_1 - n_2}{n_1} \qquad (1.4)$$

数值孔径是光纤接收入射光线能力的重要参数,它表示只有与纤芯轴夹角为 θ_0 的圆锥体内的入射光线才能在纤芯内传播,一般用 NA 表示为:

$$NA = \sin \theta_0 = n_1 \sqrt{2\Delta} \qquad (1.5)$$

NA 只取决于纤芯与包层折射率的差值,与纤芯和包层的直径无关,NA 随着 Δ 的增大而增大,从而表现出光纤的聚光能力越强,同时,数值孔径 NA 越大,光纤与光源之间的耦合效率将越高,光纤的光能量损耗将越小。通常 $\Delta \approx 0.1$,NA 的值为 $0.1 \sim 0.3$。从而在阶跃型光纤中,入射角不同的光线其在光纤中的传导路径是不相同的,从而到达输出端的时间将产生差异,从而产生脉冲宽度,限制光纤的传输容量。

利用射线光学理论可以简单直观地得到光线在光纤中传输的路径,但是它忽略了光具有波动性,不能了解光场在光纤纤芯与包层中的结构分布。射线理论不能正确地处理单模光纤的传输问题。在光波导理论中,一般采用波动光学的方法研究电磁波在光纤中的传输规律,能够得到光纤中的传播模式、场结构、传输常数以及截止条件等参数。

根据麦克斯韦电磁场理论,光是一种电磁波,光纤是一种具有特定边界条件的光波导。在光纤中传播的光波遵从麦克斯韦方程组,可推导出描述光波传输特性的波导场方程为：

$$\nabla^2 \varphi + \chi^2 \varphi = 0 \qquad (1.6)$$

式中，φ 为光波的电场矢量 E 和磁场矢量 H 的分量，在直角坐标系中可写为：

$$\varphi = \begin{bmatrix} E(x,y) \\ H(x,y) \end{bmatrix} \qquad (1.7)$$

式中，χ 为光波的横向传播常数，定义为：

$$\chi = (\varepsilon \mu \omega^2 - \beta^2)^{\frac{1}{2}} = (n^2 k_0^2 - \beta^2)^{\frac{1}{2}} \qquad (1.8)$$

式中，ω 为光波的圆频率；ε、μ 分别为光介质的介电常数和磁导率；k_0 为光波在真空中的波数，$k_0 = 2\pi / \lambda_0$；β 为纵向传播常数，简称"传播常数"，定义为：

$$\beta = n k_0 \cos \theta_z \qquad (1.9)$$

式中，θ_z 为波矢 k 与 z 轴的夹角。

根据光纤的折射率分布规律和给定的边界条件即可求出 E 和 H 的全部分量表达式，从而确定光波的场分布。

理论计算结果表明，光波场方程有许多分立的解，每个特解就代表一个能在光纤波导中独立传播的电磁场分布，即所谓的波场或模式，简称"模"。光波在光纤中的传播是所有模式线性叠加的结果。光波在光纤中的传播有 3 种模式：导模（传输模）、漏模（泄漏模）和辐射模。导模是光功率限制在纤芯内传播的光波场，又称芯模，其存在的条件为：

$$n_2 k_0 < \beta < n_1 k_0 \qquad (1.10)$$

在纤芯内电磁场按振荡形式分布，为驻波场或传播场；在包层内场的分布按指数函数衰减，为衰减场或渐逝场。模场的能量被闭锁在纤芯内沿轴线方向传播。漏模是在纤芯内及距纤壁一定距离的包层中传播的光波场，又称包层模，其存在的条件为：

$$n_2 k_0 = \beta \qquad (1.11)$$

在纤芯中的模场能量可通过一定厚度的"隧道"泄漏到包层中形成振荡形式，但其振幅很小，传输损耗也很小。漏模的特征类似于损耗极大的导模，其特性对光纤传感的应用十分重要。辐射模在纤芯和包层中均为传输场，其存在的条件为：

$$n_2 k_0 > \beta \qquad\qquad (1.12)$$

在此条件下，波导完全处于截止状态，光波在纤芯与包层的界面上因不满足全反射条件而产生折射，模场能量向包层外逸出，光纤失去对光波场功率的限制作用。

1.1.3　光纤分类

光纤的分类方法有多种，按传输的模式数量可分为单模光纤和多模光纤。单模光纤是一种只支持基本传输模式（通常为基本模式 HE_{11}）传播的光纤。它具有较小的模场直径和低色散特性，可以实现长距离高速数据传输和通信。单模光纤常用于长距离通信、光纤传感、光纤激光器等高要求的应用场景。多模光纤是一种可以同时支持多个模式传播的光纤，其中主要包括基本模式和高阶模式。多模光纤的模场直径较大，通常为几十至几百微米。由于存在多个传输模式和多模间色散效应，多模光纤适用于短距离数据传输、局域网、视频传输等应用。

按截面折射率分布的方式可分为步跃折射率光纤、渐变折射率光纤和折射率孔隙光纤。步跃折射率光纤的折射率在整个截面上保持恒定。这意味着光线在光纤中传播时沿直线路径传播，没有折射。步跃折射率光纤通常用于短距离通信和数据传输，因其结构简单和成本效益而被广泛应用。渐变折射率光纤的折射率随着截面位置的变化而变化。这种分布可以实现光线的聚焦和集中，减少色散效应和损耗。渐变折射率光纤常用于高速通信和传感应用，可以提供更大的带宽和传输距离。折射率孔隙光纤是一种特殊的光纤结构，其截面由高折射率材料和低折射率孔隙材料交替排列。通过精确控制孔隙结构和折射率差异，可以实现光线的完全内部反射。折射率孔隙光纤具有低损耗、大模场直径和高非线性特性，适用于高功率激光器、传感器和光纤放大器等领域。

按纤芯数量可分为单芯光纤、多芯光纤和光波导阵列光纤。单芯光纤是较常见的光纤类型,只包含一个纤芯用于光信号的传输。它广泛应用于通信领域,特别是长距离通信。单芯光纤具有较小的模场直径和低色散,适用于高速、长距离的数据传输和通信需求,主要应用于电话、互联网传输、广域网等领域。多芯光纤包含多个纤芯,每个纤芯可以独立传输光信号。多芯光纤可以实现在同一光纤中进行多路复用,提供更高的带宽和传输能力。它适用于数据中心、计算机互联、高性能计算等场景,其中需要大量数据流同时传输的应用。多芯光纤可以显著减少光纤数量和占用空间,简化光纤布线结构。光波导阵列是一种特殊类型的光纤,它包含多个微小的光波导芯。每个光波导芯可以独立传输光信号,同时具有自由度调控的能力。光波导阵列可用于光子集成电路、光纤传感器网络等高度集成的光学系统。它提供了灵活性和可编程性,适用于光学交换、光学计算和光学传感等领域。

按制造材料可分为石英光纤、聚合物光纤、玻璃光纤、多材料光纤、硫化物光纤、光子晶体光纤和金属光纤。石英光纤是最常见的光纤类型,它由高纯度二氧化硅(SiO_2)组成。石英光纤具有优异的光传输性能、低损耗(一般小于 1 dB/km)和高温稳定性。它广泛应用于通信领域,包括长距离光纤通信、光纤放大器、光纤传感器等。石英光纤也常用于激光器、光纤传输设备等高精度光学应用。聚合物光纤是以聚合物材料为基础构建的光纤。相比于石英光纤,聚合物光纤具有较低的制造成本、灵活性和机械韧性。它们适用于短距离通信、光纤传感和光学成像等领域。聚合物光纤的特性还使其在医疗、汽车、航空航天等应用中有一定的优势。玻璃光纤采用不同的玻璃材料制成,如硼硅玻璃、磷酸盐玻璃等。玻璃光纤具有较高的耐高温性能和光学性能,适用于高温环境和特殊应用。玻璃光纤广泛用于激光传输、高温传感、工业控制以及科学研究等领域。多材料光纤是一种由多种不同材料组成的光纤。它们的核心和包层可以采用不同的材料组合,以实现特定的光学、机械或化学性能。多材料光纤可用于光纤传感、光纤光谱学、光纤成像等领域。硫化物光纤采用硫化物玻璃作为主要材料,具有较高的非线性光学特性和宽带传输能力。硫化物光纤常用于光纤激光器、光纤传感和超连续光谱生成等应用,尤其适用于红外波段的传输和探测。光子晶体光纤是一种具有周期性微结构的光纤,可以通过调整微结构实现特定的光学性能。它具有宽带传输、高非线性效应和光场控制的能力。光子晶体光纤广泛应用于超连续光谱生成、激光传输、光纤传感和光学器件等领域。金属光纤是一种将光信号传输于金属导体内的光纤。与传统的玻璃光纤不同,金属光纤的芯部由金属材料构成,通常为铜、银、铝等金属。金属光纤可以在较高温度下工作,通常可承受数百摄氏度的高温。这使得金属光纤更适用于高温环境下的传感和测量应用。金属光纤相比于玻璃光纤更具有机械强度,更耐压、抗拉。这使得金属光纤更适合在恶劣环境下使用,如工业制程监测、矿山勘探等。金属光纤的导体外壳具有优良的电磁屏蔽特性,可以有效地阻隔外部电磁干扰,提高传输的稳定性和抗干扰能力。金属光纤具有较高的热容量和散热能力,可以承受高功率的光信号传输,适用于激光器传输和高功率激光应用。

按光纤制造的方法可分为熔融法光纤、化学气相沉积法光纤、化学溶胶沉积法光纤和光纤拉伸法。熔融法光纤制造过程中,光纤材料通常以固体形式存在,如固体玻璃材料或固体材料前驱体。这些材料经过高温熔化后,通过拉伸和冷却的过程来形成光纤。熔融法光纤制造工艺成本较低,适用于大规模制造,并广泛应用于通信和传感领域。化学气相沉积法光纤制造过程中,光纤材料通常以气体或气相形式存在。通过在光纤芯部和包层之间反应生成材料,逐层沉积而成。这种制造方法可以实现高纯度材料的生长,并具有更大的制备灵活性。化学气相沉积法光纤常用于特殊应用,如光纤传感、光纤激光器等。化学溶胶沉积法光纤制造过程中,光纤材料以溶胶凝胶的形式存在。通过控制溶胶中的化学反应和凝胶的沉积,使光纤逐渐形成。这种制造方法可实现多组分材料的复杂结构,并具有较低的制备温度。化学溶胶沉积法光纤适用于特殊光学和传感应用。光纤拉伸法制造过程中,光纤材料首先以柱状形式存在,然后通过拉伸的过程将其变成细丝状。这种方法常用于制备光纤预制棒,然后将预制棒进一步拉伸成细长的光纤。光纤拉伸法可以实现大规模生产,并且常用于传统光纤的制造。

　　按照光纤工作波长可分为可见光纤、近红外光纤、中红外光纤和长波红外光纤。可见光纤是一种用于可见光范围的光纤传输的特定类型,它能够传输可见光波长范围内的光信号,通常涵盖 400～700 nm 的波长。可见光纤在光学成像、光学传感和照明等领域具有广泛应用。近红外光纤是一种用于近红外光波长范围的光纤传输的类型,它适用于从 700～2 500 nm 的波长。近红外光纤在光通信、光纤传感、医学成像和激光等领域有重要应用。中红外光纤是一种用于中红外光波长范围的光纤传输的类型,它适用于从 2 500～5 000 nm 的波长。中红外光纤在红外光谱分析、光纤传感和激光技术等领域发挥重要作用。长波红外光纤是一种用于长波红外光波长范围的光纤传输的类型,它适用于超过 5 000 nm 的波长范围。长波红外光纤在红外成像、热成像和光纤传感等领域具有重要应用。

1.2　光纤的损耗

　　光纤损耗是指光信号在光纤传输过程中由各种因素导致的光功率降低。光纤损耗通常用 dB(分贝)来表示,即每千米光纤传输过程中光功率下降的比例。光纤损耗是光通信系统中的一个重要参数,它直接影响光纤传输距离和光信号质量。在光通信系统中,光纤损耗的大小和变化越小,光信号传输的距离就越远,传输质量就越好。降低光纤损耗是提高光通信系统传输质量和距离的重要手段之一。光纤损耗的主要原因包括光纤材料的损耗、光纤连接器的损耗、光纤弯曲的损耗、光纤接头的损耗和光纤衰减的损耗等。为了保证光通信系统的传输质量和距离,需要对光纤损耗进行精确测量和控制,并采取相应的解决方案,如控制光纤弯曲半径、优化光纤材料和连接器等。

　　总之,光纤损耗是光通信系统中不可避免的现象,需要通过科学的方法和技术手段来进行测量和控制,以达到提高光通信系统传输质量和距离的目的。

1.2.1 光纤损耗的分类

1)吸收损耗

吸收损耗是指光在光纤中被光纤材料本身吸收而导致的损耗。这种损耗与光纤材料的特性有关,通常与光波长有关。光纤材料对不同波长的光的吸收程度不同,其中在 1.4 μm 左右的波长范围内,光纤材料的吸收峰最大,在这一波长范围内的光纤损耗最大。吸收损耗可分为三种类型:本征吸收损耗、杂质吸收损耗和原子缺陷吸收损耗。

本征吸收损耗是光纤材料中的分子或原子本身吸收光能而导致的损耗。这种损耗与光纤材料的特性有关,通常与光波长有关。例如,在 1.4 μm 左右的波长范围内,光纤材料的吸收峰最大,在这一波长范围内的光纤损耗最大。本征吸收损耗是光纤传输中最主要的损耗来源之一。

杂质吸收损耗是光纤材料中的杂质(如金属离子、氧、水等)吸收光能而导致的损耗。这种损耗通常与光波长无关,但与杂质浓度和种类有关。杂质吸收损耗通常可以通过纯化光纤材料或者添加吸收剂来降低。

原子缺陷吸收损耗是光纤材料中的原子缺陷(如空位、杂质原子等)吸收光能而导致的损耗。这种损耗通常与光波长无关,但与原子缺陷浓度和种类有关。原子缺陷吸收损耗通常可以通过控制光纤制备过程或者改善光纤材料质量来降低。

2)散射损耗

散射损耗是指光在光纤中与光纤材料中的微小结构相互作用而导致的损耗。散射损耗可分为两种类型:拉曼散射和瑞利散射。拉曼散射是指光在光纤中与分子或晶格振动相互作用而导致的散射,这种散射会改变光的波长和功率。瑞利散射是指光在光纤中与光纤材料中的微小结构(如折射率变化)相互作用而导致的散射,这种散射会使光信号发生衰减。

3)辐射损耗

辐射损耗是指光在光纤中曲率半径变化而导致的损耗。当光在光纤中遇到曲率时,光线会向外发出,这会导致光线的功率减小。辐射损耗通常发生在光纤的弯曲部分,在设计光纤传输线路时需要考虑光纤的弯曲半径和曲率变化。

1.2.2 光纤损耗的影响因素

①光纤材料的质量。光纤材料的制备质量对光纤损耗有很大影响。制备过程中的杂质、气泡、缺陷等都会导致光纤损耗的增加。

②光纤的长度。光纤的长度对光纤损耗有影响。光在光纤中传输时会发生衰减,随着传输距离的增加,光纤损耗也会逐渐增加。

③光纤的弯曲半径。光纤的弯曲半径会影响光纤损耗。当光纤弯曲半径过小时,光的传输会受到影响,导致光纤损耗的增加。

④光纤连接器的质量。光纤连接器的质量对光纤损耗有很大影响。连接器的不良质量会导致光的反射和散射,从而增加光纤损耗。

⑤环境因素。光纤传输环境会影响光纤损耗。例如,温度变化、湿度变化、尘埃等都会对光纤损耗产生影响。

1.2.3 光纤损耗的主要原因分析

①光纤材料的损耗。光纤本身的材料特性会导致光的能量损失,这是光纤损耗的主要原因之一。光纤材料的损耗主要包括吸收损耗、散射损耗和弯曲损耗。其中,吸收损耗是光在光纤材料中被吸收而导致的能量损失,散射损耗是光在光纤材料中发生散射而导致的能量损失,弯曲损耗则是光纤被弯曲而导致的能量损失。

②光纤连接器的损耗。光纤连接器是将光纤连接起来的重要组件,但是连接器的质量和操作不当都会导致光信号的能量损失。连接器的损耗主要包括两种类型:插入损耗和反射损耗。插入损耗是指光信号在连接器插入过程中连接器内部结构的不匹配而产生的能量损失;反射损耗则是连接器内部反射而导致的能量损失。

③光纤弯曲的损耗。光纤的弯曲半径越小,光信号的损耗就越大。是因为弯曲会导致光的模式发生变化,从而导致能量损失。在光纤敷设和维护过程中,应尽量避免光纤的弯曲。

④光纤接头的损耗。光纤接头是将两根光纤连接起来的重要组件,接头的质量和操作不当都会导致光信号的能量损失。接头的损耗主要包括两种类型:插入损耗和反射损耗。插入损耗和反射损耗的原因与连接器类似。

⑤光纤衰减的损耗。光纤信号在传输过程中会因为多种因素而衰减,这是光纤损耗的常见类型之一。衰减的原因包括信号传输距离、光源功率、光纤质量、光纤连接器和接头等。光纤衰减的损耗可以通过增加光源功率或使用放大器来补偿。

以上是光纤损耗的主要原因和几种常见的损耗类型,光纤损耗对光纤通信、传感系统的性能和可靠性有着重要的影响,在光纤设计和维护过程中应严格控制各种损耗。

1.3 光纤传感技术分类与特点

1.3.1 光纤传感器分类

光纤传感技术是一种利用光纤作为传感介质,将被测量的物理量(如温度、压力、应力、位移等)转换成可测量的光信号的技术,它在传感领域具有重要的应用价值。光纤作为传感元件具有许多优势,如高灵敏度、远距离传输、抗干扰能力强、电磁兼容性好等。

光纤传感器的研究背景可以追溯到 20 世纪 60 年代,当时人们开始意识到光纤可以用作传感器的载体。随着光纤通信技术的发展,光纤传感器的研究逐渐得到推动和发展。在过去几十年中,光纤传感器取得了重要的突破和进展,应用于各种领域,如工业控制、环境监测、医疗诊断、结构健康监测等。

光纤传感器主要分为传光型光纤传感器和传感型光纤传感器。传光型光纤传感器是将光纤作为信号的传输媒介,在传感器的两端分别放置光源和光接收器,当目标参数改变时,影响光信号在光纤中的传播,进而影响光接收器接收到的光强度。传光型光纤传感器通常使用光纤束(束光纤)或光纤耦合器件将光纤与外部环境连接起来。传光型光纤传感器的优点是可以实现远距离信号传输,并且可以适应复杂的环境。例如,通过测量光纤中的光强度变化,可以实现应变、温度、压力等参数的测量。传光型光纤传感器广泛应用于结构健康监测、工业自动化、医疗诊断等领域。传感型光纤传感器是将传感元件直接集成在光纤中的一种传感器。传感型光纤传感器的结构中包含与外部环境进行交互的传感元件,如光纤光栅、光纤布拉格光栅、光纤耦合器件等。传感型光纤传感器通过测量光纤中的光信号的特性变化来检测目标参数的变化。传感型光纤传感器可以实现对温度、压力、应变等参数的高精度测量,并且可以在局部区域实现空间分辨测量。传感型光纤传感器广泛应用于光纤光栅传感、光纤化学传感、生物传感等领域。

光纤传感器根据不同的传感机制和工作原理可分为以下几类:

(1)强度调制光纤传感器

强度调制光纤传感器是光纤传感器基于光信号的强度变化来检测目标参数的变化。当目标参数改变时,会影响光信号在光纤中的衰减、散射或吸收,从而引起光信号的强度变化。通过测量光信号的强度变化,可以推断出目标参数的信息。

（2）相位调制光纤传感器

相位变化光纤传感器是基于光信号的相位变化来检测目标参数的变化。当目标参数改变时,会引起光信号的相位变化。光学干涉法是已知最灵敏的探测技术之一,干涉型光纤传感器是利用相位调制元件,构成干涉仪,主要通过被测场与光纤相互作用,引起光纤中的传输光的相位变化并从中获取目标参数的信息。光干涉是指满足频率相同、振动方向相同和相位差恒定的两列相干光波相遇叠加,在叠加的区域某些点振动始终加强,将出现亮纹。某些点振动始终减弱,将出现暗纹,且振动强度有一个稳定的空间分布的现象。

两列光波的叠加原理可根据简谐运动的合成分析,根据相干的条件,频率相同,振动方向一致,可假设两列光波的振动状态满足:

$$E_1 = A_1 \cos(wt + \varphi_1) \tag{1.13}$$

$$E_2 = A_2 \cos(wt + \varphi_2) \tag{1.14}$$

式中,E_1、E_2 表示振动状态;w 表示振动频率;A_1、A_2 表示振幅大小;φ_1、φ_2 表示初相位,根据矢量叠加结果可表示为:

$$E = E_1 + E_2 = A\cos(wt + \varphi) \tag{1.15}$$

式中,$A^2 = A_1^2 + A_2^2 + 2A_1 A_2 \cos(\varphi_2 - \varphi_1)$。

$$\bar{I} = \overline{A^2} = \frac{1}{T}\int_0^T A^2 \mathrm{d}t \tag{1.16}$$

$$\bar{I} = I_1 + I_2 + 2\sqrt{I_1 I_2}\ \frac{1}{T}\int_0^T \cos\Delta\varphi\, \mathrm{d}t \tag{1.17}$$

式中,I 表示振动强度;T 为光振动的周期,振动过程中独立传播,则初相位差 $\Delta\varphi$ 是一个恒定值,与时间无关,有:

$$I = I_1 + I_2 + 2\sqrt{I_1 I_2}\cos\Delta\varphi \tag{1.18}$$

$$\Delta\varphi = \begin{cases} 2k\pi, k=0, \pm1\pm2, \pm3 & \text{干涉相长} \\ (2k+1)\pi, k=0, \pm1, \pm2, \pm3 & \text{干涉相消} \end{cases} \tag{1.19}$$

当 $\Delta\varphi$ 为其他值时为部分相干。

若假设振动并非独立传播,或者振动不连续,则初相位作不规则的改变,即:

$$\varphi(t) = \varphi_2 - \varphi_1 \tag{1.20}$$

$$\frac{1}{T}\int_0^T \cos\Delta\varphi \mathrm{d}t = 0 \tag{1.21}$$

$$\bar{I} = I_1 + I_2 \tag{1.22}$$

当相位不恒定,表面上是振幅直接相加,并非式(1.16)所示那样遵循矢量叠加,但是按照式(1.21),因为后半部分可消去,是按矢量叠加而来,所以振动的平均强度等于各振动强度之和,将不会出现干涉现象。

在实际应用中,为了提高相位变化的检测灵敏度,通常采用干涉仪等光学结构来实现相位变化的检测。

(3)偏振调制光纤传感器

偏振调制光纤传感器是基于光信号的偏振态变化来检测目标参数的变化。当目标参数改变时,会改变光信号的偏振态,通过测量光信号的偏振态变化可以获得目标参数的信息。

(4)时间延迟光纤传感器

时间延迟光纤传感器是基于光信号在光纤中传播的时间延迟来检测目标参数的变化。当目标参数改变时,会引起光信号的传播速度或光程差的变化,通过测量光信号的时间延迟可以推断出目标参数的信息。

1.3.2 光纤传感器特点

①抗电磁干扰。电绝缘、耐腐蚀、本质安全。由于光纤传感器是利用光波传输信息,而光纤又是电绝缘、耐腐蚀的传输媒质,因此不怕强电磁干扰,也不影响外界的电磁场,本质安全可靠。这使它在各种大型机电、石油化工、冶金高压、强电磁干扰、易燃、易爆、强腐蚀等环境中能安全而有效地传感。

②灵敏度高。利用长光纤和光波干涉技术使不少光纤传感器的灵敏度优于一般的传感器。其中有的已由理论和实验验证,如测量水声、加速度辐射、温

度、磁场等物理量的光纤传感器。

③质量轻,体积小,外形可变。光纤除具有质量轻、体积小的特点外,还有可挠的优点,利用光纤可制成外形各异、尺寸不同的各种光纤传感器。这有利于航空、航天以及狭窄空间的应用。

④测量对象广泛。目前已有性能不同的测量温度、压力、位移、速度、加速度液面、流量、振动、水声、电流、电场、磁场、电压、杂质含量、液体浓度、核辐射等各种物理量、化学量的光纤传感器在现场使用。

⑤对被测介质影响小。这对医药生物领域的应用极为有利。

⑥便于复用,便于成网。有利于与现有光通信技术组成遥测网和光纤传感网络。

⑦长距离传输。光纤传感器可以实现长距离的信号传输,光信号的衰减较小。通过使用光纤放大器和光纤中继站,可以将信号传输距离延长到数十甚至上百千米。

⑧多参数测量。光纤传感器可以通过在光纤中引入不同的传感元件或特定的光纤光栅,实现对多种物理量的测量。例如,温度、应变、压力、湿度等参数可以通过适当设计的光纤传感器进行同时测量。

⑨高安全性。由于光纤传感器使用光信号进行测量,而不是电信号,因此它们具有良好的电隔离性和防爆特性。这使得光纤传感器在危险环境或易燃易爆场所中应用时更加安全可靠。

1.4　光纤传感技术的应用与发展

1.4.1　光纤传感技术的应用

1)光纤液体传感器

光纤液体检测传感器是一种利用光纤传感技术来检测液体特性或液体中

特定成分的传感器。它通过测量光信号在液体中的传播特性或与液体相互作用的变化来获取液体的信息。

光纤液体检测传感器可用于测量液体中特定成分的浓度。通过将液体与光纤传感器接触或引导光纤传感器穿过液体中,利用光的吸收、散射或反射变化来推断液体中特定成分的浓度变化。光纤液体检测传感器可用于测量液体的酸碱性,即液体的 pH 值。一种常见的方法是将 pH 敏感物质或涂层集成到光纤传感器上,当液体的 pH 值发生变化时,会引起光信号的吸收或反射特性发生变化,从而可以推断液体的 pH 值发生变化。光纤液体检测传感器可用于测量液体的温度变化。通过利用光纤的热敏特性或引入热敏元件,测量液体中的温度变化对光信号的影响,从而实现对液体温度的测量。光纤液体检测传感器可以用于测量液体流体的流速。通过将光纤传感器置于流体中,并测量光信号在流体中的传播时间延迟或光纤受到流体作用的变形程度,可以推断液体流速的变化。

这些仅是光纤液体检测传感器应用的几个示例,实际上还有许多其他应用领域,如水质监测、化学分析、食品安全等。

2)光纤气体传感器

光纤气体传感器是一种利用光纤作为传感元件,用于检测和测量气体浓度或气体性质的传感器。它通过测量光纤中光信号在与目标气体相互作用时发生的变化来实现气体浓度的检测。光纤气体传感器可以基于不同的原理和机制来实现气体的检测。

吸附型传感器利用目标气体对光信号的吸收特性进行测量。光信号在经过含有目标气体的光纤时会发生吸收,其吸收强度与气体浓度成正比。通过测量光信号的吸收强度变化,可以推断出目标气体的浓度。散射型传感器利用目标气体对光信号的散射特性进行测量。当光信号通过含有目标气体的光纤时,气体分子会散射光信号,其散射强度与气体浓度相关。通过测量光信号的散射强度变化,可以确定目标气体的浓度。

折射率型传感器利用目标气体对光信号的折射率影响进行测量。目标气体的折射率与其浓度相关,当光信号在含有目标气体的光纤中传播时,气体的折射率会改变光信号的传播速度或光程差。通过测量光信号的相位或时间延迟变化,可以推断出目标气体的浓度。光纤光栅传感器利用光纤中的光栅结构来感知目标气体的变化。光纤光栅是在光纤中制造的一种周期性折射率变化结构。当目标气体的浓度发生变化时,会引起光纤光栅的折射率发生变化,从而导致光的波长发生偏移。通过测量光纤光栅的波长偏移,可以确定目标气体的浓度。

3)光纤生物分子传感器

光纤生物分子传感器是一种利用光纤作为传感元件,用于检测和分析生物分子(如蛋白质、DNA、细胞等)的一种传感器。它结合了光纤传感技术和生物分子检测技术,具有高灵敏度、快速响应、实时监测等优点,被广泛应用于生物医学、生物分析、药物研发等领域。光纤生物分子传感器的工作原理通常基于以下几种机制:

①光纤表面增强拉曼散射。光纤表面增强拉曼散射是一种利用光纤表面特殊结构(如纳米颗粒修饰)增强拉曼散射信号的技术。光纤表面通过特殊的纳米结构可以增强目标生物分子的拉曼散射信号,从而实现对生物分子的高灵敏检测。

②光纤表面等离子体共振。光纤表面等离子体共振是利用光纤表面的金属薄膜或纳米结构实现的一种光-物质相互作用现象。当目标生物分子与光纤表面相互作用时,会引起光的表面等离子体共振现象的变化,通过监测这种变化可以实现生物分子的检测和定量分析。

③光纤光栅传感器。光纤光栅传感器是一种利用光纤中的光栅结构对生物分子进行检测的传感器。当目标生物分子与光纤光栅发生相互作用时,会导致光纤中的光栅参数(如反射光谱、光纤长度等)发生变化,通过测量这些变化可以实现对生物分子的检测和分析。

④光纤荧光传感器。光纤荧光传感器利用荧光标记的生物分子发出的荧光信号来实现对生物分子的检测。光纤可以作为光的传输通道和信号接收器，荧光信号可以通过光纤传输到检测系统中进行分析和定量。光纤生物分子传感器的应用非常广泛,包括生物医学诊断、生物传感、药物研发、环境监测等领域。它可以用于检测疾病标志物、蛋白质相互作用、细胞信号传导等生物过程,具有重要的研究和应用价值。

4）光纤位移传感器

光纤位移传感器是一种利用光纤作为传感元件,用于测量和监测物体位移或位置变化的传感器。它基于光纤中的光信号的特性变化来获取目标物体的位移信息,具有高精度、快速响应、抗干扰能力强等优点。光纤位移传感器的工作原理通常基于以下几种机制:

①干涉原理。光纤位移传感器可利用干涉效应来测量位移。一种常见的干涉型光纤位移传感器是光纤干涉仪传感器,它基于光纤中的两束光波产生干涉,当目标物体发生位移时,干涉条纹发生变化,通过测量干涉条纹的变化可以得到位移信息。

②强度变化原理。光纤位移传感器基于光信号的强度变化来测量位移。一种常见的强度型光纤位移传感器是光纤光栅传感器,它利用光纤中的光栅结构,当目标物体发生位移时,光纤中的光栅参数发生变化,导致光信号的强度变化,通过测量光信号的强度变化可以获取位移信息。

③斩波原理。光纤位移传感器利用光纤中的斩波效应来测量位移。一种常见的斩波型光纤位移传感器是斩波传感器,它通过在光纤中引入一个或多个斩波结构,当目标物体发生位移时,斩波结构与光纤中的光发生交互作用,导致光信号的频谱发生变化,通过分析频谱的变化可以得到位移信息。

光纤位移传感器广泛应用于工业自动化、结构监测、机器人控制、医疗诊断等领域。它可以实现微小位移、大范围位移和高精度位移的测量,具有重要的应用价值。

5）光纤加速度传感器

光纤加速度传感器是一种利用光纤技术来测量和检测加速度的传感器。它基于光纤的机械响应特性，通过测量光纤中的光信号的变化来获取加速度的信息。

光纤加速度传感器的基本工作原理通常基于以下几种机制：

①光纤弯曲效应。光纤在受到加速度作用时会发生弯曲变形，这会导致光纤中的光信号的传播路径发生改变。通过测量光信号的强度变化或相位变化，可以推断出加速度的大小。

②光纤光栅传感器。光纤光栅传感器利用光纤中的光栅结构对加速度进行测量。当光纤受到加速度作用时，会导致光栅参数（如反射光谱或传输谱）发生变化。通过测量光栅参数的变化，可以获得加速度的信息。

③光纤干涉测量。光纤干涉测量是利用光纤中的干涉现象来测量加速度。光纤中引入两个光束，并使其在光纤中发生干涉。当光纤受到加速度作用时，会导致光束的相对位移或光程差发生变化，通过测量干涉信号的变化可以得到加速度的信息。

6）光纤磁场传感器

光纤磁场传感器是一种利用光纤作为传感元件，用于检测和测量磁场强度的传感器。它通过利用光纤中的磁敏材料或磁敏结构，在外部磁场作用下引起光信号的变化，从而实现对磁场的测量。光纤磁场传感器的基本工作原理通常基于以下几种机制：

①磁光效应。光纤磁场传感器利用磁光效应，即磁场对光的传播性质（如折射率、偏振态）的影响。通过在光纤中引入磁敏材料（如铁磁材料）或利用磁光效应材料制备光纤，外部磁场的变化会导致光信号的相位、偏振态等特性发生变化，通过测量这些变化可以推断出磁场的强度。

②波导耦合效应。光纤磁场传感器利用波导耦合效应，即磁场对光信号在

光纤波导中的传播特性的影响。通过在光纤中引入磁敏结构(如磁光波导、磁光光栅等),外部磁场的变化会改变光信号在波导中的传播方式,进而影响光信号的特性。通过测量光信号的变化可以获取磁场的信息。

③磁致伸缩效应。光纤磁场传感器利用磁致伸缩效应,即磁场对光纤材料的尺寸和形状的影响。通过在光纤中引入磁敏材料(如磁致伸缩材料),外部磁场的变化会导致光纤的伸缩变形,从而改变光信号的传输特性。通过测量光信号的变化可以反推磁场的强度。

7)光纤电流传感器

光纤电流传感器(Fiber-optic current sensor,FOCS)是一种用于测量电流的传感器,它利用光纤的特性将电流信号转换为光信号进行测量。光纤电流传感器通常由光纤、光源、光探测器和信号处理系统组成。光纤电流传感器的一般作用机制如下:

①法拉第效应。光纤电流传感器的作用机制主要基于法拉第效应。法拉第效应是指当电流通过导体时,会在周围产生磁场,而这个磁场会对光的传播路径产生影响。通过在电流传感器中引入一根感应光纤,当电流通过传感器时,感应光纤周围的磁场会引起光纤的相位变化或幅度变化。

②磁光效应。光纤电流传感器还利用了磁光效应。磁光效应是指在磁场存在的情况下,光的传播速度和极化状态会发生变化。通过将感应光纤置于磁场中,磁场的变化会导致光信号的相位和极化状态的变化,从而实现对电流的测量。

③光纤干涉。光纤电流传感器中常用的一种测量方法是基于光纤干涉原理。通过将感应光纤分成两个或多个路径,分别经过光纤中的不同区域,然后将光信号进行重合和干涉。当电流通过感应光纤时,不同路径上的光信号会受到不同的相位或幅度变化,最终导致干涉光信号的变化。通过测量干涉光信号的变化,可以反推出电流的强度和方向。

④光纤传输和检测。光纤电流传感器通过光纤来传输光信号,并通过光学

检测技术来测量和分析光信号的特征。一般采用光纤激光器和光纤接收器来实现光信号的发射和接收,通过检测光信号的幅度、相位或频率等变化,可以准确地获取电流的相关信息。

本书主要介绍光纤液体传感器,光纤气体传感器、光纤生物分子传感器与光纤声发射及超声传感器。

1.4.2　光纤传感技术的发展

光纤传感技术自 20 世纪 70 年代以来,经历了不断的发展和进步。在过去的几年中,这一技术领域呈现出加速发展的趋势,主要得益于其在多个实际应用场景中的广泛采用,以及微纳技术、材料技术和生物技术的进步为其提供的新的交叉感测方法。我国经济的快速发展为光纤传感技术的实际应用提供了广阔的市场,同时推动了这一领域基础研究的繁荣与进步。

1)高度集成化

随着微电子技术、光电子技术和纳米技术的发展,光纤传感器将实现高度集成化,减小体积,提高灵敏度和稳定性,便于携带和安装。

分布式光纤传感技术(DOFS)是 21 世纪最具潜力的技术之一,已在国家战略和工程应用需求方面展现出广阔的应用前景。该技术利用光纤作为信号的传输介质和传感单元,能够对光纤沿线外部参量进行连续分布式测量。这包括对温度、应变、声波等物理信息的测量,适用于长距离、大范围的传感应用场景,如交通、电力通信、煤矿山体、油气勘探等领域。

基于双频梳的光纤分布式声波传感技术(DAS)通过集成双克尔孤子微腔频梳与 DAS 结合,其中一个微频梳作为探测光,另一个作为参考光,实现了光纤瑞利散射信号的波分复用相位并行叠加,这种技术可以同时利用多个频率通道,实现相位噪声抑制,并提高信噪比。相比于单频激光源 DAS 系统,双微梳 DAS 系统利用了多个频率通道,实现了信号的线性叠加,提高了系统的灵敏度。

每个频率通道的相位变化可以线性叠加,使得系统具有 10 倍以上的灵敏度提升。双微梳 DAS 系统中每个频率通道可以独立传输,提高了非线性效应阈值,使双微梳 DAS 系统总功率得到提高,这项技术为研发下一代超灵敏、超长距离的 DAS 系统提供了关键技术支撑。

微流光纤传感技术是一种新兴的光学检测技术,将微流控技术与光纤技术相结合,利用光纤内嵌的微通道与待测物质相互作用,并监测光纤的光学特性变化来实现痕量传感。这种技术融合了微流控的高通量分析和光纤的高灵敏检测,具有体积小、样品量少、制备简单等优点,特别适合于环境、医疗、食品安全等领域的微量检测。微流光纤在检测领域具有独特的优势,包括检测过程可以在光纤内部进行,实现被测流体的微量检测,显著减少样品的采集量,扩大检测动态范围;光纤内部孔道分布、直径、占空比设计灵活,有利于增强倏逝场、构造谐振腔,并降低传输损耗,实现对样品高精度、高灵敏度的测量。近年来,利用微结构光纤的特殊结构,进行简单的功能集成,拓展到如今基于特殊需求进行光纤的功能设计的新阶段。为微结构光纤技术的发展与新器件的构造提供了新的维度和设计空间。例如,利用悬挂芯光纤制备的光纤传感器,体积微型化,实现微量样品检测,并且易于更换检测液体,制备方法相对简单,抗电磁干扰能力强。微流光纤传感技术的发展,不仅促进了光波导与微流物质检测技术相结合,还为实现不同检测原理在微结构光纤内的高灵敏度光纤微流传感器技术开辟了新方法与新途径。

2)智能化

通过与人工智能、大数据、云计算等技术的结合,光纤传感器将实现智能化,提高数据处理和分析能力,实现实时、准确、高效的监测和控制。其中,多维感知融合技术结合 AI 大模型和多维感知能力,能够进一步提升分布式光纤传感技术的监测性能。例如,华为利用 AI 大模型和分布式光纤传感技术,在油气管道的安全监测方面取得了显著进展。他们开发的 DAS 设备,单端检测距离可达 50 km,能够广泛应用于油气管道、周界防护等多种基于光纤的分布式振动监测场景。这项技术能够检测到数十千米光纤上任意位置受到的极其轻微的振动干扰,并且能够精确定位到 10 m 范围内。这种技术不仅部署简单、抗干扰能力强,还能实现超空间密集监测和通感易融合,为智能电网、电信运营商、石油石化、交通运输、土木建筑、地震监测等复杂环境提供高效解决方案。

3)多功能化

光纤传感器将发展成具备多种传感功能的一体化系统,实现多参量、多范围、多模式的测量,满足不同应用场景的需求。多机理融合的分布式光纤传感系统,这些系统通过不同散射机理的相互结合,提高了测量的多样性和准确性。

4)网络化

随着物联网技术的发展,光纤传感器将广泛应用于各类网络系统中,实现远程监控、分布式测量和智能控制,提高系统的可靠性和实时性。

1.5 本章小结

光纤传感技术具有高灵敏度、强抗干扰能力、耐腐蚀、体积小等优点而备受关注。本章围绕光纤的基本特性、损耗、传感技术及其应用与发展展开讨论。首先,介绍了光纤的结构、导光原理和分类,分析了光纤损耗的分类、影响因素及主要原因。然后,阐述了光纤传感器的工作原理、分类和特点,探讨了光纤传感技术在众多领域的应用,凸显了其广泛的应用前景。随着科技的不断进步,光纤传感技术也在持续发展。本章的最后展望了光纤传感技术的发展趋势,包括新型光纤传感器的研究、光纤传感网络的构建以及智能化、集成化的发展方向。这些趋势为光纤传感技术的深入研究提供了方向。

参考文献

[1] 王玉田,郑龙江,张颖. 光纤传感技术及应用[M]. 北京:北京航空航天大学

出版社,2009.

[2] 沈泰昌.系统工程基础[M].北京:国防工业出版社,1981.

[3] 孔凡富,丁克勤,刘关四.大型复杂起重装备制动器典型失效模式分析研究
[C].第一届全国起重机械安全健康管理技术研讨会论文集.2015:47-50.

[4] 王玉田.光电子学与光纤传感器技术[M].北京:国防工业出版社,2003.

[5] 刘志颖.锅炉液位的相位激光测量系统的研究[D].秦皇岛:燕山大
学,2009.

[6] 徐卫军,侯建国,周元春.光纤传感技术在土木工程健康监测中的应用[J].
水电能源科学, 2006, 24(5):5.

[7] 王惠文.光纤传感技术与应用[M].北京:国防工业出版社,2001.

[8] 陈根祥.光波技术基础[M].北京:中国铁道出版社,2000.

[9] 段英.红外测温目标光谱发射率特性研究[D].成都:电子科技大学,2020.

[10] 黎敏,廖延彪.光纤传感器及其应用技术[M].武汉:武汉大学出版
社,2008.

[11] 张旭苹,丁传奇,汤玉泉,等.分布式光纤传感技术研究和应用的现状及未
来[J].光学学报, 2024(001):044.

[12] LI J T, CHANG B, DU J T, et al. Coherently parallel fiber-optic distributed
acoustic sensing using dual Kerr soliton microcombs[J]. Science Advances,
2024, 10(3): eadf8666.

[13] 苑婷婷,张晓彤,杨兴华,等.微流光纤传感器:从功能集成到功能设计
[J].激光与光电子学进展, 2024, 61(1):0106004.

2 光纤气体传感技术

2.1 光纤气体传感概述

自工业革命以来,经济的迅速发展驱动着工业技术水平不断地提高。在日常生活或工作中,人们常常会接触各类有毒或有害气体,如甲烷、硫化氢(H_2S)、一氧化碳等有毒有害气体,对人员的生命健康构成了严重的安全隐患;在现代工业中,如化学工艺的合成、皮革的制备、下水道内作业、钢铁冶炼、化粪池、石油开采和天然气运输等工业,通常伴随着重大灾难性事故的发生和对工业设备的腐蚀,以及一些有毒气体的产出,在这些环境中进行气体检测是非常有必要的。本章详细阐述了多种光纤气体传感器的检测原理与应用,这些传感器依据不同的检测原理分类,主要包括萨格纳克(Sagnac)干涉型、马赫-曾德尔(Mach-Zehnder)干涉型、迈克尔逊(Michelson)干涉型、法布里−珀罗(Fabry-Perot)干涉型、光纤 SPR 型、光声光谱和拉曼光谱技术等,且列出不同原理制备的光纤气体传感器的在气体检测中的应用。

2.1.1 研究背景与意义

随着我国现阶段生产生活水平的高速发展,我国的科学技术水平接连不断地提高。自 21 世纪以来,光纤传感技术领域发展迅速。光纤传感器技术在我国已经运用在很大一部分产业中，如在光纤通信方面、环境监测、医疗监测、工业生产等领域。在过去的几年中，我们见证了数据流量的惊人增长以及行业和社会的数字化转型，类似5G的超宽带和低延迟网络基础设施的部署正在推动全球数字化的发展。光纤传感器具有很明显的抗电磁干扰移动性，可随时随地使用，仅需简单的连接即可操作等优点，光纤传感技术有望成为最具有潜力的先锋领军技术。新型气体传感器具有较好的传感性能，可在室温下工作，其低功耗、高安全性和长期稳定性等优点而具有很大的应用前景。同时，光纤抗电磁干扰、耐腐蚀、可远程操作的特点，使得在一些强酸、强碱、腐蚀性高、高温高热的极端环境中常常出现光纤传感器的身影，这些由光纤制作而成的传感器可以放置于高温高辐射和易燃易爆等危险和极端的环境中正常工作，这是光纤传感技术被大力发展的重要原因之一。由于光纤传感器具有很多其他传统的传感器无法到达的水平，因此光纤传感器的研究更加深入起来，不仅把光纤通信用在了人们日常生活中，光纤传感技术还应用到了有毒气体检测中。

20世纪80年代，人们开始对光纤传感应用于气体检测进行研究。在当今的生产生活中有毒有害气体日渐增多，常见的有毒有害气体有一氧化碳气体（Carbon monoxide gas，CO），硫化氢气体（Hydrogen sulfide，H_2S）氨气（Ammonia gas，NH_3），一氧化氮（Nitric oxide，NO），二氧化氮（Nitrogen dioxide，NO_2）等。这些有毒气体会对人们的身体健康和周围的环境造成极大的危害。这些气体会造成人体呼吸系统、神经系统的损害，还极有可能带来窒息性的危害。而一些气体如甲烷和二氧化碳等是强效的温室气体，会加剧全球的气候变化，同时这些有毒气体的排放会造成空气的污染，导致空气质量下降，对人类和其他生物的生存环境有重大的影响。光纤以其灵敏度高、抗电磁干扰、低制造成本、体积小、波分复用、遥感等独特性质在各个传感器领域得到深入研究，其与气体检测结合的报道已成为研究热点。

2.1.2 国内外研究现状

光纤气体传感器已成为科研工作者们关注的热点之一。许多研究者致力于光纤气体传感器的设计制备工作,并经过一系列测试验证,均取得了令人满意的传感性能。这些研究成果不仅展示了光纤气体传感器在气体检测领域的巨大潜力,也为未来的技术创新和应用拓展奠定了坚实的基础。

2015 年,杨远洪等人提出了一种基于覆膜光子晶体光纤(PM-PCF)的氢气传感器。传感元件是一段涂有 Pd/Ag 复合膜的 PM-PCF,并被嵌入单模光纤 Sagnac 环干涉仪中。H_2 吸收调制 PM-PCF 的双折射,引起 Pd/Ag 复合膜的变形,导致 Sagnac 干涉仪输出处的干涉谱发生位移。实验结果表明,以 100 mm 长包覆的 PM-PCF 作为传感元件,在 H_2 浓度低于 1% 时,干涉光谱有 1.310 nm 的位移。H_2 浓度为 1% ~4% 时,灵敏度系数为 131pm% 。可见该传感器具有温度依赖性低、重复性好等优点。2016 年,徐本等人提出了一种高灵敏度的光纤 Sagnac 光纤氢气传感器,如图 2.1 所示。该器件的制作方法是将一段涂有 Pt 负载 WO_3/SiO_2 的熊猫光纤插入 Sagnac 环路中,形成 Sagnac 光纤传感器。当 Pt/WO_3 薄膜与氢气大面积接触后,外部温度升高使熊猫光纤的温度随之升高,导致干涉仪共振波长偏移,得到的共振倾角消光比大。该器件对氢气响应速度快,在 0 ~1.0% 内具有 7.877 pm%(vol.%)的高灵敏度,且该传感器具有结构稳定,成本低,易于制作等优点。

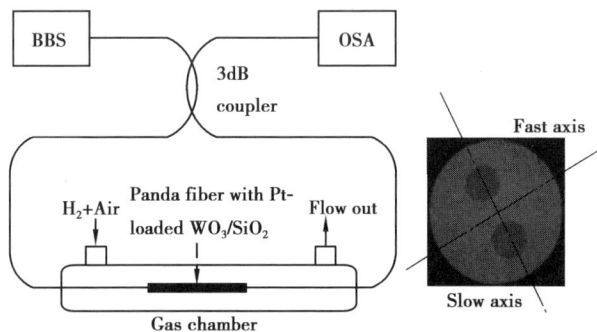

图 2.1 徐本课题组实验装置图

2019 年,Farid Ahmed 等人提出一种基于 HC-PCF 的马赫-曾德尔干涉仪,如图 2.2 所示,用于探测和测量地下土壤和水环境中的二氧化碳浓度。该器件是通过在两标准单模光纤之间放置一小段 HC-PCF 来制作的,在两个接口上都有气隙。HC-PCF 中的气孔的相互作用提供了较大的接触面积,从而实现了对二氧化碳的高灵敏度检测和测量。光纤马赫-曾德尔干涉仪可实现对实验室规模的二氧化碳浓度监测。在室温和常压下,该传感器的灵敏度为 4.3pm/%。该工作表明全光纤传感器在二氧化碳环境监测方面有着巨大潜力。

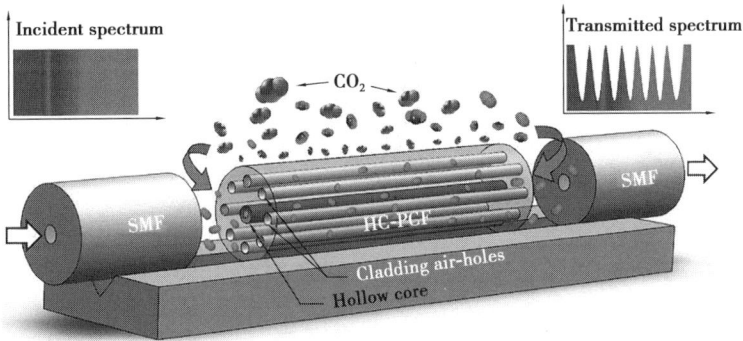

图 2.2　Farid Ahmed 课题组用 HC-PCF 构造的马赫-曾德尔干涉仪原理图

2020 年,Kaveh Nazeri 等人提出了一种基于马赫-曾德尔干涉仪的紧密折射率(RI)传感器(图 2.3),用于高灵敏度检测和量化气体(氦气、甲烷和二氧化碳)。该 RI 传感器采用多种类型的光纤:单模光纤(SMF)、光子晶体光纤(PCF)和中空光子晶体光纤(HC-PCF)。为了制造 MZI 传感器,在引入和引出 SMF 之间放置了一段短长度的传感光纤,每个接口处都有气隙。3 种类型的传感器分别使用 PCF 和不同长度的 HC-PCF 作为传感元件。该课题组的研究表明,所制作的传感器有潜高检测和量化纯气体的潜力。此外,该传感器对低百分比的二氧化碳高度敏感,适合于温室气体测量。

在现代的迈克尔逊干涉仪研究中,诸多科研人员往往会利用拉锥、特种光纤、错位熔接等技术来制造迈克尔逊干涉仪。2020 年,Liu 等人提出并评估了一种基于 NH_2-rGO 涂层薄芯光纤(TCF)迈克尔逊干涉仪(MI)的高灵敏度硫化氢气体传感器。TCF 的两个部分交替夹在 3 个单模光纤(SMF)之间。法拉第旋转镜(FRM)固定在最后一个 SMF 的末端,以反射光信号并增强干扰,成功构建了 SMF-TCF-SMF-TCF-SMF-FRM(STSTS-F)结构。NH_2-rGO 作为传感膜,涂覆

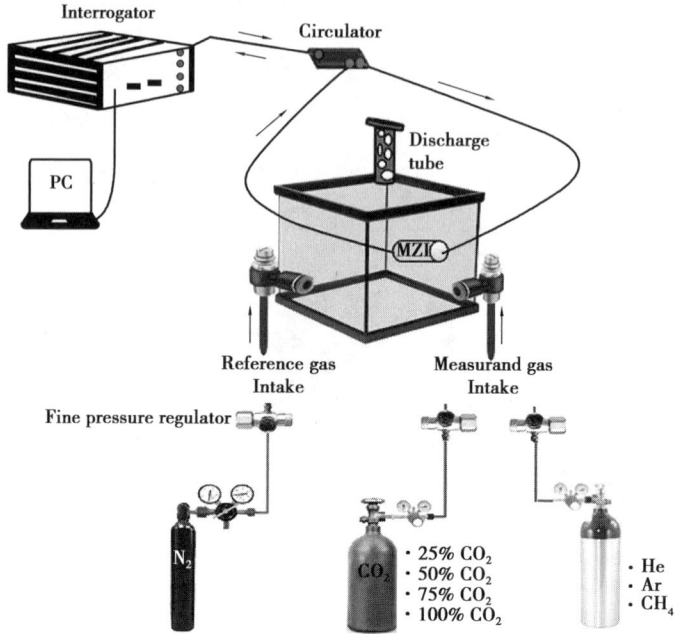

图 2.3　Kaveh Nazeri 课题组用 HC-PCF 构造的马赫-曾德尔干涉仪原理

在两个 TCF 上,用于检测痕量硫化氢气体。实验结果表明,该传感器具有良好的线性($R^2 = 0.980\ 9$)和对硫化氢气体的选择性。灵敏度为 21.3 pm/ppm,响应和恢复时间分别约为 72 s 和 90 s。该传感器具有灵敏度高、选择性高、体积小等优点,能够在有毒气体环境中检测痕量硫化氢。2022 年,Zhou 等人提出并制备了一种基于 Co/Ni-MOF-74 的迈克尔逊干涉一氧化碳(CO)光纤传感器,采用溶剂热法制备了双金属离子配位的 MOFs 材料 Co/Ni-MOF-74。结果表明,Co/Ni-MOF-74 和 Ni-MOF-74 具有相同的晶体结构,Co/Ni-MOF-74 对 CO 具有良好的吸附效果,并集成到光纤传感结构中,用于 CO 检测。在 CO 浓度为 0 ~ 35 ppm 时,灵敏度和线性分别为 0.022 dB/ppm 和 0.999。

2021 年,Zhu 等人提出了一种基于悬芯结构的紧凑简单的双 F-P 干涉光纤气体压力传感器。传感器是通过将一段薄壁葡萄柚光子晶体光纤(G-PCF)与单模光纤(SMF)拼接而成的。通过调整特殊的融合参数,在 G-PCF 与 SMF 段的拼接点旁边形成一个短的气腔区域,G-PCF 段的另一端向大气开放。传感器的输出干涉光谱由两个光谱参数组成,这两个参数对温度和气体压力具有不同的灵敏度。其中之一是与气腔相关的宽带包络,它只对气体压力敏感,对环境温度的变化不敏感。该特性对解决两个光谱参数的复杂温度-压力交叉灵敏度特别有用。研究结果表明,该传感器可以在高达 0 ℃的高温条件下,对 1 ~ 0.500 MPa 动态的气体压力进行精确测量。

2018 年,Hao 等人设计制作了一种无隔膜光纤法布里-珀罗(FP)干涉气体压力传感器。如图 2.4 所示,F-P 腔是通过将两侧切割良好的光纤布拉格光栅(FBG)和空心硅胶管(HST)插入二氧化硅外壳而制成的。SMF 和 HST 两端之间的 F-P 腔长随气体密度而变化。采用温度解耦方法提高压力传感器在高温环境下的精度。F-P 气体压力传感器的压力灵敏度为 4.28 nm/MPa,在 0.1 ~ 0.7 MPa 时具有高线性压力响应,在 8 ~ 14 ℃ 范围内的温度灵敏度为 20.800 pm/℃。采用温度去耦法,传感器在不同温度下的非线性度小于 1.5%。

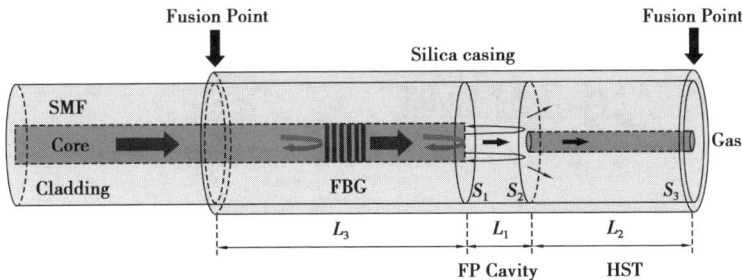

图 2.4   用于高温的光纤 F-P 气体压力传感器

2021 年,Liu 等人设计了一种光子准晶体光纤 SPR 甲烷气体传感器。采用透射型传感结构,在六重光子准晶体光纤圆周面抛光了两个平面,并镀上银膜,该结构可增强 SPR 效应和灵敏度。在镀银表面还沉积了一层掺杂有 cryptophane-E 的聚硅氧烷的纳米结构薄膜。该敏感膜不仅可以提高传感器对 CH_4 气体的选择性,还能保护银膜防止银膜氧化。本书采用全矢量有限元法对传感器进行数值分析和优化。CH_4 浓度为 0% ~ 3.5% 时,最大灵敏度为 8 nm/%,平均灵敏度为 6.643 nm/%。

2021 年,Li 等人制备并表征了一种基于银/3-氨基丙基三乙氧基硅烷/改性石墨烯复合铜氧化物[Ag/APTES/Cu$_x$O(x=1,2)-MGS]敏感膜的光纤 SPR 硫化氢气体传感器。将涂覆 Ag/APTES/Cu$_x$O(x=1,2)-MGS 敏感膜、Ag/APTES 敏感膜的传感器进行对比可知,涂覆 Ag/APTES/Cu$_x$O(x=1,2)-MGS 敏感膜的传感器对 H$_2$S 的响应优于 Ag/APTES 膜。随着硫化氢浓度的增加,共振波长发生红移,在 10 ~ 40 ppm 浓度内,线性度为 0.995 94,灵敏度为 3 385.67 pm/ppm;检测限为(0.56±0.12)ppm。在 10 ppm 浓度下的响应时间为 27 s,且具有良好的温度、湿度和时间稳定性,对硫化氢具有优异的选择性。

随着时代的发展,光纤气体传感器独特的优势被广泛应用于工业过程检测、环境监测、医疗诊断、安防监控、智能交通和能源领域,其高精度、高灵敏度的特性使其成为气体检测的重要工具。然而,为了进一步推动其应用和发展,还需解决一些技术上的问题。

2.2   光纤气体传感原理

光纤气体传感器凭借其独特的优势,可以根据多种不同的原理制备而成,这些原理包括但不限于萨格纳克干涉、马赫-曾德尔干涉、迈克尔逊干涉、法布里-珀罗干涉、表面等离子体共振技术、光声光谱技术以及拉曼光谱技术。这些技术原理为光纤气体传感器提供了多样化的检测方法和手段,以适应不同应用场景下的气体检测需求。

2.2.1   萨格纳克光纤干涉仪

Sagnac 干涉仪结构简单、易于制造和环境的鲁棒性强等显著优点受到广大研究者的关注。Sagnac 干涉仪是由一个光纤环路组成,干涉原理如图 2.5 所示。沿该环路有两束偏振态不同的光束逆向传播,一部分是反射部分,另一部分是透射部分。其中,一束光的传播方向是顺时针,另一束光的传播方向是逆时针,且两束光的传播方向都是闭合回路,两束光最后在分束器上面汇合,被送入探测器中,以形成 Sagnac 干涉。

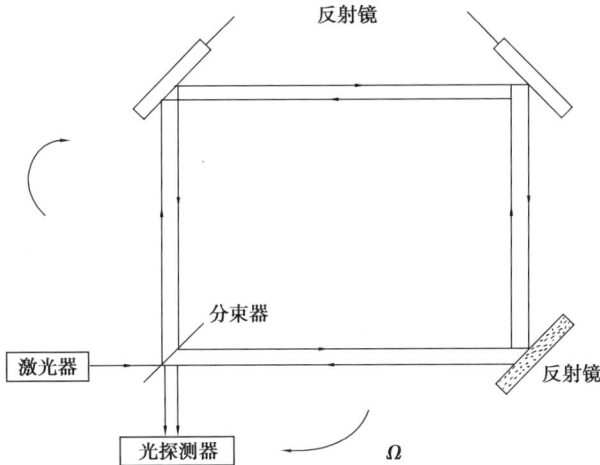

图 2.5 光纤的 Sagnac 干涉原理示意图

与传统 Sagnac 干涉比较,全光纤传感器通常包含一个宽带光源(BBS)、一个光谱分析仪(OSA)和一个光纤 Sagnac 干涉仪。Sagnac 光纤传感器由一个 3dB 光耦合器(OC)和一段涂有敏感材料的熊猫光纤(一般为光子晶体光纤,保偏光子晶体光纤)组成。输入光被 OC 平分为两个反向传播的光束,这些光束绕环传播后在 OC 处重新组合并发生干涉现象,如图 2.6 所示。

图 2.6 传统萨格纳克干涉结构示意图

Sagnac 干涉型光纤气体传感器实验装置由宽带光源(ASE)、3 dB 耦合器、环形器和 Sagnac loop(单模光纤 1、传感元件 2、单模光纤 3)组合而成,Sagnac loop 和传感元件组成的环形器一端接入 C+L 波段光源(ASE,Conquer,China),另一端连接 AQ 6370D 光谱分析仪(OSA,Yokogawa,Japan)进行干涉谱监测。

从宽带光源的光经过环形器后,将光传输到 3 dB 耦合器中,经过耦合器 1 : 1 分光之后,在 Sagnac 环干涉仪中形成了两束相向传输的光,其中一束光顺时针经过传感结构,另一束光逆时针进入 Sagnac 环,经过传感区域。再次通过 3 dB 耦合器时,两束光进入耦合器的偏振态一致,此时产生了干涉现象。再通过光谱分析仪可以观察到干涉波谷随气体浓度的变化情况。

光波通过长度为 L 的光纤相位延迟为:

$$\varphi = \beta L \tag{2.1}$$

$$\Delta\varphi = \beta\Delta L + L\Delta\beta = \beta L \frac{\Delta L}{L} + L \frac{\partial\beta}{\partial n}\Delta n + L \frac{\partial\beta}{\partial D}\Delta D \tag{2.2}$$

式中,β 是光纤的传播常数;L 是光纤的长度;n 是光纤材料的折射率;D 为光纤的纤芯直径(一般 ΔD 值相对较小,可忽略)。

基于 Sagnac 干涉仪的气体传感器模型的透射谱表示为:

$$N_s = \frac{1}{2}\left[1 - \cos\left(\frac{2\pi BL'}{\lambda}\right)\right] \tag{2.3}$$

式中,L' 为传感区域的长度;λ 为工作波长;B 为光纤双折射系数,$B = |n_x - n_y|$,n_x,n_y 分别为传感区域中 x 与 y 方向的偏振对应的有效折射率。当 $2\pi BL'/\lambda = 2k\pi$(k 为正整数)时,干涉相消,N_s 有极小值,此时对应的波长为波谷的波长。

式(2.3)中 B 与 λ 均为有关气体浓度的函数,传感模型可表示为:

$$S(\lambda, N) = \frac{\mathrm{d}\lambda}{\mathrm{d}N} = \frac{\dfrac{\partial B(\lambda, N)}{\partial N}\lambda(N)}{B(\lambda, N) - \lambda\dfrac{\mathrm{d}B(\lambda, N)}{\mathrm{d}\lambda}} \tag{2.4}$$

实验在传感区域表面涂覆敏感膜,包层表面涂覆的敏感膜吸附气体分子时,传感区域中 x 与 y 方向的偏振对应的有效折射率会发生改变,对应的 B 会改变。随着 n_x,n_y 有效折射率的改变,透射谱的干涉波谷的波长变化可以从光谱分析仪中监测得到,可通过观察固定凹点随气体浓度变化的偏移量来计算传感器的灵敏度,从而实现对不同气体浓度变化的监测。

2.2.2 马赫-曾德尔干涉仪

马赫-曾德尔干涉（Mach-Zehnder interference，MZI）的原理如图 2.7 所示，光从激光器里面传输出来，输出的光会被先后分为两束，实体图中的反射镜是可以移动的。相位差会由反射镜的移动发生改变，并且在光纤探测器上就可以产生马赫-曾德尔干涉。

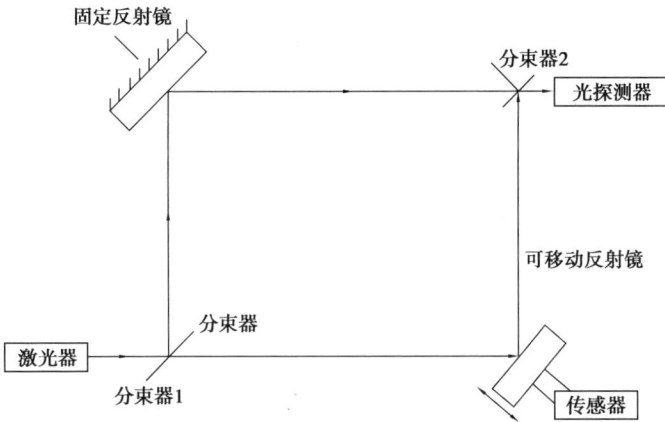

图 2.7　光纤马赫-曾德尔干涉原理示意图

与传统的马赫-曾德尔干涉相比较，光纤马赫-曾德尔干涉仪是一种旨在通过光程差在光束之间产生干涉的设备。干涉仪由两个耦合器和两个光纤臂组成。从激光器输出的光通过 3 dB 耦合器分出，一部分进入参考臂，另一部分进入传输臂，马赫-曾德尔干涉仪的臂之间通过很小的差异引起路径差异，如臂的长度不同，仅一个臂中掺杂化学元素或纤芯的直径不同就会引起光纤路径的变化。在光通信系统中，马赫-曾德尔干涉仪因其多种应用脱颖而出。光纤马赫-曾德尔干涉的结构示意图如图 2.8 所示。

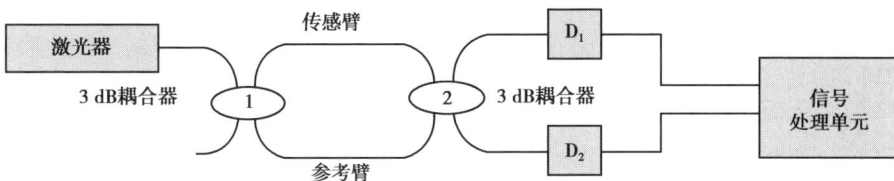

图 2.8　光纤马赫-曾德尔干涉的结构示意图

在马赫-曾德尔干涉式光纤传感系统中,光源发出的光,经过马赫-曾德尔传感结构,输出的干涉光强可以表示为:

$$I = I_1 + I_2 + 2\sqrt{I_1 I_2} \cos\Delta\varphi \tag{2.5}$$

式中,I 为总输出光强;I_1 和 I_2 分别为基模和高阶模光强;$\Delta\varphi$ 为两种模式的相位差,$\Delta\varphi$ 公式为:

$$\Delta\varphi = \frac{2\pi(n_{eff}^{core} - n_{eff}^{high})L}{\lambda_n} = \frac{2\pi\Delta n_{eff} L}{\lambda_n} \tag{2.6}$$

式中,L 为发生干涉的长度;λ_n 为第 n 阶高阶模的干涉波长;n_{eff}^{core} 为基模有效折射率;n_{eff}^{high} 为高阶模有效折射率;Δn_{eff} 为基模有效折射率和高阶模有效折射率的差值。当 $\Delta\varphi$ 满足下式:

$$\Delta\varphi = (2m+1)\pi \tag{2.7}$$

高阶模和基模满足干涉相消的条件,在透射光谱上表现为干涉波谷,式(2.7)中 m 为任意常数。第 n 阶干涉波谷可表示为:

$$\lambda_n = \frac{2\Delta n_{eff} L}{2n+1} \tag{2.8}$$

本书通过浸渍提拉镀膜的方法将敏感材料 Co/NiO 包覆于 FCF 表面,可以将敏感膜和 FCF 看作一个新的包层,充当新的信号臂。当 FCF 表面涂覆的敏感膜吸附 CO 分子时,FCF 中包层的有效折射率也会变化,导致干涉光谱的中心波长的位置随之变化,其第 n 阶干涉条纹中心波长漂移量 $\Delta\lambda_n$ 表示为:

$$\Delta\lambda_n = \frac{(\Delta n_{eff} + \Delta n)L}{2n+1} - \frac{\Delta n_{eff} L}{n} = \frac{\Delta n L}{n} \tag{2.9}$$

式中,Δn 为折射率变化量。

从式(2.8)可知,波长漂移量与干涉长度 L 和折射率差值 Δn 成正比例关系。在干涉长度 L 确定的情况下,第 n 阶干涉条纹中心波长漂移量随着有效折射率的变化而线性变化。不同浓度的 CO 引起不同的新包层折射率变化,从而导致传感器输出的透射光谱发生不同的波长漂移,这就是该传感器检测 CO 浓度的基本原理。

2.2.3　迈克尔逊干涉仪

　　基于迈克尔逊干涉仪(MI)的光纤传感器与马赫-曾德尔干涉仪(MZI)非常相似,其基本概念是两臂光束之间的干涉,但每一束光束在 MI 的每一臂末端都有反射。MI 的制造方法和工作原理与 MZI 基本一致,主要区别在于反射器的存在。传统的光纤迈克尔逊干涉原理如图 2.9 所示,光由激光光源发出,经 3 dB 光纤耦合器,分为强度相等的两束光,分别沿 A、B 两根光纤传输,经高反射率的反射镜反射回来,再次传播到耦合器时,产生了干涉,其中一束作为参考臂,另一束作为传感臂,当外界作用于传感光纤时,会引起两束光的光程差和相位变化,从而导致干涉条纹发生变化,以此到达检测外界环境。

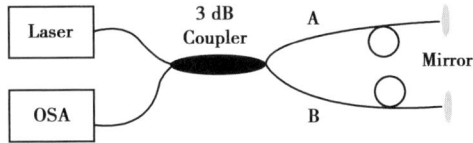

图 2.9　传统的光纤迈克尔逊干涉原理图

　　在迈克尔逊干涉式光纤传感器中,反射光强可以表示为:

$$I = I_{core} + I_{cladding} + 2\sqrt{I_{core}I_{cladding}}\cos(\beta_0 + \Delta\beta) \tag{2.10}$$

式中,I 为干涉光强;I_{core}、$I_{cladding}$ 分别为传感光纤芯层模和包层模的光信号强度;β_0 为光信号的初始相位;$\Delta\beta$ 为纤芯模式和包层模式的相位差,$\Delta\beta$ 可定义为:

$$\Delta\beta = \frac{2\pi(\eta_{core} - \eta_{cladding})(2L)}{\lambda_m} = \frac{4\pi\Delta\eta_{eff}L}{\lambda_m} \tag{2.11}$$

式中,L 为敏感区域的长度;λ_m 为第 m 阶高阶模的干涉波长;η_{core} 为纤芯有效折射率;$\eta_{cladding}$ 为传感光纤包层有效折射率,$\Delta\eta_{eff}$ 为基模有效折射率和高阶模有效折射率的差值。当 $\beta_0 + \Delta\beta$ 等于 $(2n+1)\pi$ 时,包层和纤芯的光发生干涉相消,在反射光谱上表现为反射波谷。

　　当传感区域表面包覆敏感膜后,其包层和敏感膜可以看作一个新的包层,当敏感膜吸附气体分子后,新包层的有效折射率会发生改变,而纤芯的有效折射率固定不变。随着气体浓度的改变,有效折射率差值 $\Delta\eta_{\text{eff}}$ 也会发生改变,从而导致第 m 阶模式干涉发生。当敏感膜吸附气体分子后,新包层的有效折射率会发生改变,导致向外辐射的能量减少,即 I_{cladding} 增加,而纤芯的有效折射率固定不变,I_{core} 不变,导致 I 增加。随着气体浓度的改变,I_{cladding} 随之而变,在反射光谱上表现为光强度的变化。

2.2.4 法布里-珀罗干涉仪

光纤法布里-珀罗干涉仪(FPI)一般由两个相隔一定距离的平行反射面组成,干涉发生的原理是两个平行面的反射和透射光束的多重叠加。FPI 是利用双光束的干涉进行物理量的测量。如图 2.10 所示为 Fabry-Perot(F-P)型光纤传感器,反射面 M1 和 M2 会先后依次反射回两束光,两束光经耦合器后产生干涉光谱,被光谱仪接收。当外界参量发生变化时,会导致 F-P 腔内的介质折射率或 F-P 腔长度发生改变,使得监测光谱随被测物理量的变化而变化,从而实现对外界物理参量的测量。FPI 可以通过在光纤内部或者外部有意建立反射器来简单形成,可分为两类:外置式和内置式。相对于内置式,外置式的制造工艺相对简单,不需要任何高成本设备,然后外置 FPI 传感器存在耦合效率低、需要仔细校准和封装等问题。

FPI 的反射或透射光谱可以描述为输入光谱的波长依赖的强度调制,这主要是由两束反射或透射光束之间的光学相位差引起的。调制光谱的最大和最小峰意味着在该特定波长的两束分别在 2π 的模量下处于同相位和非同相位。FPI 的相位差简单地表示为:

$$\delta_{\text{FPI}} = \frac{2\pi}{\lambda} n 2L \qquad (2.12)$$

式中,λ 为入射光波长;n 为腔体材料或腔体模式的 RI;L 为腔体的物理长度。

当扰动引入传感器中时,干涉光程长度差(OPD)的变化会影响相位差。例如,对 FPI 传感器施加纵向应变,会改变腔体的物理长度或/和腔体材料的 RI,

从而导致相位变化。通过测量 FPI 的波长光谱位移，可以定量地得到施加在其上的应变。自由光谱范围（FSR），即光谱中相邻干涉峰之间的间距，也受到 OPD 变化的影响。OPD 越短，FSR 越大。尽管大的 FSR 为传感器提供了宽的动态范围，但同时，由于峰值信号钝化，它的分辨率很差，因此，根据不同的应用，设计 FPI 的 OPD 以满足动态范围和分辨率是很重要的。

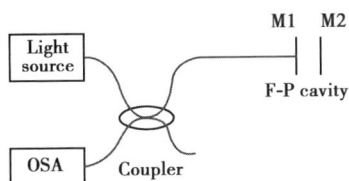

图 2.10　光纤法布里–珀罗型干涉仪

2.2.5　表面等离子体共振技术

SPR 传感技术已经发展成为一种非常高效的技术。SPR 现象的开始可以追溯到 1902 年，Wood 采用连续光谱的偏振光照射金属光栅时，在反射光谱上观察到暗带和亮带的现象，即"Wood 异常衍射现象"。受 Wood 异常衍射现象启发，在 1907 年，Zenneck 在有损介质和无损介质分界面上利用麦克斯韦方程组的表面波解进行了推导，理论结果表明在分界面上存在表面电磁波。1909 年，Sommerfeld 经过数学公式推导发现表面电磁波的振幅沿界面两侧呈指数衰减。1941 年，Fano 在 Sommerfeld 理论基础上运用金属–空气界面的表面电磁波激发模型解释了这一异常衍射现象。1957 年，Ritchie 首次成功地提出了金属表面"等离子体激元"激发的理论论证。1959 年，Turbudar 进行了一项实验，用偏振光照射透明铝薄膜，并测量其反射率。当入射角在临界角附近时出现最大反射率，继续增大入射角后反射率突然下降。然而在他的实验分析中并没有明确使用"等离子体"这个词。1960 年，Stern 和 Ferrell 证实了照射到金属表面的电磁波与表面等离子体波的耦合，并解释了表面电磁波的色散方程。1968 年，Stern 和 Ferrell 的研究结果在实验上得到了 Otto 的验证。Otto 模型以棱镜为基底,金属层放置在离棱镜基底 100~200 nm 处,棱镜基底与金属层之间为样品通道。光在棱镜内全反射产生的倏逝波穿过样品通道,到达金属表面激发表面等离子体波。然而,样品通道的间隔在纳米级别,很难精准控制样品通道的宽度使得实验难以重复。为了克服这一困难,Kretschmann 对 Otto 模型进行了改进,将金属层直接沉积在棱镜基底表面厚度控制在数十纳米范围内,金属层的一面贴着棱镜,另一面与样品接触,全反射产生的倏逝波同样能穿过金属层到达金属-样品分界面,激发金属表面等离子体波。然而,基于 Kretschmann 模型的 SPR 传感系统体积庞大,操作难度大,许多检测环境不利于此传感系统的存放,只能用于室内检测,无法满足室外复杂环境。1993 年,华盛顿大学的 Jorgenson 博士与其导师 Yee 首次将 Kretschmann 模型的棱镜替换为光纤纤芯,厚度为数十纳米的金属层镀在纤芯圆周面,光在纤芯-金属层界面全反射产生的倏逝波到达金属-介质界面激发金属表面等离子体波。这种依赖于光波传输,激发和耦合等多种物理机制的光纤 SPR 传感技术是一种灵敏度高、响应速度快、动态范围大、抗电磁干扰能力强、可防燃防爆、灵活性弯曲、适于远程检测的新型传感技术。此后,这种技术在物理、化学和生物传感方面取得了大量的研究成果。

光纤 SPR 传感器作为一类重要的光学传感器,其灵敏度、响应速度往往优于其他光学传感器。光纤 SPR 传感器的传感区长度通常在 10 mm 左右,传感结构设计得非常小巧灵活,大大提高了光纤 SPR 传感器的便携性,给户外定点定量检测气体泄漏带来了福音。传感探头可以制备得非常小巧,除可用于环境气体检测以外,还可用于人体呼出气体检测。光纤 SPR 气体传感器通常在纤芯表面镀一层数十纳米的金属层,通常有金(Au)、银(Ag)、铜(Cu)、铝(Al)等金属层。再镀一层敏感膜,当目标气体与敏感膜相互作用的时候会导致敏感膜的介电常数发生变化,从而改变 SPR 光谱。在光纤 SPR 气体传感研究中往往采用波长调制的方法,可以计算共振波长的漂移量来检测外界气体浓度的变化。此外,随着纳米技术的迅速发展给光纤 SPR 气体传感器的传感材料提供了更多的选择,进一步促进了光纤 SPR 气体传感的研究和应用。

SPW 是横磁波,即磁场分量垂直于它的传播方向,并且在传播方向上存在电场分量,要激发 SPW 产生共振,要用同样的横磁波来激发。P 偏振光恰好满足。P 偏振光表示电场矢量平行于入射面,磁矢量垂直于入射面,在分界面处其电场矢量沿垂直于界面法向的分量可以激发表面电荷密度发生振荡,从而产生表面等离子体共振(SPR)。

金属没有受到光照时,金属内的自由电子将做无规则运动。当金属受到电磁波干扰时,金属中的自由电荷密度做有规则的振荡运动,其波矢沿 x 轴的分量为 SPW 波矢。当入射光波的波矢沿 x 轴的分量等于 SPW 波矢时,即产生的倏逝波与表面等离子体波发生耦合共振,这种共振称为表面等离子体共振。

如图 2.11 所示为 SPW 波矢色散曲线与入射光波矢沿 x 轴色散曲线图。线条 A 表示介质 3(空气)中一束 P 偏振光以 θ_1 角度入射到金属-空气分界面,其波矢沿 x 轴的分量用 k_{i3x} 表示。线条 B 表示介质 3 中一束 P 偏振光沿 x 轴入射到金属表面(掠入射),其波矢沿 x 轴的分量用 k_{i3} 表示。线条 C 表示介质 1(纤芯)中一束 P 偏振光以 θ_1 入射到纤芯-金属分界面,其波矢沿 x 轴的分量用 k_{i1x} 表示。线条 D 表示介质 1 中一束 P 偏振光沿 x 轴入射到金属表面,其波矢沿 x 轴的分量用 k_{i1} 表示。曲线 E 表示 SPW 的波矢。那么它们的波矢可以表示为:

$$k_{i3x} = \frac{\omega}{c}\sqrt{\varepsilon_3}\sin\theta_1 \tag{2.13}$$

$$k_{i3} = \frac{\omega}{c}\sqrt{\varepsilon_3} \tag{2.14}$$

$$k_{i1x} = \frac{\omega}{c}\sqrt{\varepsilon_1}\sin\theta_1 \tag{2.15}$$

$$k_{i1} = \frac{\omega}{c}\sqrt{\varepsilon_1} \tag{2.16}$$

$$k_x^{SPW} = \frac{\omega}{c}\sqrt{\frac{\varepsilon_2\varepsilon_3}{\varepsilon_2+\varepsilon_3}} \tag{2.17}$$

式中,c 表示真空中的光速;ω 表示光波的频率。从图 2.11 可知,光在介质 3 中无论以何种角度入射到金属表面时,其波矢都是小于 SPW 的波矢,光波从介质 3 中入射到金属表面无法产生 SPR。为了产生 SPR 必须增大入射光波沿 x 轴的波矢,通过研究发现引入高介电常数的入射介质可以增大波矢,如光纤纤芯和棱镜。当光在纤芯介质中以入射角 θ_1 大于全反射角 θ_c 入射到纤芯-金属界面时,其倏逝波的波矢为线条 C,处于线条 B 和线条 D 之间,并且与线条 E 存在交点,即满足波矢匹配条件。这种方式入射可以产生 SPR 现象。

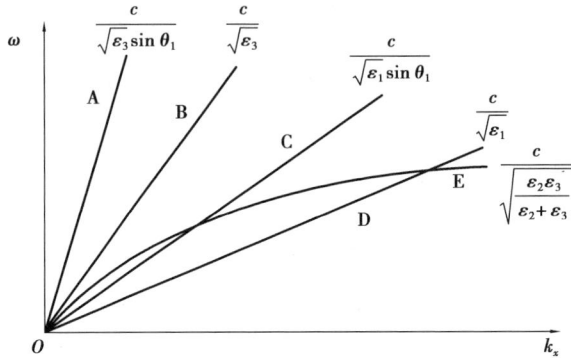

图 2.11 SPW 波矢色散曲线与入射光波矢沿 x 轴色散曲线图

1)SPR 传感器调制方法

(1)角度调制型

在上述分析中把介质 1 当作纤芯、介质 2 当作金属、介质 3 当作待测介质,对波矢匹配条件进行化简可得:

$$\theta_R = \arcsin \sqrt{\frac{\varepsilon_2 \varepsilon_3}{\varepsilon_1 (\varepsilon_2 + \varepsilon_3)}} \tag{2.18}$$

式中,θ_R 表示共振角,从式(2.18)中可知,当光纤中的复色光波长一定时,根据 Sellmeier 色散关系和 Drude 模型可计算出纤芯介电常数 ε_1、金属介电常数 ε_2 为定值,可知共振角与待测介质介电常数 ε_3 有关。当光波入射角满足共振条件时,光强反射率达到最低值,此时的入射角称为共振角。当待测介质介电常数发生变化时,相应的共振角也要产生变化才能再一次满足波矢匹配条件。通过检测共振角的漂移量来探测待测介质的变化。

（2）强度调制型

强度调制指单一入射光波长和入射角为定值，且这两个固定值满足波矢匹配条件，通过观察反射光强度的变化来检测待测介质折射率变化。强度调制型SPR 传感器检测方法简单、传感系统装置成本低。然而，不是随便一个单一入射光控制波长和角度不变就能满足波矢匹配条件。波矢匹配条件还与传感器结构、传感材料、待测介质折射率范围有关，采用哪种单一入射光来满足强度调制还需要考虑上述这些因素，从而使得单一入射光恰好满足强度调制。

（3）相位调制型

相位调制指单一入射光波长和入射角为定值，且这两个固定值满足波矢匹配条件，通过观察反射光的 p 偏振光和 s 偏振光的相位差变化来检测待测介质折射率变化。相位调制具有更高的信噪比、分辨率、灵敏度和更宽的检测范围。然而，这种调制方法要求的仪器设备非常复杂且成本昂贵，不利于商业化和器件小型化，目前处于起步阶段。

2）波长调制型光纤 SPR 传感器原理及其性能参数

在上述分析中把介质 1 当作纤芯、介质 2 当作金属、介质 3 当作待测介质，对波矢匹配条件进行化简可得：

$$\sqrt{\varepsilon_1} \sin \theta_1 = \sqrt{\frac{\varepsilon_2 \varepsilon_3}{\varepsilon_2 + \varepsilon_3}} \tag{2.19}$$

从式（2.19）可知，当光纤中的复色光入射角一定时，可变量只有纤芯介电常数 ε_1、金属介电常数 ε_2 和待测介质介电常数 ε_3。根据 Sellmeier 色散关系和 Drude 模型可知纤芯介电常数和金属介电常数都是波长的函数。当待测介质的介电常数发生变化时，对应的共振波长必须发生变化才能再次满足上式关系。可以通过检测共振波长的漂移量来探测待测介质的变化。

（1）灵敏度（S_λ）

在波长调制型 SPR 传感器中波长灵敏度被定义为共振波长的漂移量与待

测介质折射率变化量之间的比值,可表示为:

$$S_\lambda = \frac{\Delta\lambda_{res}}{\Delta n_3} \tag{2.20}$$

式中,$\Delta\lambda_{res}$ 表示共振波长的漂移量;Δn_3 表示待测介质折射率变化量。灵敏度越大越好。光纤 SPR 气体传感的灵敏度单位可以用 nm/ppm 或 nm/ppb,测折射率灵敏度单位用 nm/RIU,测温度灵敏度单位用 nm/℃ 等。在波长调制型 SPR 传感器中,光源必须是宽谱光源,并且光源能持续稳定地输出。本实验用的海洋光学的光源波长为 360 ~ 1 700 nm。海洋光学光谱仪接收波长为 350 ~ 1 000 nm。光谱仪的光学分辨率为 1.5 ~ 2.3 nm。

(2)探测精度(DA)

在波长调制型 SPR 传感器中探测精度被定义为半高宽的倒数。用公式表示为:

$$DA = \frac{1}{\text{FHWM}} \tag{2.21}$$

式中,FHWM 表示共振峰半高宽,数值为 50% 的共振峰强度对应的两个波长相减,单位为 nm。如图 2.12 所示为共振峰半高宽示意图。图 2.12(a)表示共振峰半高宽为 1 nm 的共振峰移动 1 nm 的图。图 2.12(b)表示共振峰半高宽为 10 nm 的共振峰移动 1 nm 的图。从图 2.12 可知,共振峰半高宽越窄共振峰漂移单位长度的变化越明显,探测精度也越高。当共振峰半高宽为 10 nm 时漂移单位长度,整个共振峰只移动了半高宽的 1/10,变化不明显。光纤 SPR 传感器的探测精度取决于共振峰的半高宽,半高宽越窄探测精度越高,半高宽越宽探测精度越低。

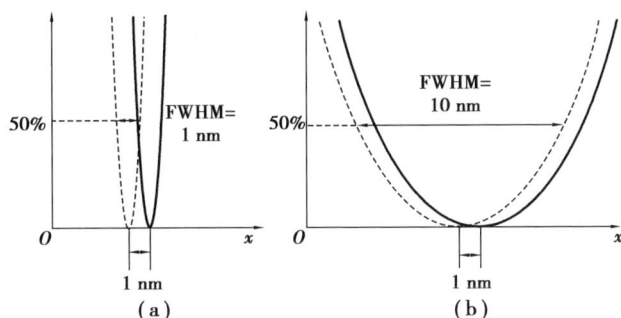

图 2.12　探测精度

（3）品质因素（FOM）

光纤 SPR 传感器的 FOM 既考虑了传感器的灵敏度又考虑了探测精度,用公式表示为:

$$\text{FOM} = \frac{S_\lambda}{\text{FHWM}} = S_\lambda \times DA \tag{2.22}$$

品质因素是一个更加全面评价光纤 SPR 传感器性能好坏的综合性能参数。当半高宽越窄,灵敏度越大的时候品质因素也越大。

（4）检测限（LOD）

检测限表示传感器能检测的最低浓度,可以通过传感器的灵敏度与斜率的标准误差的比值可以得到,用公式表示为:

$$\text{LOD} = \frac{3\sigma}{K} \tag{2.23}$$

式中,K 表示线性拟合的斜率即传感器的灵敏度;σ 为拟合后斜率的标准误差。

（5）信噪比（SNR）

在光纤 SPR 传感系统中,信噪比被定义为共振波长的漂移量 $\Delta\lambda_{\text{res}}$ 与半高宽 FWHM 的比值,值越大越好,用公式表示为:

$$\text{SNR} = \frac{\Delta\lambda_{\text{res}}}{\text{FWHM}} \tag{2.24}$$

（6）响应时间（T_R）

传感器的响应时间被定义为传感信号响应达到稳定值的 90% 所需的时间,

如图 2.13 所示。

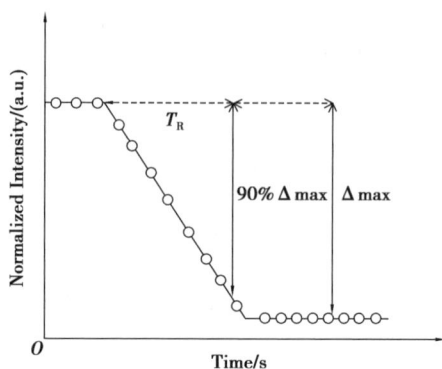

图 2.13　响应时间

2.2.6　光声光谱技术

光声光谱技术与传统吸收光谱技术不同,不需要测量光源经过待测物质后的透射光强,而是使用间接测量的方法检测物质对光能的吸收量。光强为 I 的光束通过待测气体分子后,部分光会被待测气体分子吸收。根据 Beer-Lambert 定律可知,被吸收后的光强 $I_{(v)}$ 为:

$$I_{(v)} = I_{0(v)} \{ 1 - \exp[-cl\alpha_{(v)}] \} \qquad (2.25)$$

式中,c 为待测气体的体积分数;l 为气体的吸收光程;$\alpha_{(v)}$ 为气体的吸收系数,可以表示为:

$$\alpha_{(v)} = N_{\text{tol}} \sigma(v) \qquad (2.26)$$

式中,$\sigma(v)$ 为吸收截面,其值等于归-化线型函数 $g_{(v)}$ 和吸收线强度 S 的乘积,其中 $g_{(v)}$ 用来描述吸收谱线的形状(单位是 cm),吸收线强度 S 是衡量分子对光吸收能力的一个重要物理量(单位是 $\text{cm}^{-1} \cdot \text{cm}^2$),可以通过 HITRAN 数据库查到;$N_{\text{tol}}$ 为气体的物质的量浓度,单位是 mol/cm^3,室温为 T、压强为 P_0 时气体的物质的量浓度 N_{tol} 可以表示为:

$$N_{\text{tol}} = N_{\text{L}} \frac{296}{T} P_0 \qquad (2.27)$$

式中，N_L 为 Loschmidt 数。吸收光能后的气体分子由基态跃迁到激发态，因激发态的分子不稳定，故绝大部分受激分子会经过无辐射跃迁回到基态并放出热量，从而产生以光源为中心向外扩展的压力波。由于压力波大小与待测气体体积分数成正比，因此通过传感器探测压力波的大小即可获得待测气体的体积分数信息。假设待测气体体积分数较小，则声波传感器探测到的光声信号幅值 S_{PA} 可以表示为：

$$S_{PA} = S_m PFC\alpha \qquad (2.28)$$

式中，S_m 为声波传感器的灵敏度；P 为激励光源的光功率；F 为光声池的池常数，由调制频率、光声池结构和各测量条件决定；C 为气体的体积分数；α 为待测气体的吸收系数。

从式(2.28)可知，光声信号的幅度正比于声波传感器的灵敏度，提高声波传感器的灵敏度可以有效地提高光声信号的强度。

2.2.7 拉曼光谱技术

拉曼光谱法是基于物质的拉曼散射效应，当频率为 ν_0 的入射光通过待测气体时，入射激光会激发气体(单原子气体除外)分子产生频率为 $\nu_0 \pm \nu_R$ 的球面拉曼散射光。不同气体都有各自特定的拉曼频移 ν_R，拉曼散射光的强度与气体的浓度线性相关，通过检测拉曼散射光的拉曼频移及强度可同时定性和定量分析多种不同物质。实际中，气体的振动拉曼峰强度要远高于相应的转动峰强度，研究人员通常基于各气体的振动拉曼峰来对气体进行定量和定性分析。

气体散射截面极低，拉曼信号弱，常规自发拉曼光谱技术很难测量痕量气体，且不同气体散射截面各异，在相同的检测系统和检测条件下，各气体组分检测下限有所不同。国内外研究者采用各种增强方法来提高拉曼散射检测灵敏度，主要包括腔增强和光纤增强拉曼光谱技术。腔增强通过提高激发光强度和激光与气体作用路径来提高拉曼信号强度，主要包括多次反射腔增强、F-P 腔增强、激光内腔增强。光纤增强则通过提高球面拉曼散射光收集效率来提高拉曼信号强度,主要包括镀银毛细管增强和空芯光纤增强。

2.3 光纤气体传感应用

2.3.1 光纤 SPR 硫化氢气体传感器

在许多工业生产过程中会产生一些有毒有害气体,如硫化氢(H_2S)、氨气、甲烷等。其中,H_2S 是一种无色、溶于水、易燃的酸性气体,具有典型的臭鸡蛋气味。H_2S 气体不仅严重危害人类的健康,还会腐蚀暴露于其环境中的设备,排放到生态系统中会导致大气、土壤、水资源的严重污染和退化。它是一种急性神经剧毒物质,吸入少量高浓度硫化氢可于短时间致命。根据美国政府工业卫生学家会议(ACGIH)规定,硫化氢的阈值(TLV)为 1 ppm,在此浓度下暴露时间超过 8 h 将会对人体产生危害。随着时代的迅速发展给光纤 SPR 气体传感器的传感材料提供了更多的选择,进一步促进了光纤 SPR 气体传感器的研究和应用。到目前为止,把改性石墨烯纳米片(MGS)与 Cu_xO 结合形成新的纳米复合材料 Cu_xO-MGS($x=1,2$)并涂覆在光纤上结合 SPR 原理来检测硫化氢气体未见报道。此材料不仅可以提高室温下 Cu_xO 吸附低浓度气体后的电子迁移能力,还同时增强 Cu_xO 对硫化氢气体的特异吸附。提出并制作了一种基于银/3-氨基丙基三乙氧基硅烷/改性石墨烯复合铜氧化物 Ag/APTES/Cu_xO-MGS($x=1,2$)敏感膜的光纤 SPR 气体传感器,用于硫化氢气体高灵敏检测。无芯光纤(No-core fiber, NCF)熔接在多模光纤-1(Multi-mode fiber-1, MMF1)和多模光纤-2(Multi-mode fiber-2, MMF2)之间,形成 MMF1-NCF-MMF2 结构的光纤 SPR 传感单元。将 APTES 和 APTES/Cu_xO-MGS($x=1,2$)分别涂覆在镀有银膜的 NCF 上,对涂覆两种膜 APTES、Cu_xO-MGS($x=1,2$)的传感器进行了对比实验。

1)实验器材与传感系统

取一根纤芯直径为 62.5 μm 的标准多模光纤,先熔接 1 cm 长的多模光纤

(纤芯直径 105 μm),再熔接 1 cm 长的无芯光纤,涂覆敏感膜后[图 2.14(a)],再另取一根纤芯直径为 62.5 μm 的标准多模光纤熔接 1 cm 长的多模光纤(纤芯直径 105 μm)[图 2.14(b)下方的光纤],最后和涂覆敏感膜的光纤熔接[图2.14(b)上方的光纤]。熔接过程如图 2.14(c)所示。如图 2.14(d)所示为熔接好后实物图。

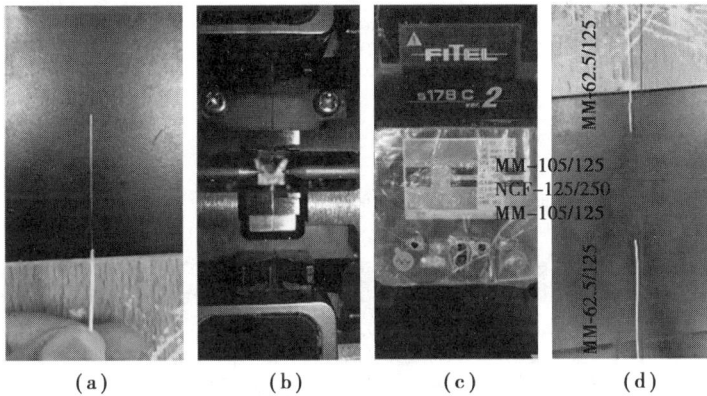

图 2.14 光纤熔接图

基于光纤 SPR 硫化氢气体传感器的实验装置原理图如图 2.15(a)所示。其中传感单元由 1 cm 的多模光纤-1(Multi-mode fiber-1, MMF1)熔接长 1 cm 的无芯光纤(No-core fiber, NCF),然后熔接一段 1 cm 的多模光纤-2(Multi-mode fiber-2, MMF2),构成 MMF1-NCF-MMF2 光纤 SPR 传感结构,传感部分两端和标准多模光纤熔接在一起,如图 2.15(a)所示。如图 2.15(b)所示为实际实验装置图。

传感器固定在圆柱形气室中,气室有一个进气口和出气口,通过气阀控制目标气体的浓度,使气体通过进气口进入气室。为确保实验安全性,废气通过导管排到足量的氢氧化钠溶液中。实验前先保存参考光谱和暗光谱,建立归一化光谱。光源发出的光经过芯径为 600 μm 的多模光纤,通过光纤适配器进入 125 μm 的多模光纤,再经过无芯光纤传感区域与敏感膜相互作用后,透射光从另一端进入光谱仪,光谱仪与计算机连接,其光谱信息在计算机中显示。满足

SPR 条件的光被共振吸收,出现共振吸收峰,当外界气体浓度发生变化时,敏感膜折射率改变导致共振波长发生漂移。通过计算共振波长的漂移量来获得目标气体浓度信息及变化趋势。所有的测量都是在室温下进行的。

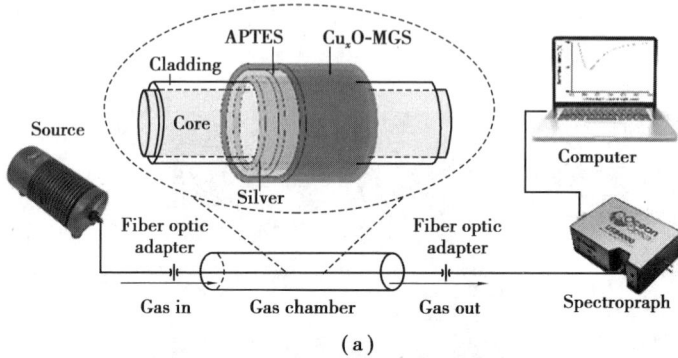

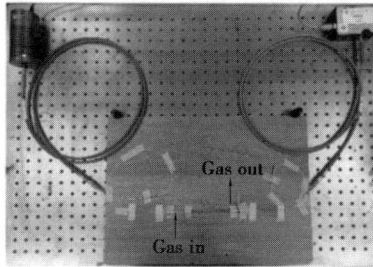

图 2.15　实验装置原理及实际实验图

(a)实验装置原理图;(b)实际实验图

2)敏感材料与传感器的制备

(1)$Cu_xO(x=1,2)$-MGS 制备

用去离子水超声稀释 2 mg/mL 的氧化石墨烯分散体,制备 0.2 mg/mL 的氧化石墨烯分散体。将 20 mL,10 mM 无水醋酸铜水溶液加入 25 mL 氧化石墨烯分散体中,连续搅拌 12 h。然后,将 25 mL 的 16.8 mM 氢氧化钠溶液滴加到混合物中,直至产生褐绿色沉淀物。褐绿色混合物中加入 30 mL,6 mM 葡萄糖水溶液,混合均匀后转移至高压釜中 96 ℃水热反应 10 h。将所得产物离心(6 000 r/min, 3 min),用无水乙醇和去离子水洗涤 3 次,所得 $Cu_xO(x=1,2)$-MGS 粉在

乙醇中重新分散,得到 1 mg/mL 的 $Cu_xO(x=1,2)$-MGS 分散液,供后续实验使用。

(2) Ag/APTES 传感器制备

取一根纤芯直径为 62.5 μm 的标准多模光纤,先熔接 1 cm 长的多模光纤(纤芯直径 105 μm),再熔接 1 cm 长的无芯光纤(作为传感区域)。用无水乙醇洗净后置于高真空电阻蒸发镀膜机中。在 NCF 侧面镀一层 55 nm 厚的银膜后,将其浸入体积分数为 10% 的 APTES 无水乙醇分散液中 12 h,旨在银膜表面修饰一层外端为氨基的分子层。用氮气吹干后,即制得银表面修饰 APTES 的光纤传感元件。再用质量分数为 20% 硝酸把 NCF 的另一端面清洗干净后。再另取一根纤芯直径为 62.5 μm 的标准多模光纤熔接 1 cm 长的多模光纤(纤芯直径 105 μm),最后和涂覆敏感膜的光纤熔接,即制得 Ag/APTES 光纤 SPR 硫化氢气体传感器。如图 2.16 所示,通过酸碱反应来验证 Ag/APTES 光纤 SPR 硫化氢气体传感器表面的氨基官能团。图 2.16(a)—(b)所示为涂覆有 Ag/APTES 敏感膜的光纤 SPR 气体传感器对于盐酸挥发气体和纯二氧化硫酸性气体的响应。由于盐酸挥发气体包含水蒸气和氯化氢,纯度相对较低,因此响应是一个缓慢的过程,从图 2.16(a)可知,随着盐酸挥发气体进入气室,共振峰先逐渐变深后变浅,并且共振波长也在红移。这是由于挥发气体中存在水蒸气对共振峰的影响。而二氧化硫是实验室制备的纯的二氧化硫,当纯的二氧化硫进入气室后,一瞬间便出现了共振峰,随后共振峰稍微变浅并逐渐稳定。由于没有其他气体的干扰,因此共振峰的稳定性大于盐酸挥发气体。

(3) Ag/APTES/Cu_xO-MGS($x=1,2$)传感膜的制备

取一根纤芯直径为 62.5 μm 的标准多模光纤,先熔接 1 cm 长的多模光纤(纤芯直径 105 μm),再熔接 1 cm 长的无芯光纤(作为传感区域)。用无水乙醇洗净后置于高真空电阻蒸发镀膜机中。在 NCF 侧面镀一层 55 nm 厚的银膜后,将其浸入体积分数为 10% 的 APTES 无水乙醇分散液中 12 h,旨在银膜表面修饰一层外端为氨基的分子层。用氮气吹干后,再浸入 $Cu_xO(x=1,2)$-MGS 分散

液中(1 mg/mL,溶剂为无水乙醇)保持 30 min,$Cu_xO(x=1,2)$-MGS 分散液中的羧基和羟基是负电性基团,可与光纤上的正电性氨基基团静电自组装成膜,用氮气吹干后,再用质量分数为 20% 硝酸把 NCF 的另一端面清洗干净后,再另取一根纤芯直径为 62.5 μm 的标准多模光纤熔接 1 cm 长的多模光纤(纤芯直径 105 μm),最后和涂覆敏感膜的光纤熔接,即制得 $Ag/APTES/Cu_xO(x=1,2)$-MGS 光纤 SPR 硫化氢气体传感器。制备工艺如图 2.17 所示。

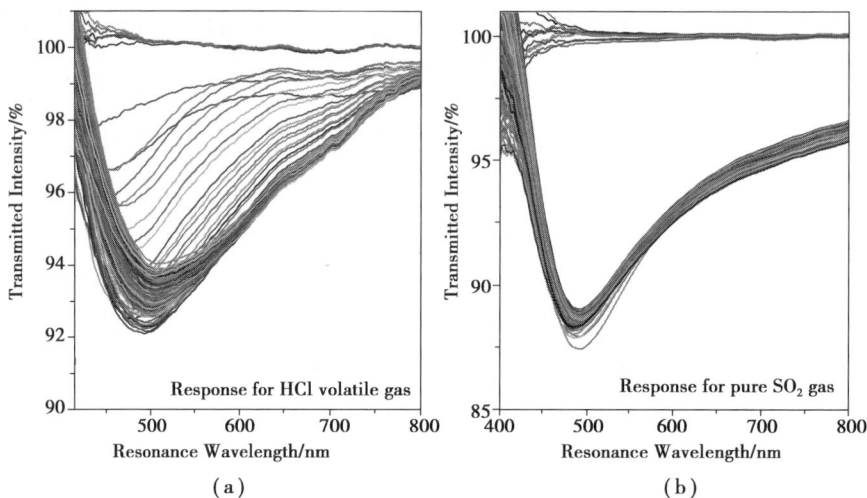

(a)   (b)

图 2.16　通过酸碱反应来验证 Ag/APTES 光纤 SPR 硫化氢气体传感器表面的氨基官能团
(a)涂覆有 Ag/APTES 敏感膜的传感器在 HCl 挥发气体中的 SPR 光谱响应;
(b)涂覆有 Ag/APTES 敏感膜的传感器在纯 SO_2 气体中的 SPR 光谱响应

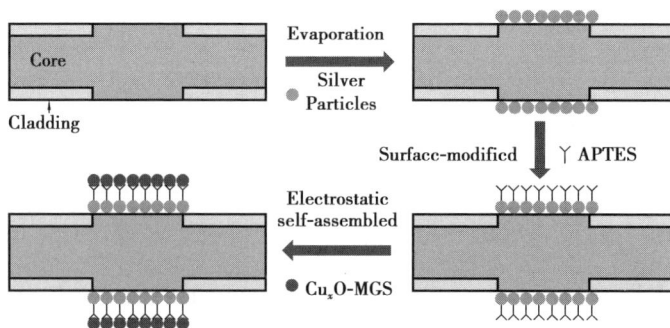

图 2.17　传感器制备工艺

3)敏感材料的表征及分析

如图 2.18(a)—(c)所示分别为光纤镀 Ag、Ag/APTES、Ag/APTES/Cu$_x$O($x=$ 1,2)-MGS 敏感膜的侧面图和截面图。由图可知,两种敏感膜成功涂覆在无芯光纤表面。银薄膜致密均匀,呈现出颗粒状;Ag/APTES 敏感膜导致原本清晰可见的银颗粒修饰了一层 APTES 变得模糊;Ag/APTES/Cu$_x$O($x=1,2$)-MGS 敏感膜表面呈现出类似氧化石墨烯的褶皱结构,Cu$_x$O($x=1,2$)-MGS 成功附着在 APTES 分子层上。如图 2.18(a')—(c')所示为侧面镀 Ag、Ag/APTES、Ag/ APTES/Cu$_x$O($x=1,2$)-MGS 敏感膜的光纤端面。Ag、Ag/APTES、Ag/APTES/ Cu$_x$O($x=1,2$)-MGS 敏感膜的厚度分别为 55 nm、87 nm、168 nm。

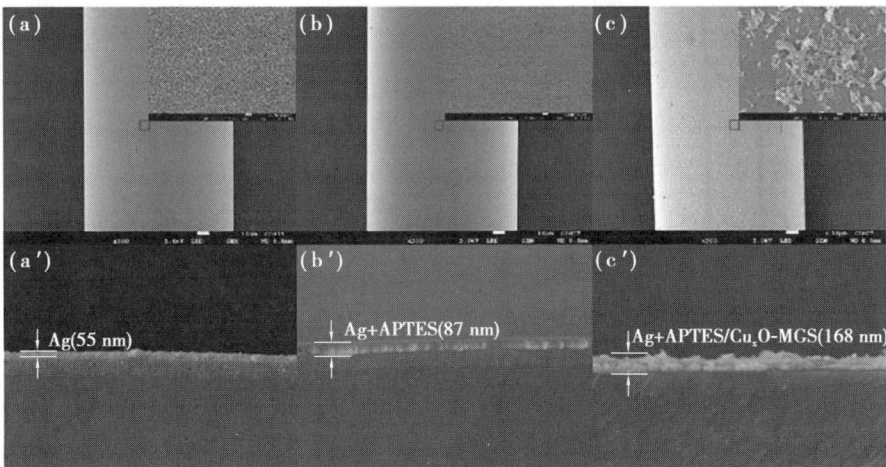

图 2.18 敏感材料的表征

(a)光纤镀银的侧面和截面图;(a')镀银的光纤端面;(b)光纤镀 Ag/APTES 的侧面和截面图;
(b')镀 Ag/APTES 的光纤端面;(c)光纤镀 Ag/APTES/Cu$_x$O($x=1,2$)-MGS 的侧面和截面图;
(c')镀 Ag/APTES/Cu$_x$O($x=1,2$)-MGS 的光纤端面

4)传感器性能测试

(1)Ag/APTES 传感器和 Ag/APTES/Cu$_x$O-MGS($x=1,2$)传感器性能对比

对涂有 Ag/APTES/Cu$_x$O($x=1,2$)-MGS 或 Ag/APTES 传感膜的光纤 SPR 硫化氢气体传感器进行对比评估。如图 2.19(a)所示显示了具有 Ag/APTES 膜

的传感器对不同 H_2S 浓度的响应结果。在 10 ~ 60 ppm 内,随着 H_2S 浓度的增加,共振波长向长波方向漂移,总波长漂移约为 56.061 nm。对共振波长的漂移量与所测气体浓度进行线性拟合,发现对应的漂移量的线性拟合度 $R^2 = 0.972\ 68$,其灵敏度为 1 152.43 pm/ppm,即具有良好的线性度和灵敏度。此外,共振峰的深度和宽度随着 H_2S 浓度的增加而加深和加宽。其原因主要是吸附 H_2S 后传感膜介电常数的实部增大,导致共振波长红移,虚部减小,导致共振峰加宽加深。当 H_2S 浓度高于 60 ppm 时,光谱变化很小,选择 10 ~ 60 ppm 作为检测范围。如图 2.19(b)所示显示了具有 Ag/APTES/Cu_xO($x = 1,2$)-MGS 传感膜的传感器的响应结果。在 10 ~ 60 ppm 内,随着 H_2S 浓度的增加也会发生红移,共振波长漂移为 118.489 nm,约为 Ag/APTES 传感器的 2 倍。在 10 ~ 100 ppm 内,总波长漂移为 132.642 nm,H_2S 浓度与共振波长漂移之间满足对数关系。

浓度在 10 ~ 40 ppm 内,获得良好的线性拟合参数 0.995 94,灵敏度达到 3 385.67 pm/ppm。根据此光谱仪的光学分辨率为(1.9 ± 0.4)nm,可用式(2.23)计算 Ag/APTES/Cu_xO($x = 1,2$)-MGS 传感器的检测限(LOD)为(0.56 ± 0.12) ppm。为了更详细地探索传感器的灵敏度,还分析了 1 ~ 3 ppm 的 H_2S 气体的响应光谱[图 2.19(c)],共振峰位移约为 51 nm,共振峰的明显变化表明,传感器可用于定量检测 1 ppm 的 H_2S。这些结果表明,Ag/APTES/Cu_xO($x = 1,2$)-MGS 传感膜的传感器具有良好的传感性能。

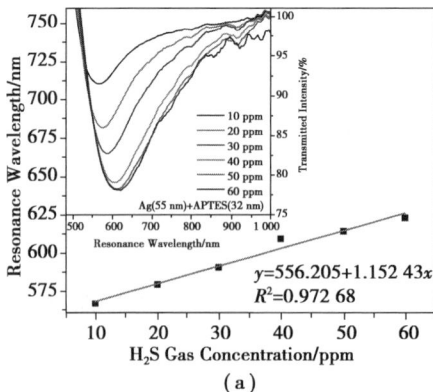

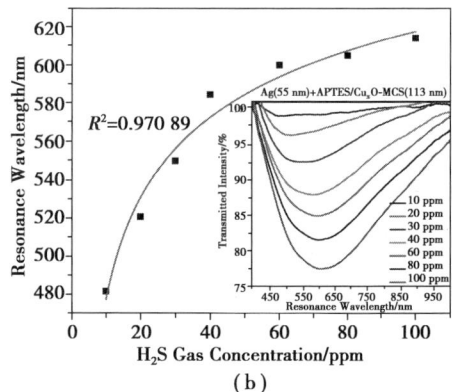

(a)   (b)

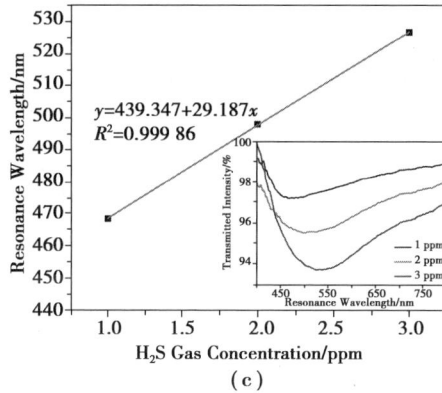

图 2.19　Ag/APTES 传感器和 Ag/APTES/Cu$_x$O-MGS($x=1,2$)传感器性能对比

(a)Ag/APTES 传感器的共振波长随 H$_2$S 浓度变化;(b)Ag/APTES/Cu$_x$O($x=1,2$)-MGS 传感器共振波长随 H$_2$S 浓度变化,插图为不同 H$_2$S 浓度下气体传感器的 SPR 光谱响应;(c)共振波长位移随 H$_2$S 浓度的线性拟合曲线,插图为 1 ~ 3 ppm H$_2$S 气体浓度下气体传感器的 SPR 光谱响应

　　Ag/APTES 膜的传感机理是传感膜中的-NH$_2$ 基团容易吸附 H$_2$S 并形成 NH$_3$HS,传感膜的折射率发生变化,共振波长随之移动。还可以推断 Ag/APTES/Cu$_x$O($x=1,2$)-MGS 的传感机理。在 Cu$_x$O($x=1,2$)-MGS 中,Cu$_x$O($x=1,2$)可以在氧化石墨烯的含氧官能团上成核和生长。当 H$_2$S 被 Cu$_x$O($x=1,2$)-MGS 吸附时,H$_2$S 的前沿轨道与 Cu$_x$O($x=1,2$)的导带电子轨道重合,电子从 H$_2$S 转移到 Cu$_x$O($x=1,2$),然后传感膜的折射率发生变化,导致共振波长发生偏移。此外,随着 H$_2$S 浓度的增加,共振波长的偏移减小,这是 H$_2$S 的活性结合位点随着浓度的增加而减少,导致波长偏移减小。

　　(2)Ag/APTES/Cu$_x$O-MGS($x=1,2$)传感器的时间响应测试

　　如图 2.20(a)所示为涂覆 Ag/APTES/Cu$_x$O($x=1,2$)-MGS 敏感膜的光纤 SPR 硫化氢气体传感器在硫化氢浓度为 10 ppm 时的响应时间测量结果。通入 10 ppm 的硫化氢气体后,每隔 1 s 采集一次光谱,记录了 533. 808 nm 处共振波长对应的强度随时间的变化。从图 2.20(a)(b)插图可知,随时间的变化,强度

逐渐减小,然后趋于稳定。

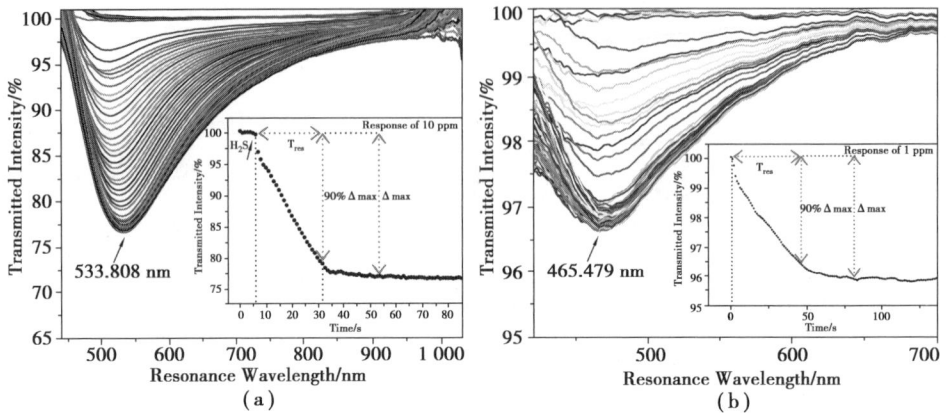

图 2.20 涂覆 Ag/APTES/Cu$_x$O($x=1,2$)-MGS 敏感膜的传感器在硫化氢浓度为

(a)10 ppm 和(b)1 ppm 时的 SPR 光谱响应,插图为时间响应曲线

传感器的响应时间为传感器达到 90% 信号变化 Δmax 所需的时间,图 2.20 (a)插图表明,传感器的响应时间约为 27 s,比其他光纤 SPR 硫化氢气体传感器更快,见表 2.1。如图 2.20(b)所示为涂覆有 Ag/APTES/Cu$_x$O($x=1,2$)-MGS 敏感膜的光纤 SPR 硫化氢气体传感器在硫化氢浓度为 1 ppm 时的响应时间测量结果。通入 1 ppm 的硫化氢气体后,每隔 1 s 保存一次光谱,记录了 465.479 nm 处共振波长对应的强度随时间的变化。从图 2.20(a)(b)插图可知,随时间的变化,强度逐渐减小,然后趋于稳定。传感器的响应时间约为 47 s。

表 2.1 不同敏感膜的光纤硫化氢气体传感器的传感性能

Sensing layer	Operating range/ppm	Wavelength shift/nm	Sensitivity /(nm · ppm^{-1})	Response time/s
Cu/ZnO	10 ~ 100	15	0.65	60
Ag/ZnO	10 ~ 100	19	0.21	60
NiO-ITO	10 ~ 100	104	2.7	...
Ag/TiO$_2$	10 ~ 100	12	...	...
Graphene	0 ~ 45	1.414	0.031 43	60

Sensing layer	Operating range/ppm	Wavelength shift/nm	Sensitivity /(nm · ppm^{-1})	Response time/s
Molybdenμm sulfide/citric acid	0 ~ 70	0.736	0.010 52	89
Ag/APTES/ Cu$_x$O-MGS	0 ~ 100	132.642 5	3.385 67	27

表 2.1 比较了几种不同敏感膜的光纤硫化氢气体传感器的传感性能。从检测浓度、波长漂移、灵敏度、响应时间可以看出,本实验设计的光纤 SPR 硫化氢气体传感器在较低的硫化氢浓度范围下,具有更大的波长漂移量、更高的灵敏度,具有更快的响应时间。

（3）Ag/APTES/Cu$_x$O-MGS（x=1,2）传感器的响应-恢复特性

评价了 Ag/APTES/Cu$_x$O（x=1,2）-MGS 薄膜传感器的响应-恢复特性。图 2.21 所示显示了传感器在 541.052 nm 下对 10 ppm H$_2$S 的响应和恢复曲线。当传感膜吸附 H$_2$S 时,共振强度降低,在氮气吹扫和 80 ℃以上加热条件下,几乎所有性能都能恢复。当传感膜再次吸附 10 ppm H$_2$S 时,再一次氮气吹扫和 80 ℃以上加热条件下,性能几乎完全恢复。这些结果表明传感器是可逆的。

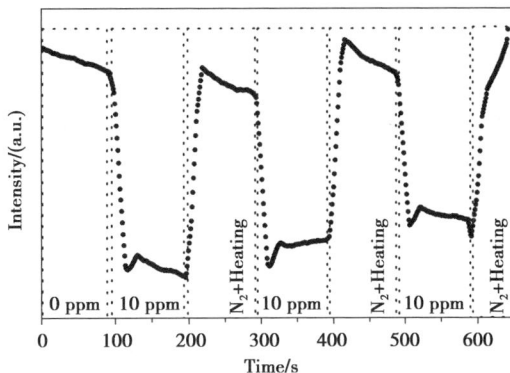

图 2.21　Ag/APTES/Cu$_x$O（x=1,2）-MGS 敏感膜的传感器对 10 ppm 的 H$_2$S 的响应和恢复

（4）Ag/APTES/Cu$_x$O-MGS（$x=1,2$）传感器的稳定性测试

如图 2.22（a）所示显示了具有 Ag/APTES/Cu$_x$O（$x=1,2$）-MGS 传感膜的传感器的选择性。与氢气、氩气、一氧化碳、氨气、二氧化碳和氧相比，H$_2$S 具有更明显的响应，其波长漂移至少是其他气体的 5 倍，传感器的选择性良好。传感器的热稳定性结果如图 2.22（b）所示，H$_2$S 的检测浓度为 60 ppm。温度为 20 ~ 50 ℃时，随着温度的升高，波长发生蓝移，而随着温度的降低，波长发生红移。波长漂移和灵敏度分别为 18.983 nm 和 0.63 nm/℃，远小于 H$_2$S 吸附时的波长漂移和灵敏度，在试验过程中可以忽略。

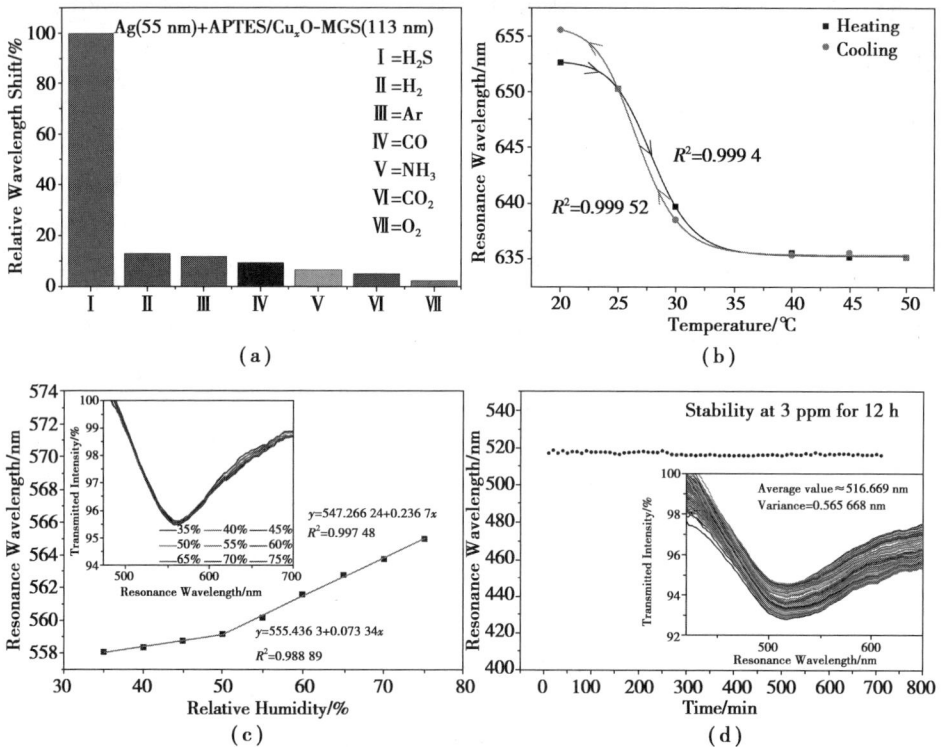

图 2.22　Ag/APTES/Cu$_x$O-MGS（$x=1,2$）传感器的稳定性测试

（a）传感器的选择性；（b）共振波长随温度的变化；（c）共振波长随相对湿度的变化，插图为传感器在不同相对湿度下的 SPR 光谱响应；（d）共振波长随时间的变化，插图显示了传感器在不同时间的 SPR 光谱响应

如图 2.22(c)所示为相对湿度为 35% ~75% 时传感器的湿度稳定性曲线。随着湿度的增加,共振波长出现红移。当相对湿度为 35% ~50% 时,线性拟合度 $R^2=0.988\,89$,灵敏度为 0.073 34 nm/%。在湿度为 50% ~75% 时,线性拟合度 $R^2=0.997\,48$,灵敏度为 0.236 7 nm/%。可以看出,在 35% ~50% 的范围内,湿度对传感器几乎没有影响。总波长漂移为 6.955 nm,这意味着湿度对传感器的影响很小。如图 2.22(d)所示显示了传感器在 H_2S 浓度为 3 ppm 时 12 h 的时间稳定性结果。每 10 min 收集一次光谱。在检测时间内,波长在 515.701 ~518.573 nm 内移动很小,共振波长的均值和方差分别为 516.669 nm 和 0.565 7 nm,表明传感器具有良好的时间稳定性。

本应用制备了一种基于 Ag/APTES/$Cu_xO(x=1,2)$-MGS 敏感膜的光纤 SPR 硫化氢气体传感器。通过比较 Ag/APTES/$Cu_xO(x=1,2)$-MGS 和 Ag/APTES 敏感膜,发现 Ag/APTES/$Cu_xO(x=1,2)$-MGS 敏感膜传感器对 H_2S 有较好的响应。随着 H_2S 浓度的增加,共振波长出现红移。在浓度为 10 ~100 ppm 时,共振波长位移高达 132.642 5 nm,响应时间为 27 s。在浓度为 10 ~40 ppm 时,线性度为 0.995 94,灵敏度为 3 385.67 pm/ppm,检出限为(0.56±0.12)ppm,可用于 H_2S 定量检测至 1 ppm。高灵敏度和良好的响应性能主要是 SPR 和-HN_2 对 H_2S 的吸附作用。良好的温度、湿度和时间稳定性主要是传感材料的稳定性和传感材料之间的良好相容性。

2.3.2　光纤迈克尔逊干涉甲基磷酸二甲酯传感器

沙林作为一种有机磷神经毒剂,暴露在环境中会直接影响人的神经系统,抑制胆碱酯酶的合成,这种抑制会导致人在几秒钟内死亡。其大规模杀伤能力和无色无味的物理性质使得对其检测变得十分重要。MOFs 材料因其固有的框架结构、易于功能化、孔隙可调等特性,逐渐被应用在有毒气体的检测领域。迈克尔逊干涉式光纤传感探针因其独有的反射式结构,在 DMMP 检测领域中拥有体积小、可遥测、高灵敏等优势。一种基于 ZIF-8@Ag/PDDA 复合膜的光纤甲基磷酸二甲酯传感器,用于痕量 DMMP 检测,进一步提高传感器灵敏度,降低检测浓度,提升响应速度。

1)传感器制作

(1)光纤传感器的设计与制备

如图 2.23 所示为制备的迈克尔逊干涉式光纤传感器的结构示意图。整个传感器结构由 SMF、FCF 和 NCF 构成。将 FCF 两端切平,一端与单模跳线自动放电熔接,拉制粗锥;另一端与同样两端切平的 NCF 自动放电熔接,构成 SMF-FCF-NCF 的迈克尔逊干涉结构。为了增强 NCF 端面处的反射,使用物理气相沉积(PVD)技术,在 NCF 另一端蒸镀银膜。

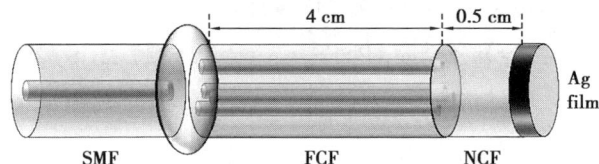

图 2.23　迈克尔逊干涉式光纤传感器的结构示意图

首先将熔接好的光纤干涉结构端面清洗干净,烘干后固定在 PVD 设备的基片旋转台上,使 NCF 末端距离蒸发源 2 ~ 3 cm。在钨舟上加入适量银颗粒作为镀膜原料,盖上玻璃罩后检查设备气密性。设置阈值膜厚为 320 nm,实际膜厚为 300 nm,自动开机后机械泵开始工作,当真空度达到 10^0 时前级阀与分子泵自动打开,直至真空度达到 2.4×10^{-3} Pa。打开电极电流开关,调整电流大小以控制镀膜速率,当膜厚到达 300 nm 时电流自动归零,停止镀膜。关闭电离规、打开放气阀,待真空度恢复至大气压值后打开玻璃罩,取出光纤样品。用紫外胶封装光纤端面防止银膜氧化,即得 SMF-FCF-NCF 迈克尔逊干涉式光纤传感结构。

(2)光纤传感原理

DMMP 光纤传感器的基本系统框图和实物图如图 2.24 所示。从左到右依次为宽谱光源(ASE),光谱仪(OSA)、气室、干燥管和气泵。虚线是传感区域放大图,由 SMF、NCF 和镀有 MnO_2/ZnO 敏感膜的 FCF 组成的 SMF-FCF-NCF 迈克尔逊干涉传感结构。其中,FCF 长度为 4 cm,NCF 长度为 0.5 cm,传感器通过环形器与光源和光谱仪相连接,传感探头被封装在气室中。

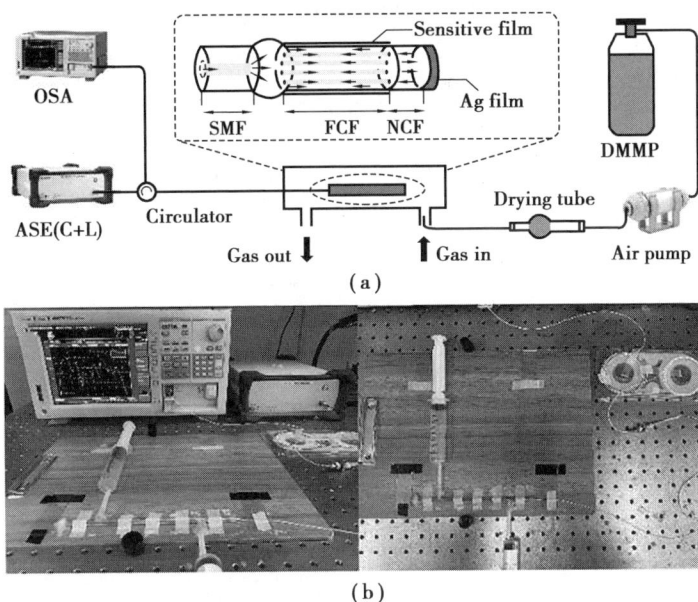

图 2.24　DMMP 光纤传感器基本系统框图及实物图

(a)DMMP 传感系统示意图,插图为传感元件;(b)传感器实物图

　　SMF 中的光在粗锥处发散,一部分进入 FCF 的纤芯,另一部分进入 FCF 的包层。两路光信号在进入 NCF 后,光信号的高阶模式被激发,光在 NCF 端面的银膜处发生菲涅尔反射,经过粗锥后被重新耦合进入光谱分析仪中。FCF 纤芯模式和包层模式之间存在光程差,当两路光信号再次耦合进 SMF 时发生干涉,在光谱上表现为波峰和波谷。

　　在 FCF 表面涂覆 MnO_2/ZnO 敏感材料后,敏感膜与光纤包层可看作一个新的包层。当 DMMP 分子发生吸附后,敏感膜与目标分子之间的相互作用改变了新的包层模的有效折射率,使包层模中的光程发生变化。但纤芯模式的光程保持不变,干涉光谱会发生变化。可以通过监测干涉谱光强的变化来确定气室中 DMMP 的浓度。

　　(3)光纤传感结构的仿真

　　为了探究光纤传感器的光传输特性,寻找最优波形,对光纤传感结构进行仿真(具体参数见表2.2)。

表2.2 环境设置主要参数

参数	设置	参数	设置
Simulation Tool	BeamPROP	Index Profile Type	Step
Model Dimension	3D	Component Width	125
Free Space Wavelength	1.55	Component Height	125
Background Index	1	3D Structure Type	Fiber

在建立传感器模型时,以 SMF 端面中心作为模型原点,重点分析了 FCF 长度对干涉光谱的影响。从光场分布情况看,开始光主要在 SMF 的纤芯中传输,进入 FCF 后,高阶模在厚锥度处泄漏到 FCF 包层,并在 NCF 末端银膜上反射,如图 2.25(a)—(c)所示。设置环境折射率在 1.51~1.61 内变化,1 580 nm 附近的干涉光谱强度随折射率的变化而发生明显变化,如图 2.25(d)—(f)所示。

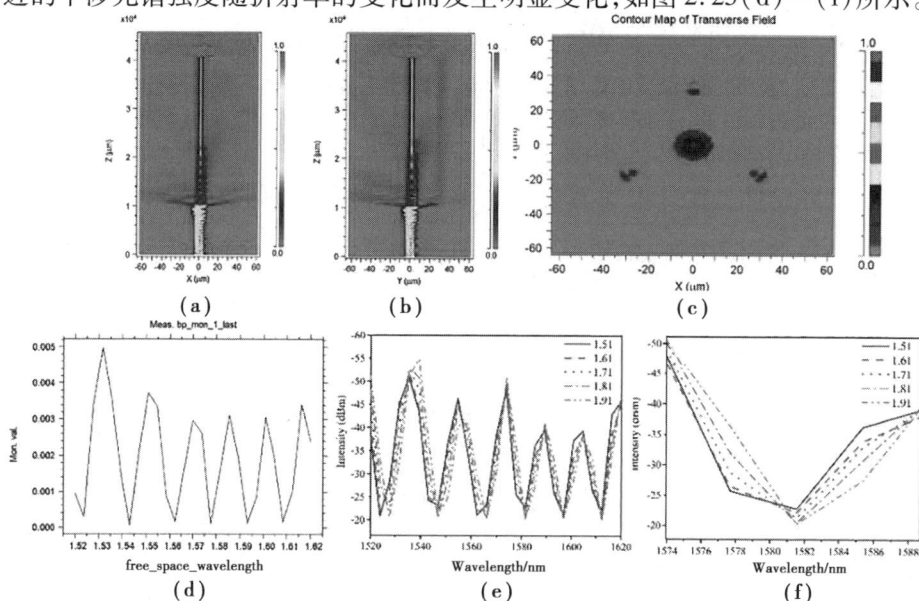

图 2.25 沿轴向的光场分布

(a)XZ 视图;(b)YZ 视图;(c)XY 视图;(d)仿真模拟干涉光谱;(e)不同折射率下的仿真光谱;(f)1 580 nm 附近的干涉光谱

为进一步探究不同长度 FCF 对传感器灵敏度的影响,对相同折射率范围内(1.51～1.91)的不同 FCF 长度的传感器光谱响应情况进行模拟,结果如图2.26 所示。当 FCF 长度为 1 cm 时,干扰现象很弱,干涉光谱中没有合适的监测波谷[图2.26(a)]。当 FCF 长度为 2 cm、3 cm 和 4 cm 时,模拟得到数量适宜且强度较深的干涉波谷[图2.26(b)—(d)],且 FCF 长度为 4 cm 的传感器响应大于其他传感器。当 FCF 长度为 5 cm 和 6 cm 时,干涉光谱中会出现许多波谷,这些波谷的自由光谱区域太小,无法用于精确监测[图2.26(e)—(f)],在识别目标监测波谷时可能会发生误判,不同 FCF 长度传感器的光谱如图2.27(a)—(f)所示。

2)敏感材料的制备与涂覆

MnO_2 纳米线的制备:将 1.0 g $MnSO_4$ 和 0.5g $KMnO_4$ 分散在 20 mL 去离子水中,室温下完全溶解。将溶液转移至 30 mL 特氟龙内衬反应釜中,120 ℃反应24 h。所得黑色沉淀用去离子水洗涤 3 次,在鼓风干燥箱中 100 ℃干燥 8 h,得到 MnO_2 纳米线。

MnO_2/ZnO 纳米线的制备:将自制的 0.5 g MnO_2 纳米线分散在 20 mL 去离子水中,依次加入 0.5 g $Zn(NO_3)_2$ 和 0.5 g 六次甲基四胺并不断搅拌。通过氨水调节混合溶液的 pH 值至 10,然后移入 30 mL 的反应釜中 95 ℃反应 5 h。所得固体产物用去离子水洗涤 3 次,在 60 ℃下干燥 8 h,得到目标产物 MnO_2/ZnO纳米线。

将上述过程制备的 MnO_2/ZnO 纳米线分散在 10 mL 去离子水中,磁力搅拌10 min,超声分散 15 min,得到适量均匀的 MnO_2/ZnO 分散液。将 2.2.1 节中制备的光纤传感器用乙醇清洗 3 次,待光纤表面干燥洁净后固定在提拉镀膜机上,设置镀膜机下降速度为 5 000 μm/s,提拉速度为 500 μm/s。将光纤传感器浸入 MnO_2/ZnO 分散液中,静置 30 s 后,再匀速拉起,在空气中干燥,重复 3 次浸涂过程。将涂有敏感膜的光纤传感器置于鼓风干燥箱中,60 ℃下干燥 8 h,使敏感材料紧密附着在光纤表面。

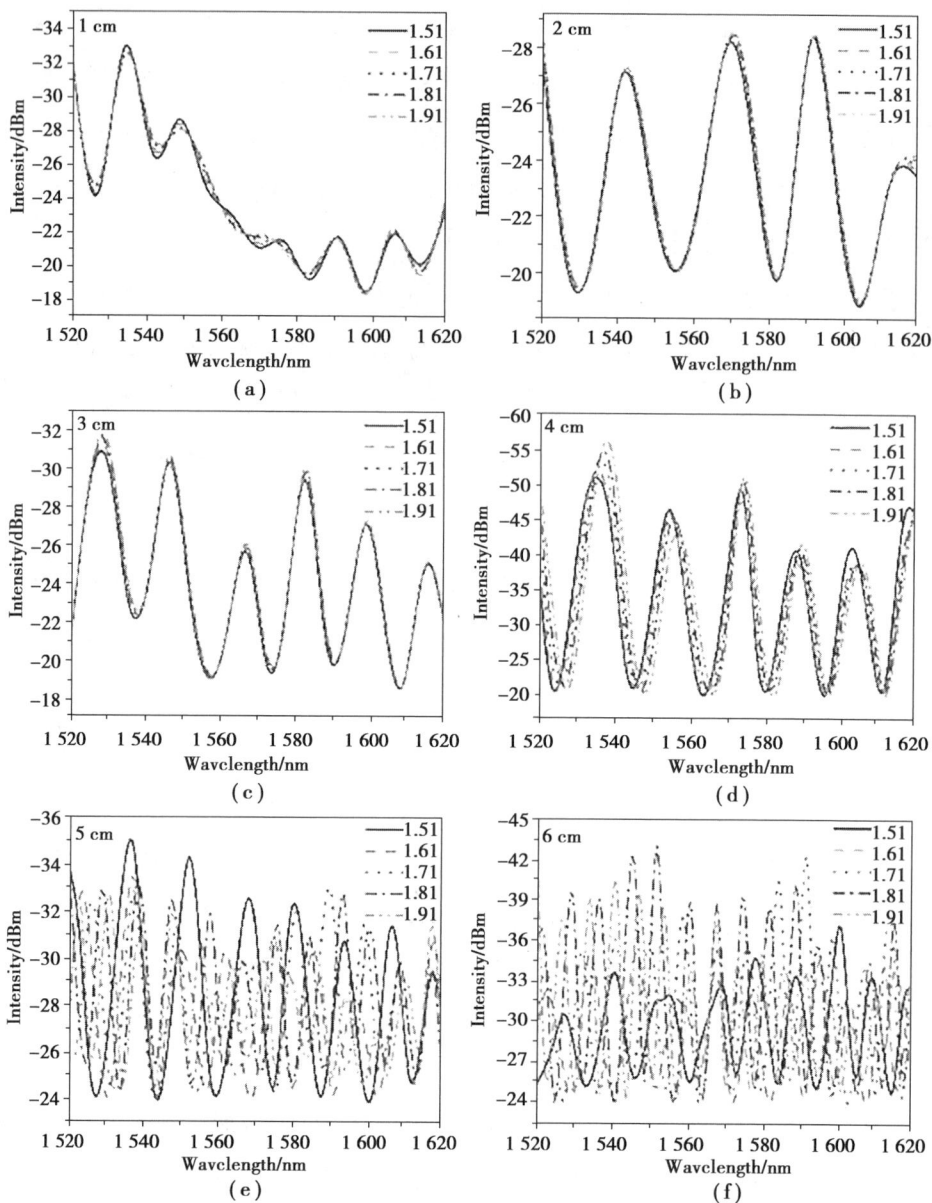

图 2.26　不同折射率下的模拟光谱

（a）FCF 长度为 1 cm；（b）FCF 长度为 2 cm；（c）FCF 长度为 3 cm；（d）FCF 长度为 4 cm；

（e）FCF 长度为 5 cm；（f）FCF 长度为 6 cm

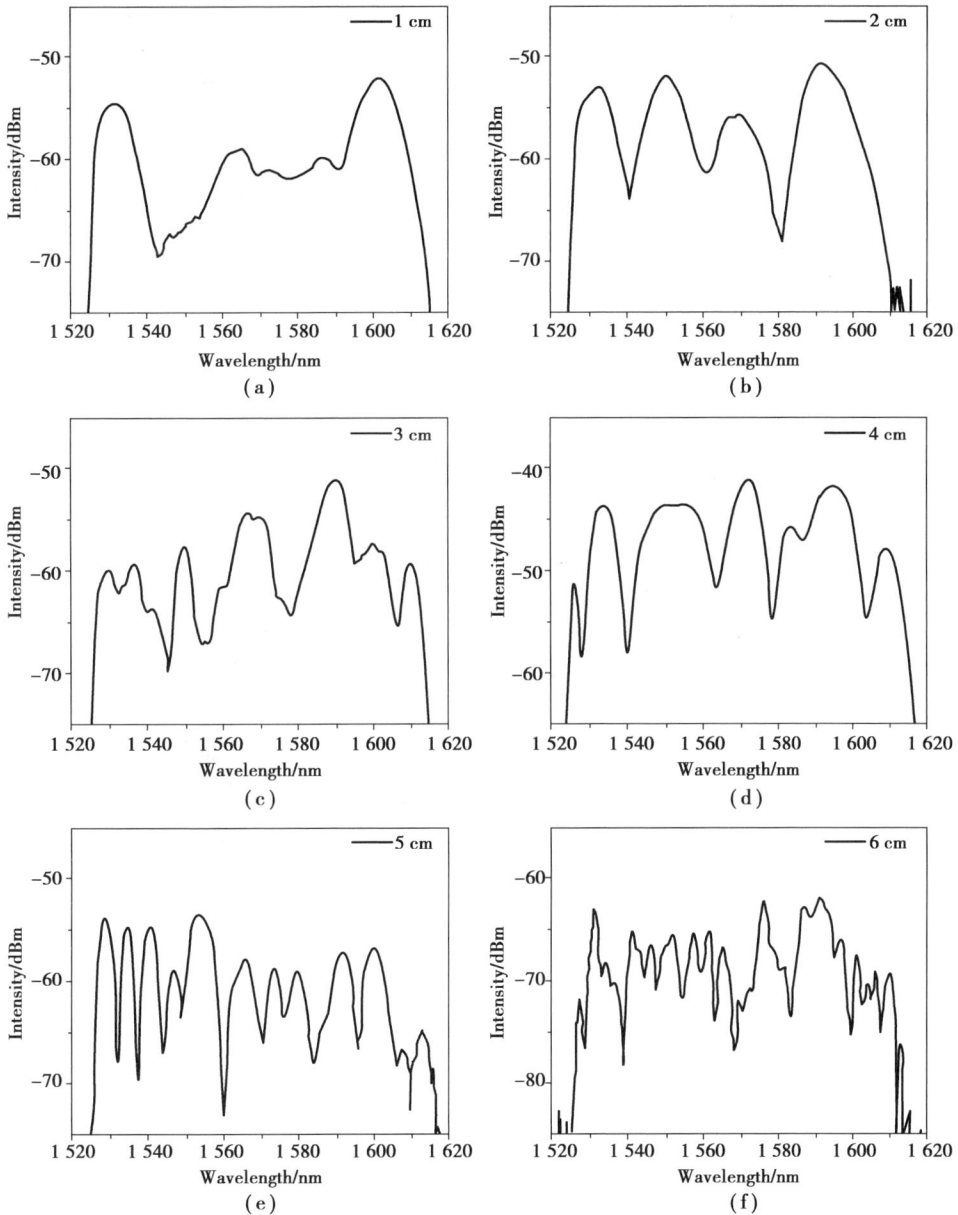

图 2.27 不同 FCF 长度传感器的光谱

3）MnO₂/ZnO 敏感材料的表征

如图 2.28 所示分别为 MnO$_2$/ZnO 纳米线和 MnO$_2$ 纳米线敏感材料的扫描电子显微镜（SEM）图以及相应的能量色散能谱图（EDS）。从扫描电镜图像中可知，MnO$_2$/ZnO 纳米线在光纤上分布均匀致密［图 2.28（a）插图所示］，且 MnO$_2$/ZnO 纳米线与 MnO$_2$ 纳米线没有明显区别，但比较两种材料的 EDS 能谱可以发现 MnO$_2$/ZnO 纳米线中有 Zn 元素的存在，证明复合材料合成成功［图 2.28（c）和（d）］。该 MnO$_2$/ZnO 纳米线使光纤表面具有较高的比表面积和孔隙率，可以增强复合敏感材料对 DMMP 分子的吸附能力。

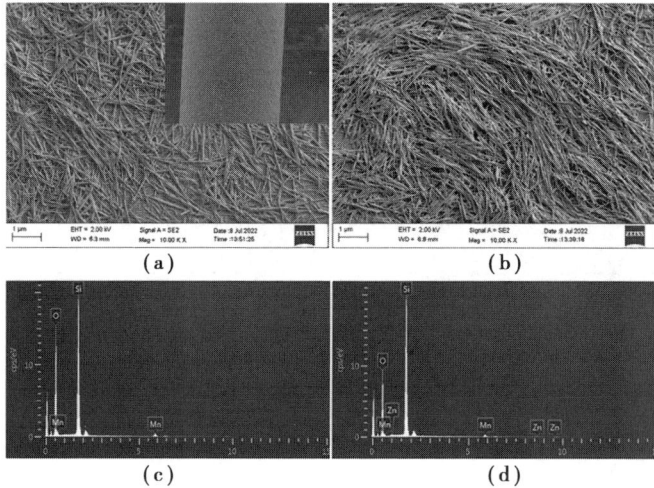

图 2.28　MnO$_2$/ZnO 敏感材料的表征

（a）MnO$_2$/ZnO 纳米线的形貌；（b）MnO$_2$ 纳米线的形貌；（c）MnO$_2$/ZnO 纳米线的 EDS 能谱；
（d）MnO$_2$ 纳米线的 EDS 能谱

4）传感器性能测试

（1）镀膜次数对传感性能的影响

在气体检测实验中，敏感材料的厚度会直接影响传感器的性能，本实验通过提拉镀膜技术实现敏感材料与光纤传感器的结合，首先研究了镀膜次数对传感器光谱偏移量的影响。如图 2.29 所示为提拉镀膜 1、3、5、7 次后传感器在

1 580 nm 附近干涉光谱强度的变化,镀膜 3 次时传感器偏移最大,后续实验中镀膜次数均为 3 次。

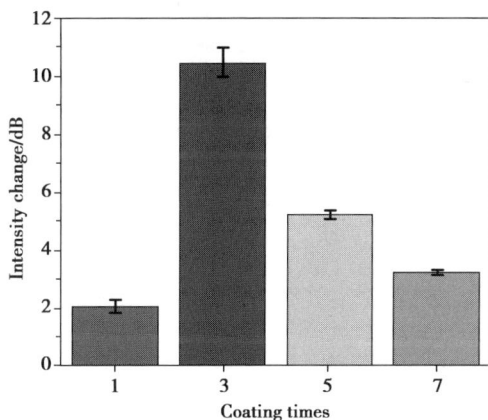

图 2.29 镀膜 1、3、5、7 次后,1 580 nm 附近干涉波谷强度的相对移动

实验过程中使用直流气泵控制 DMMP 气体流量(18 L/h)。气体经干燥管干燥后进入气室。实验前气室中的空气已被氮气完全排出,整个传感元件保持在氮气氛围中。依次泵入不同浓度的 DMMP 气体和不同种类的其他气体(30 ppm),评估传感器的灵敏度和选择性。

(2)DMMP 传感器性能测试

依次将浓度为 0、5、10、15、20、25 和 30 ppm 的 DMMP 蒸气通入气室,传感器光谱变化如图 2.30(a)所示,观察发现干涉光谱在 1 580 nm 附近的干涉峰变化规律且较为明显,选择 1 580 nm 附近的波谷作为传感器的检测波谷。随着 DMMP 浓度的增加,1 580 nm 附近的干涉波谷强度逐渐增大如图 2.30(b)所示,最大变化量为 10.24 dB。对 0～30 ppm 的 DMMP 蒸气进行重复测试,结果如图 2.30(c)所示,监测波谷的光强平均变化量为 10.19 dB,计算得到传感器的 DMMP 平均灵敏度为 0.339 7 dB/ppm。如图 2.30(d)所示,对干涉谷光强度与 DMMP 浓度进行线性拟合,拟合度为 0.993 8,表明传感器光谱强度与 DMMP 浓度有良好的线性关系。

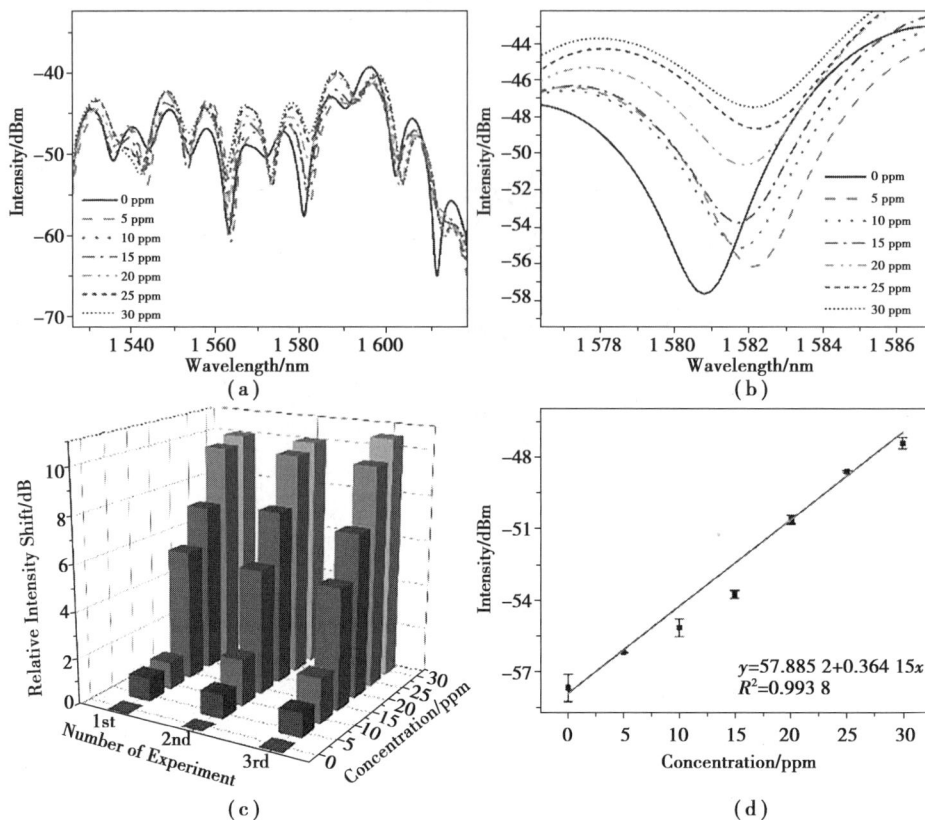

图 2.30　DMMP 传感器性能测试

（a）DMMP 传感器全谱图；（b）不同 DMMP 浓度下 1 580 nm 附近光谱图；（c）3 次重复试验
光强相对变化量；（d）线性拟合曲线

（3）传感器响应-恢复测试

响应-恢复时间是衡量一个传感器性能的重要指标,光纤传感器自身对外界折射率的变化十分敏感,微小折射率的波动都会被迅速地检测出来,并反应为干涉光谱的移动。而由 MnO_2/ZnO 纳米线包覆的 DMMP 光纤传感器的响应时间快慢往往取决于表面敏感材料对 DMMP 分子的捕获能力。传感器对不同浓度 DMMP 的响应可能存在延迟效应,分别对 10 ppm、20 ppm 和 30 ppm 的 DMMP 气体进行响应-恢复测试。在每次实验开始前,都要对气室内部进行清理,避免 DMMP 蒸气残留在气室内部对实验结果产生影响。用气泵分别泵入不同浓度的 DMMP 蒸气,每隔 10 s 记录一次数据,待光谱稳定后停止记录。恢复测试时用气泵持续泵入纯净干燥的氮气,直至光谱回到初始位置。传感器在不同浓度 DMMP 下的响应-恢复时间测试结果如图 2.31 所示,传感器对 30 ppm、20 ppm 和 10 ppm DMMP 的响应时间分别为 180 s、200 s 和 240 s,恢复时间均为 100 s。这一结果表明 DMMP 的浓度会影响响应的过程和响应时间。

(4)传感器选择性测试

在实际测试环境中往往存在多种气体的干扰,传感器的特异性检测性能也是衡量其性能的重要指标之一。在气室中分别通入氢气(H_2)、硫化氢(H_2S)、氧气(O_2)、氨气(NH_3)、一氧化碳(CO)、氩气(Ar)和 DMMP 蒸气,测试传感器的选择性。结果如图 2.32 所示,其他气体引起的光谱强度变化均小于相同浓度 DMMP 蒸气引起的光谱强度变化的 25%,结果表明传感器对 DMMP 具有优异的选择性。

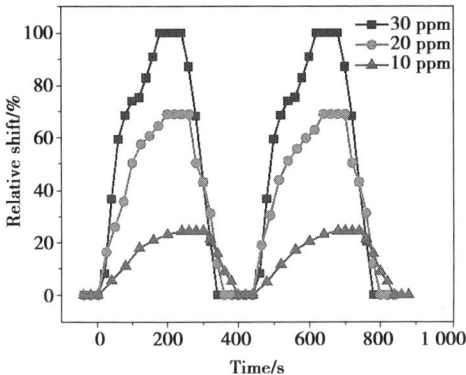

图 2.31 传感器对不同浓度 DMMP 的
响应-恢复时间曲线

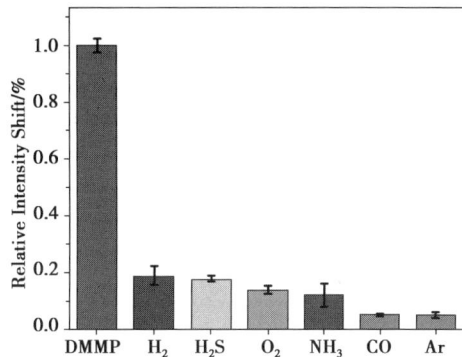

图 2.32 传感器的选择性测试

(5)传感器稳定性测试

对 DMMP 光纤传感器的稳定性进行测试和研究。将整个光纤传感系统置于恒温恒湿箱中,在恒定湿度(30%)的条件下控制温度变化为 30 ~ 80 ℃,如图 2.33(a)所示为传感器在 1 580 nm 附近波谷光谱强度变化的散点图,温度引起的强度最大变化量为 1.940 dB,对应的灵敏度为 0.038 8 dB/℃,远低于对

DMMP 的平均灵敏度(0.339 7 dB/ppm)。同样,控制温度在 25 ℃,在 45% ~ 60% 湿度内最大强度变化仅为 0.124 dB,如图 2.33(b)所示。最后将传感器固定在光学平台上,测试其时间稳定性。在 180 min 内,传感器光谱强度的最大变化仅为 0.176 dB[图 2.33(c)],这与 DMMP 引起的变化相比可以忽略不计。以上这些结果表明该传感器具有良好的温度稳定性、湿度稳定性和时间稳定性。

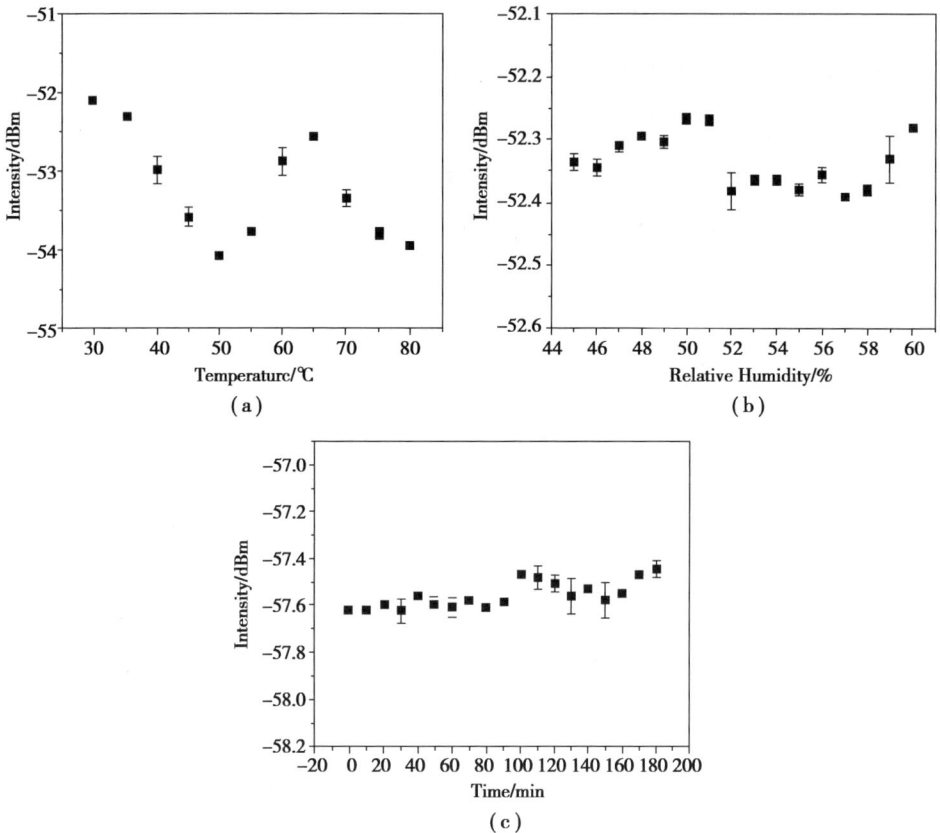

图 2.33 传感器的稳定性测试

(a)温度稳定性;(b)湿度稳定性;(c)时间稳定性

5)传感机理分析

在 MnO_2/ZnO 复合材料的表面可能存在 3 种吸附机制,如图 2.34 所示。首先,DMMP 的磷酰氧与材料表面的 Zn 原子可以结合,DMMP 分子在 ZnO 表面发生吸附［图 2.34（a）］。其次，DMMP 磷酰基中的 O 原子可以与羟基化的 MnO_2 表面氢键结合［图 2.34（b）］。最后，DMMP 中富含电子的磷酰氧和敏感材料表面亲电的路易斯酸（Mn^{4+}）位点之间发生电子转移［图 2.34（c）］。

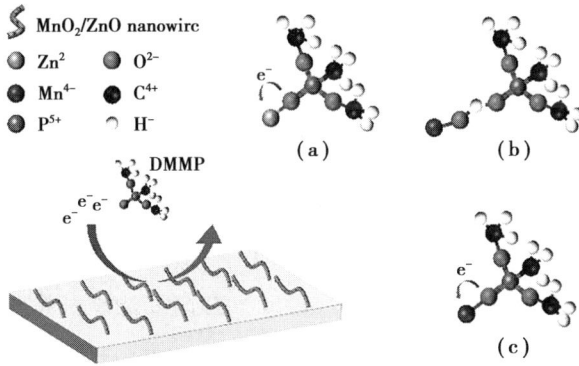

图 2.34   在 MnO_2/ZnO 复合材料的表面可能存在 3 种吸附机制

（a）DMMP 中的 P ═O 基团与 Zn 原子成键；（b）DMMP 中的 O 原子与 MnO_2 表面羟基形成氢键；（c）磷酰氧与 Mn^{4+} 之间发生电子转移

在本应用中，设计并制作了一个基于迈克尔逊干涉结构集成 MnO_2/ZnO 复合膜的 DMMP 光纤传感器。首先，对传感器的干涉结构进行仿真模拟，分别对传感器内部光场分布情况、模拟干涉波形情况和 FCF 长度对干涉光谱的影响进行讨论，并进行实验验证。结果表明，当 FCF 长度为 4 cm 时，传感器干涉峰数量适宜，便于检测。其次，对合成的 MnO_2/ZnO 纳米线的形貌、结构和元素组成进行详细的表征，证明复合材料的合成成功。最后，对该传感器的 DMMP 灵敏度、响应－恢复时间进行测试，结果表明，该光纤传感器的平均灵敏度为 0.339 7 dB/ppm，对 30 ppm、20 ppm 和 10 ppm 的 DMMP 的响应时间分别为 180 s、200 s 和 240 s，恢复时间均为 100 s。同时，该传感器具有优异的选择性，良好的温度、湿度和时间稳定性。此外，该传感器还具有灵敏度高、反应快、远程检测、制作简单等优点，在微量神经毒剂检测领域具有良好的潜在应用前景。

2.3.3　光纤马赫-曾德尔干涉型 CO 气体传感器

一氧化碳是一种高度危险的气体,无色,无味。吸入后,它很容易与血液中的血红蛋白(Hb)结合,形成降低血液中氧气携带能力的 COHb,当其在人体血液中的含量过高时(>70%),会造成立即死亡。吸入一氧化碳造成人体死亡的可能性非常高。在光纤上负载吸附敏感材料,可有效地实现对 CO 的检测。二氧化锡(SnO_2)是一种 n 型宽带隙($Eg=3.6eV$)半导体材料,其独特的光学、电气和电化学性能,在气体传感、透明导电电极、电化学装置和染料基太阳能电池等方面提供了广泛的潜在技术应用。合成具有高结晶度和窄尺寸分布以及具有明确颗粒形态的 SnO_2 纳米微晶具有重大的应用潜力。SnO_2 可以作为良好的催化剂,而 SnO_2 对 CO 有较好的物理吸附性能,且 ESPCF 涂敷复合敏感后对 CO 的光纤马赫-曾德尔传感器研究未见报道,因此构建了一种基于 SnO_2 包覆 ESPCF 的一氧化碳气体传感器。将 ESPCF 熔接至 FCF 两端,再嵌入马赫-曾德尔光纤结构中,实现对 CO 气体浓度的有效监测,并对实验结果进行讨论。

1)敏感材料与传感元件的制备

首先取 0.5 mol/L 的 $H_2C_2O_4$ 溶液、0.027 36 g 的 $C_6H_8O_7$、1 mol/L 的 $NH_3 \cdot H_2O$ 溶液、0.273 45 g 的 $SnCl_4 \cdot 5H_2O$,去离子水(DI),1 mol/L 的 $AgNO_3$ 溶液,待用;将配置好的 $SnCl_4 \cdot 5H_2O$、$C_6H_8O_7$、去离子水放到磁力加热搅拌机上充分搅拌(加热至 40 ℃),配制成溶液 1 待用;将 1 mol/L 的 $NH_3 \cdot H_2O$ 溶液滴加在溶液 1 中,使其出现白色浑浊溶液;静置 24 h。将 $H_2C_2O_4$ 溶液静置,使其分层,取下层液体,得到溶液 2;将 0.5 mol/L 的 $H_2C_2O_4$ 溶液滴加在溶液 2 中,直至溶液不再浑浊,并将其放到磁力加热搅拌机上充分搅拌(加热至 40 ℃);继续加入 1 mol/L 的 $AgNO_3$ 溶液,直至溶液变得澄清,静置 48 h 得到 SnO_2 澄清溶液备用。

切取两段 5 cm 的 ESPCF、一段 0.3 cm 的 SCF,用光纤钳剥去掉其涂覆层,并用乙醇擦拭干净,放在干净载玻片上备用。在两段七芯光纤之间利用塌陷接入光子晶体光纤,将熔接好的三明治结构嵌入传感结构中。将二氧化锡分散浸涂在光子晶体光纤表面,10 min 后在 100 ℃下煅烧 30 min。重复两次,然后在 150 ℃下真空干燥 2 h,从而获得敏感元件。

2)二氧化锡敏感材料的表征

如图 2.35(a)所示为光纤端面 SEM 图谱,在放大 600 倍数的条件下,可以清晰地看到光子晶体光纤的端面。在放大倍数为 7 000 倍的条件下,观察涂敷在光子晶体光纤表面的敏感膜。由图 2.35(b)可知,光纤表面成功地镀上了一层致密的 SnO_2 薄膜,厚度为 1.5 μm。

图 2.35 中的(a)、(b)和(c)分别为 SnO_2 被扫描电镜放大 6×10^2、5×10^3 和 7×10^4 倍的形貌特征。由图 2.35(c)可知,制备的 SnO_2 复合材料晶粒粒度均匀,且敏感薄膜的表面是疏松多孔的,这样更有利于对气体进行吸附与解吸附。SnO_2 复合物形貌为不规则形状堆栈,其晶粒主要分布在 50 ~ 200 nm,颗粒边界清晰、表面较光滑。

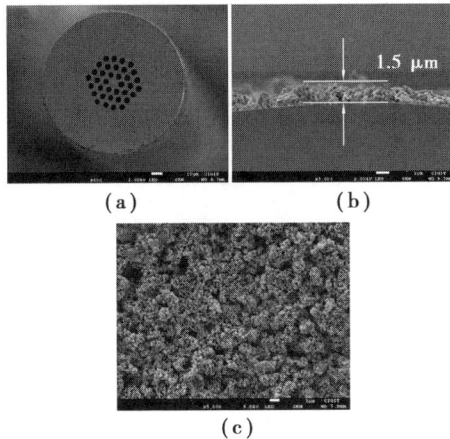

(a)   (b)

(c)

图 2.35 二氧化锡敏感材料的表征

(a)光纤端面 SEM 图谱;(b)光纤薄膜厚度图谱;(c)光纤外表面 SEM 形貌图

3) 气敏实验分析

(1) 光学实验平台搭建

如图 2.36 所示, 两段单模光纤两端分别熔接 0.3 cm 的七芯光纤, 在其中间通过熔接机将镀好二氧化锡敏感膜的 ESPCF 熔接进去, 在 SCF 与 ESPCF 的熔接区域中, 熔接机电极放电, 会使光子晶体光纤的空气孔发生塌陷。如图 2.36 所示为光纤 MZI 气体传感结构示意图。

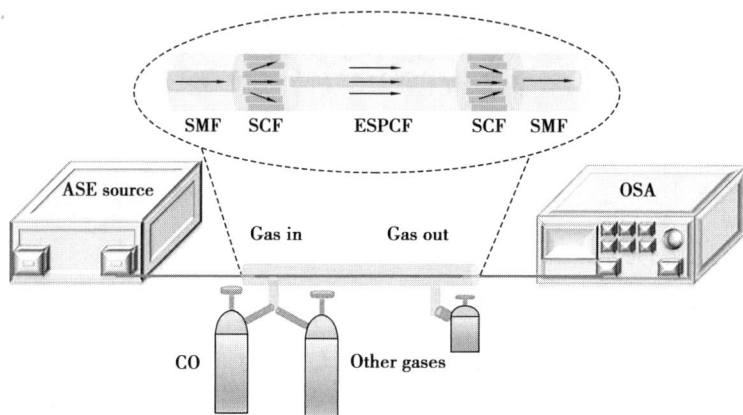

图 2.36 马赫-曾德尔干涉传感 CO 检测流程示意图, 插入图为光纤传感结构

从 ASE-C+L 宽带光源出来的光通过第一个 SCF 与 PCF 的塌陷层时, 一部分进入纤芯传输, 另一部分会被激发进入 PCF 包层。纤芯模和包层模的有效折射率不同, 经过干涉臂的传输, 各模式之间产生了光程差。基模和包层模的光会在第二个塌陷层发现汇聚, 从而形成 MZI 干涉。

(2) 传感器对一氧化碳的灵敏度测试

在 0、10、20、30、40、50、60、70、80 和 90 ppm 的一氧化碳浓度范围内(0 ~ 90 ppm), 监测波谷得到一氧化碳的灵敏度和线性度如图 2.37(a)、(b)所示。由图 2.37(a)可知, MZI 光纤传感器对 CO 的灵敏度最佳为 0.016 96 dB/ppm, 图 2.37(b)可知线性度为 0.995 34。

通过 Origin 对实验数据进行线性拟合, 得到标准差(δ), 气体传感器的最低检测限 LOD 进行计算, K 为线性拟合的斜率。该传感器的 LOD 可由式(2.23)

计算得到 MZI 光纤 CO 气体传感器最低检测限可以达到 0.007 25 ppm。

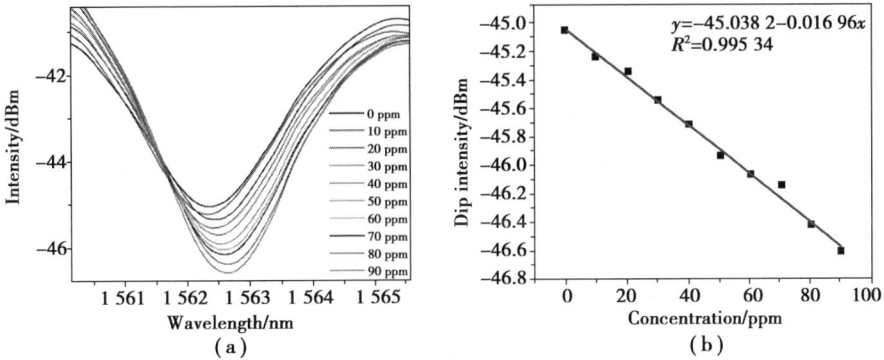

图 2.37 监测波谷得到一氧化碳的灵敏度和线性度

(a)监测波谷随不同浓度一氧化碳气体的漂移谱;(b)波谷的线性拟合

为探究 MZI 光纤传感器对气体的选择性,制备等浓度的 CO、O_2、N_2、NH_3、He、CO_2、H_2S 和 Ar 气体,并将其通入气室。如图 2.38 所示为 MZI 光纤传感器的气体选择性图,可以发现,在相同浓度下 O_2、N_2、NH_3、He、CO_2、H_2S 和 Ar 对监测波谷的移动没有影响,即 SnO_2 对 CO 有特异选择性,即有较高的一氧化碳气体选择性。

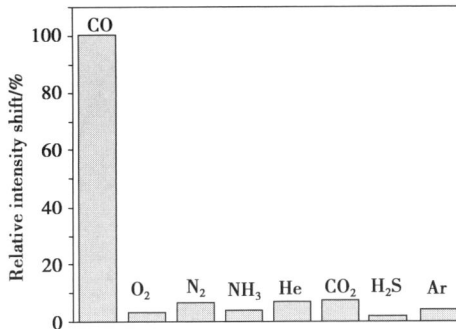

图 2.38 光纤传感对气体的选择性测试

如图 2.39 所示为该传感器的响应-恢复曲线,其响应时间大约为 60 s,恢复时间大约为 72 s。其中以 2 s 为间隔测试一次,并在响应时间内随机选择时间点进行响应时间的测量,对该时间还应该进行重复测量,以排除人工计算所带来的误差。

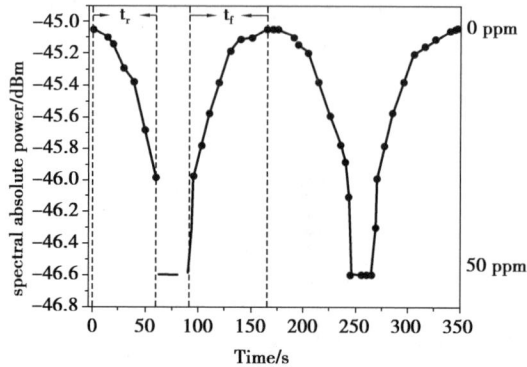

图 2.39　一氧化碳传感器的响应恢复曲线

（3）传感器的稳定性测试

如图 2.40（a）所示，探究了 MZI 光纤 CO 传感器的温度稳定性。将传感器置于光学平台上，以 10 ℃ 为梯度，在 0 ~ 50 ℃ 内，最大的波长偏移量为 0.142 01 ppm。传感器对温度的灵敏度为 0.002 840 8 dB/ppm（0.142 01 dB/50 ppm = 0.002 840 8 dB/ppm），远小于其对传感器 CO 气体的最小灵敏度 0.016 96 dB/ppm，说明温度对 MZI 传感器的监测结果没有明显影响。

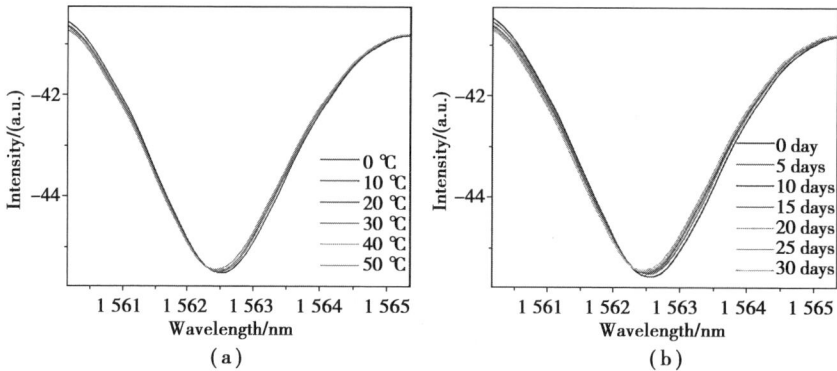

图 2.40　传感器的稳定性测试

（a）传感器随温度稳定性；（b）传感器随时间稳定性

传感器的稳定性是研究传感器性能的一个重要指标，本实验对传感器随时间的稳定性进行了研究，如图 2.40（b）所示。将所制备的传感器置于室温下，以 5 d 为一个计时周期，研究了传感器 30 d 内的稳定性情况，即观察光谱的移动情况。

在监测时间内,对应漂移最大的波谷的波长变化量为 0.179 35 ppm,远小于在 CO 浓度在监测波谷波长最小移动量 1.526 4 dB(0.016 9 6 dB/ppm×90 ppm＝1.526 4 dB),表明传感器具有时间稳定性。

本应用提出了一种二氧化锡 SnO_2 敏感膜包覆 ESPCF 的马赫-曾德尔一氧化碳气体传感器,其传感结构为 FCF-ESPCF-FCF。SEM 分析表明,所制备的 SnO_2 材料具有多孔形貌,膜厚约为 1.5 μm。CO 的气敏实验表明,在 CO 浓度为 0~90 ppm 时,随着 CO 气体浓度的增大,波谷都呈现红移趋势,最大灵敏度可以达到 0.016 96 dB/ppm,有良好的线性关系,响应和恢复时间可达到 60 s 与 72 s。所制得的传感器灵敏度高,具有良好的 CO 选择性,对 CO 气体的探测具有良好的潜在应用价值。

2.3.4 Sagnac 型光纤 CO 气体传感器

基于 Sagnac 干涉型原理制备的光纤传感器在应用于 CO 气体检测时展现出高灵敏度的特性。同时,由于 α-氧化铁可以作为良好的催化剂,而氧化镁对 CO 有较好的物理吸附性能,且 α-氧化铁和氧化镁复合敏感后对 CO 的光纤传感研究未见报道,因此,构建了一种基于 α-氧化铁/氧化镁复合膜包覆 ESPCF 的一氧化碳气体传感器。将 ESPCF 熔接至 FCF 两端,再嵌入 Sagnac 光纤结构中。通过观察光谱分析仪上的干涉波谷的波长变化,实现对 CO 气体浓度的有效监测,并对结果进行讨论分析。

1)实验方法

(1)敏感薄膜制作过程

α-氧化铁/氧化镁敏感材料的制备:称取 0.159 69 g 的 α-Fe_2O_3 和 0.004 30 g 的 MgO,研磨 1 h 后,在真空干燥箱中干燥 30 min。取出干燥好后的 α-Fe_2O_3/MgO,溶解于 20 mL 异丙醇,放在磁力搅拌常温搅拌 30 min。放在机械超声机中超声 20 min,备用。

（2）三氧化二铁/氧化镁材料涂敷制作 Sagnac 传感元件

切取两段 3 cm 的 ESPCF、一段 3 cm 的 FCF，用光纤钳剥去涂覆层，用乙醇擦拭干净，放在干净载玻片上备用。在两段 ESPCF 之间利用塌陷接入 FCF，将熔接好的三明治结构嵌入 Sagnac loop 中。将环形器一端接入 C+L 波段 ASE 光源（Conquer，China），另一端连接光谱分析仪（OSA，AQ6370D，Yokogawa，Japan）。将 α-Fe$_2$O$_3$/MgO 分散浸涂在光子晶体光纤表面，10 min 后在 100 ℃下煅烧 30 min。重复两次，然后在 150 ℃下真空干燥 2 h，从而获得敏感元件。传感器的系统装置如图 2.41 所示，制备的传感结构如图 2.41 中的插图所示。

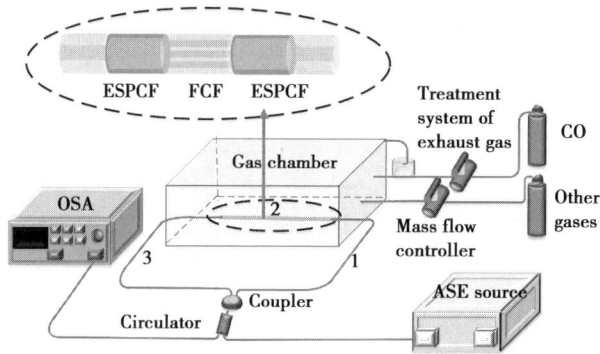

图 2.41　Sagnac 传感 CO 监测实验装置图，插图为光纤传感结构

本实验在敏感区 ESPCF 表面涂覆氧化铁/氧化镁复合膜，包层表面涂覆的敏感膜吸附 CO 气体时，ESPCF 中 x 与 y 方向的偏振对应的有效折射率会发生改变，对应的 B 会改变，因此，随着 n_x，n_y 有效折射率的改变，透射谱的干涉波谷的波长变化也可以从光谱分析仪中监测得到，可通过观察固定凹点随 CO 浓度变化的偏移量来计算传感器的灵敏度，从而实现了对 CO 浓度变化的监测。

2）三氧化二铁/氧化镁材料及其分析表征

本实验中所制备的 α-Fe$_2$O$_3$/MgO 复合膜的表面形貌以及覆膜光纤外表面敏感膜的厚度由 SEM 所表征。

如图 2.42（a）所示在光纤表面成功镀上了一层致密的 α-Fe$_2$O$_3$/MgO 薄膜，厚度为 1 μm。如图 2.42（b）所示分别为 α-Fe$_2$O$_3$/MgO 被扫描电镜放大 5×10^3

和$5×10^4$倍的形貌特征。由图2.42(b)可知,制备的$\alpha\text{-Fe}_2\text{O}_3/\text{MgO}$复合材料晶粒粒度均匀,且疏松多孔,这样更有利于对气体进行吸附与解吸附。$\alpha\text{-Fe}_2\text{O}_3/$MgO复合物形貌为不规则形状堆栈,其晶粒主要分布在$50\sim200$ nm内,颗粒边界清晰、表面较光滑。

(a)　　　　　　　　　(b)

图2.42　$\text{Fe}_2\text{O}_3/\text{MgO}$材料及其分析表征

(a)$\text{Fe}_2\text{O}_3/\text{MgO}$复合物光纤端面SEM图谱;(b)光纤表面$\alpha\text{-Fe}_2\text{O}_3/\text{MgO}$的SEM形貌图

3)气敏实验分析

(1)制备不同浓度的CO气体

本实验所用到的所有不同浓度的CO气体,都是利用高浓度的CO气体,然后对其进行稀释,按照对应的比例进行一定程度的修改。

如图2.43所示为配制CO气体示意图,气袋的总体积为C,注入CO气体体积为A,注入体积为B的氮气。

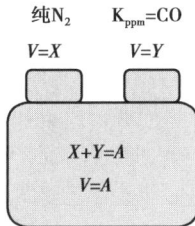

图2.43　制备一氧化碳气体示意图

CO气体的浓度可表示为:

$$C_{\text{CO}} = K×\frac{A}{C}(\text{ppm}) \tag{2.29}$$

式中,K为通入气袋中CO气体的浓度;C_{CO}为制备好的CO气体浓度。

制备 CO 气体的过程：

首先,用 E-Swith 铝箔型气袋向气管中抽出 10 000 ppm 的 CO 气体,此时气袋里的气体浓度为 $1×10^4$ ppm;静置一段时间以后,用一次性针管在装有 $1×10^4$ ppm 气袋里面抽取 10 mL 的气体冲入装有 990 mL 的氮气气袋里面,配置成 100 ppm 的 CO 气体;其次,取一个新的铝箔气袋,装入 100 mL 的氮气,此时 CO 的浓度为 0 ppm;最后,用一次性针管在装有 100 mL 的气袋里面抽取 10 mL 的 CO 气体冲入装有 90 mL 氮气气袋里面,配制成 10 ppm 的 CO 气体。同理,可以制备出 20、30、40、50、60 ppm 的 CO 气体。

（2）传感器的灵敏度测试

以 10 ppm 为间隔,分别配制 0、10、20、30、40、50 和 60 ppm 的 7 组 CO 气体,通入气室,进行一系列测量敏感性能的测试。用搭建好的 Sagnac 光纤传感系统,对不同浓度的一氧化碳气体进行测量。在输出光谱中选取 8 个波谷进行监测,测试波谷随 CO 气体浓度的变化情况。如图 2.44 所示,对不同监测波谷,随着 CO 气体浓度的增大,输出的光谱呈现一致的蓝移现象。在传感元件的 PCF 部分镀上的 α-Fe_2O_3/MgO 复合敏感膜,膜吸附 CO 气体分子后,导致光纤包层的折射率增大,而纤芯的折射率不变,使得纤芯与包层的有效折射率差值变大,从而出现蓝移。

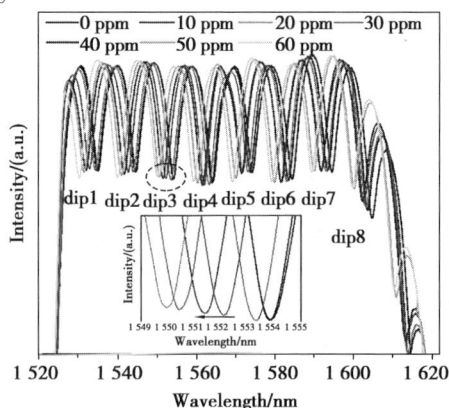

图 2.44　监测波谷随不同浓度一氧化碳气体的漂移谱,插图为 dip3 的波谷放大图

对 8 个检测波谷进行线性拟合,拟合结果如图 2.45 所示。在一氧化碳浓度 0~60 ppm 内,波谷对一氧化碳灵敏度和线性度见表 2.3。根据表 2.3 可知,Sagnac 光纤传感器对 CO 的灵敏度最佳为 99.42 pm/ppm,线性度为 0.917 80;监测波谷,最小的灵敏度为 77.14 pm/ppm,线性度为 0.960 41。

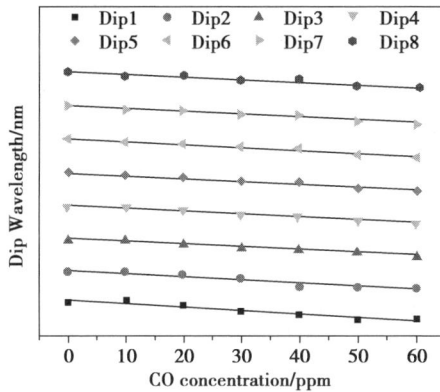

图 2.45 波谷波长的线性拟合图

表 2.3 监测波谷对一氧化碳灵敏度和线性度

Sequence number	Sensitivity /(pm · ppm^{-1})	R^2	δ	LOD/ppm
Dip 1	86.19	0.960 10	0.010 66	3.712 2×10^{-4}
Dip 2	96.62	0.915 12	0.007 14	2.217 1×10^{-4}
Dip 3	87.68	0.976 42	0.007 86	2.689 2×10^{-4}
Dip 4	77.14	0.960 41	0.005 84	2.270 0×10^{-4}
Dip 5	86.65	0.977 78	0.006 09	2.108 5×10^{-4}
Dip 6	83.27	0.964 56	0.007 00	2.521 9×10^{-4}
Dip 7	80.00	0.918 39	0.013 16	4.935 4×10^{-4}
Dip 8	99.42	0.917 80	0.013 31	4.016 2×10^{-4}

通过 Origin 软件线性拟合的数据得到标准差(δ),对 CO 气体传感器的最低检测限(Limit of detection,LOD)进行计算,K 为线性拟合的斜率,见式(2.23)。通过对 8 个波谷的检测限进行计算,结果见表 2.4。

表 2.4　不同一氧化碳光纤传感器的传感性能比较

Methods	Sensitivity /(pm · ppm^{-1})	Response time/s	Recover time/s	Concentration range/ppm
SMF-TCF-SMF	2.87	50	60	0 ~ 70
SMF-EPCF	21.61	35	84	0 ~ 70
PCF-FCF-PCF	86.19	90	100	0 ~ 60
	96.62			
	87.68			
	77.14			
	86.65			
	83.27			
	80.00			
	99.42			

从表 2.3 可知,Sagnac 光纤 CO 气体传感器最低检测限可以达到 $4.935\ 4\times 10^{4}$ ppm。

表 2.4 收集了各种一氧化碳光纤传感器的传感性能参数,与不同的传感器技术相比,在本工作中对一氧化碳检测的灵敏度都得到了有效提高。与冯文林等人中的马赫-曾德尔干涉结构相比,该文章中检测 0 ~ 70 ppm 的 CO 的灵敏度为 2.87 pm/ppm,本书中灵敏度提高了一个数量级,该传感器在监测一氧化碳气体应用中具有高灵敏度。

(3)传感器的动态响应-恢复时间测试

对 CO 传感器响应时间进行测试具体步骤如下:

①在传感器的气室中通入 60 ppm 的 CO 气体;

②用秒表计时器对通气时间进行记录,观察光谱移动情况。当光谱不移动时,记为响应时间;

③用秒表计时器对通氮气时间进行记录,观察光谱移动情况。当光谱不移动时,记为恢复时间。

为了实验的可靠性,将实验重复进行第二次,最后找出监测波谷的数据,进行绘图处理。如图2.46(a)所示为该传感器的响应曲线,其响应时间大约为90 s;如图2.46(b)所示为该传感器的恢复曲线,恢复时间大约为100 s。

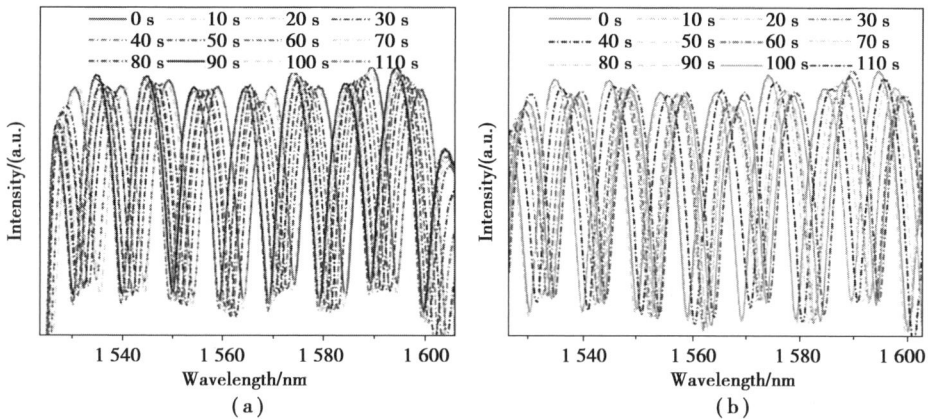

图2.46　传感器的动态响应-恢复时间测试

(a)对 CO 的响应时间曲线;(b)对 CO 的恢复时间曲线

(4)选择性测试

为探究 Sagnac 传感器对气体的选择性,制备等浓度的 Ar、O_2、CO_2、He、N_2 和 CO 气体,并将其通入气室。如图2.47所示为 Sagnac 光纤传感器的气体选择性测试谱图,可以看出 Ar、O_2、CO_2、He 和 N_2 共5种气体通入气室时,光谱几乎不发生移动。对 CO 进行比较,CO 的移动定为1(100%),剩余其他气体相对于 CO 的移动远远小于 CO 移动的1/10,如图2.48所示。在相同浓度下 Ar、O_2、CO_2、He、N_2 对监测波谷的移动没有影响,即 $\alpha\text{-}Fe_2O_3/MgO$ 对 CO 有特异选择性,并有较高的一氧化碳气体选择性。

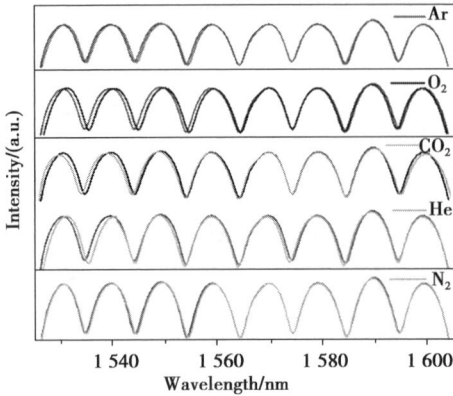

图 2.47 Sagnac 光纤传感对气体的选择性　图 2.48 Sagnac 光纤传感对气体的选择性
测试谱图　　　　　　　　　　测试柱状图

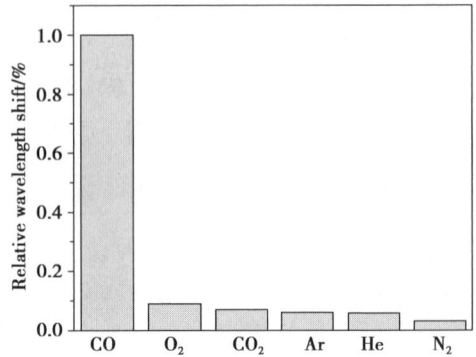

（5）传感器温度的影响以及稳定性测量

如图 2.49（a）所示探究了 Sagnac 光纤 CO 传感器的温度稳定性。将传感器置于光学平台上，以 10 ℃为梯度，在 20～70 ℃内，最大的波长偏移量为 0.328 72 ppm，该传感器对温度的灵敏度为 0.006 57 pm/℃，远小于传感器 CO 气体的最小灵敏度 77.14 pm/ppm，说明温度对该传感器的监测结果没有明显影响。如图 2.49（b）所示为传感器随时间的稳定性。将传感器置于室温下，以 2 d 为间隔，研究了传感器 21 d 内的稳定性情况。在监测时间内，对应漂移最大的波谷的波长变化量为 0.017 27 pm，远小于在 CO 浓度波谷波长最小移动量 4.628 40 nm（77.14 pm/ppm×60 ppm＝4 628.40 pm），表明该传感器具有一定的时间稳定性。

本章提出了一种基于氧化铁/氧化镁敏感膜包覆 ESPCF 的 ESPCF-FCF-ESPCF 三明治结构嵌入 Sagnac 环的光纤一氧化碳气体传感器。通过 XRD 和 XPS 分析可知，实验成功合成了 $\alpha\text{-Fe}_2\text{O}_3/\text{MgO}$ 敏感材料；SEM 分析表明，所制备的 $\alpha\text{-Fe}_2\text{O}_3/\text{MgO}$ 材料具有多孔形貌，膜厚约为 1 μm。CO 的气敏实验表明：在 CO 浓度 0～60 ppm 内，随着 CO 气体浓度的增大，8 个监测波谷都呈现蓝移趋势，最大灵敏度可以达到 99.42 pm/ppm，有良好的线性关系，响应和恢复时间可达到 90 s 与 100 s。该传感器灵敏度高,具有良好的 CO 选择性,对 CO 气体的探测具有良好的潜在应用价值。

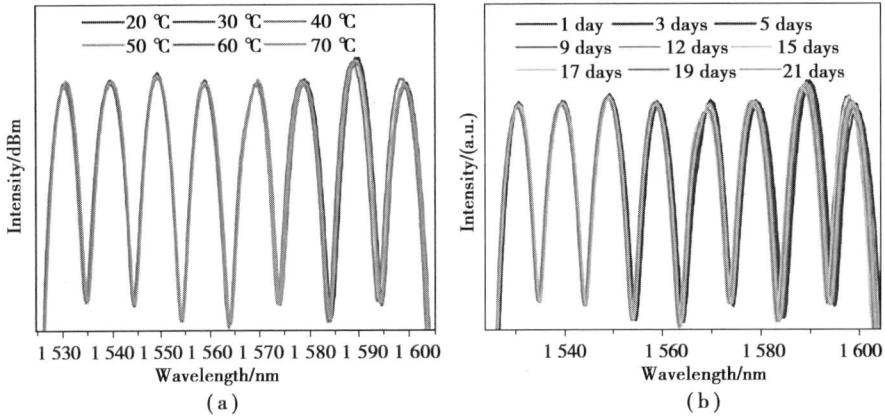

图 2.49 传感器温度的影响及稳定性测量

(a)传感器随温度变化情况;(b)传感器的稳定性

2.4 本章小结

随着工业化和城市化的快速发展,环境污染问题日益严重。气体传感器能够实时监测大气中的污染物浓度,如二氧化硫、氮氧化物、臭氧、挥发性有机化合物(VOCs)等,为环境质量的评估、预警和治理提供科学依据。这对减少环境污染、保护生态环境和人类健康具有重要意义。光纤传感器具有抗电磁干扰、小型化、集成度高、可远距离传输检测和耐腐蚀高温等独特的优势,被广泛用于各个领域中,尤其是一些极端环境。光纤传感器作为一种高精度、高灵敏度的检测设备,在气体检测领域展现了其独特的优势。

本章深入探讨光纤传感器在气体检测领域的广泛应用,光纤表面等离子体的硫化氢气体传感器、光纤迈克尔逊干涉气体传感器、光纤马赫-曾得尔干涉型气体传感器、萨格纳克型光纤传感器等,详细阐述了这些传感器的检测原理,并通过具体的案例应用展示了其在实际操作过程中的卓越性能,通过深入分析,读者可以更加全面地了解光纤传感器在气体检测中的优势和应用前景。为了进一步推进光纤传感器在气体检测中的应用,下一步应该将注意力放在以下几个方面:

①灵敏度对高精度传感器而言是一个非常重要的指标参数,进一步提升光纤气体传感器的灵敏度和测量精度有助于更加精确地检测各种气体的浓度和类型,为一些检测领域提供更准确的数据支持;

②趋向于多功能化和集成化。通过在同一传感器上集成多个传感元件和检测机制,实现多种气体的同时检测,达到简化检测过程,提高检测效率,降低检测成本的目的,来满足更加广泛的应用需求;

③随着物联网和人工智能技术的快速发展,光纤气体传感器需实现智能化和网络化。通过集成智能算法和通信模块,实现数据的自动处理、传输和分析,这将更有助于实现远程监控、实时预警和智能控制等功能,提高气体检测的智能化水平。

参考文献

[1] MOLAVI R,SHEIKHI M H. Facile wet chemical synthesis of Al doped CuO nanoleaves for carbon monoxide gas sensor applications[J]. Materials Science in Semiconductor Processing,2020,106:104767.

[2] WANG Y,WANG Z L,PAN J F,et al. Removal of gaseous hydrogen sulfide using Fenton reagent in a spraying reactor[J]. Fuel,2019,239:70-75.

[3] KWAK D,LEI Y,MARIC R. Ammonia gas sensors:A comprehensive review [J]. Talanta,2019,204:713-730.

[4] VANHOUTTE P M. Nitric oxide:From good to bad[J]. Annals of Vascular Diseases,2018,11(1):41-51.

[5] OGEN Y. Assessing nitrogen dioxide (NO_2) levels as a contributing factor to

coronavirus (COVID-19) fatality[J]. Science of The Total Environment,2020, 726:138605.

[6] SONG Q H,ZHOU P W,PENG H K,et al. Improved localization algorithm for distributed fiber-optic sensor based on merged Michelson-Sagnac interferometer [J]. Optics Express,2020,28(5):7207-7220.

[7] LIU L, LU P, LIAO H, et al. Fiber-optic Michelson interferometric acoustic sensor based on a PP/PET diaphragm[J]. IEEE Sensors Journal,2016,16 (9):3054-3058.

[8] ENGLERT C R, HARLANDER J M, BROWN C M, et al. Michelson interferometer for global high-resolution thermospheric imaging (MIGHTI): Instrument design and calibration[J]. Space Science Reviews,2017,212(1/ 2):553-584.

[9] PEREZCAMPOS MAYORAL C,GUTIÉRREZ GUTIÉRREZ J,CANO PÉREZ J L,et al. Fiber optic sensors for vital signs monitoring. A review of its practicality in the health field[J]. Biosensors,2021,11(2):58.

[10] VITORIA I,RUIZ ZAMARREÑO C,OZCARIZ A,et al. Fiber optic gas sensors based on lossy mode resonances and sensing materials used therefor: A comprehensive review[J]. Sensors,2021,21(3):731.

[11] YANG Y H, YANG F L, WANG H, et al. Temperature-insensitive hydrogen sensor with polarization-maintaining photonic crystal fiber-based Sagnac interferometer [J]. Journal of Lightwave Technology, 2015, 33 (12): 2566-2571.

[12] XU B,ZHAO C L,YANG F,et al. Sagnac interferometer hydrogen sensor based on *Panda fiber* with Pt-loaded WO_3/SiO_2 coating[J]. Optics Letters,2016,41 (7):1594-1597.

[13] AHMED F, AHSANI V, NAZERI K,et al. Monitoring of carbon dioxide using

hollow-core photonic crystal fiber Mach-Zehnder interferometer[J]. Sensors, 2019,19(15):3357.

[14] NAZERI K,BRADLEY C. The effect of photonic crystal fibre structure on the performance of Mach-Zehnder interferometer fibre optic gas sensors [J]. Optical Fiber Technology,2020,58:102294.

[15] LIU S D,YANG X Z,FENG W L,et al. Michelson interferometric hydrogen sulfide gas sensor based on NH_2-rGO sensitive film [J]. Zeitschrift Für Naturforschung A,2020,75(3):241-248.

[16] ZHOU J C,HUANG X Y,FENG W L. Carbon monoxide gas sensor based on Co/Ni-MOF-74 coated no-core-fiber Michelson interferometer [J]. Physica Scripta,2023,98(1):015012.

[17] ZHU J J,NAN P Y,LIM K S,et al. Double F-P interference optical fiber high temperature gas pressure sensor based on suspended core fiber [J]. IEEE Sensors Journal,2021,21(23):26805-26813.

[18] LIANG H,JIA P G,LIU J,et al. Diaphragm-free fiber-optic Fabry-Perot interferometric gas pressure sensor for high temperature application [J]. Sensors,2018,18(4):1011.

[19] LIU Q,ZHAO J,SUN Y D,et al. High-sensitivity methane sensor composed of photonic quasi-crystal fiber based on surface plasmon resonance[J]. Journal of the Optical Society of America A,Optics,Image Science,and Vision,2021,38(10):1438-1442.

[20] LI C,XIAO L,YANG X Z,et al. Ag/APTES/Cu_xO (x=1,2)-MGS-coated No-core fiber surface plasmon resonance gas sensor and its application in hydrogen sulfide detection[J]. IEEE Sensors Journal,2022,22(3):2182-2189.

[21] FU H Y,TAM H Y,SHAO L Y, et al. Pressure sensor realized with polarization-maintaining photonic crystal fiber-based Sagnac interferometer

［J］. Applied Optics,2008,47(15):2835-2839.

［22］王友钊,黄静. 光纤传感技术［M］. 西安:西安电子科技大学出版社,2015.

［23］CULSHAW B. The optical fibre Sagnac interferometer:An overview of its principles and applications［J］. Measurement Science and Technology,2006, 17(1):R1-R16.

［24］WU B L,WANG M G,TANG Y,et al. Optical single sideband modulation with tunable optical carrier-to-sideband ratio using a modulator in a Sagnac loop ［J］. Optics & Laser Technology,2017,91:98-102.

［25］SHI M,LI S G,CHEN H L. A high-sensitivity temperature sensor based on Sagnac interferometer employing photonic crystal fiber fully filled with ethanol ［J］. Applied Physics B,2018,124(6):94.

［26］WANG Q,WEI W Q,GUO M J,et al. Optimization of cascaded fiber tapered Mach-Zehnder interferometer and refractive index sensing technology［J］. Sensors and Actuators B:Chemical,2016,222:159-165.

［27］LIU T Q,WANG J,LIAO Y P,et al. All-fiber Mach-Zehnder interferometer for tunable two quasi-continuous points′ temperature sensing in seawater［J］. Optics Express,2018,26(9):12277-12290.

［28］LIU S D,YANG X Z,FENG W L. Hydrogen sulfide gas sensor based on copper/graphene oxide coated multi-node thin-core fiber interferometer［J］. Applied Optics,2019,58(9):2152-2157.

［29］XU J H,CHAI K T,WU G Q,et al. Low-cost,tiny-sized MEMS hydrophone sensor for water pipeline leak detection［J］. IEEE Transactions on Industrial Electronics,2019,66(8):6374-6382.

［30］YUAN L B,ZHOU L M,WU J S. Fiber optic temperature sensor with duplex Michleson interferometric technique［J］. Sensors and Actuators A:Physical, 2000,86(1/2):2-7.

[31] KASHYAP R,NAYAR B. An all single-mode fiber Michelson interferometer sensor[J]. Journal of Lightwave Technology,1983,1(4):619-624.

[32] O'MAHONEY K T,O'BYRNE R P,SERGEYEV S V,et al. Short-scan fiber interferometer for high-resolution Bragg grating array interrogation[J]. IEEE Sensors Journal,2009,9(10):1277-1281.

[33] ZHAO Y,ANSARI F. Intrinsic single-mode fiber-optic pressure sensor[J]. IEEE Photonics Technology Letters,2001,13(11):1212-1214.

[34] LEE B H,KIM Y H,PARK K S,et al. Interferometric fiber optic sensors[J]. Sensors,2012,12(3):2467-2486.

[35] HSU J M,HORNG J S,HSU C L,et al. Fiber-optic Michelson interferometer with high sensitivity based on a liquid-filled photonic crystal fiber[J]. Optics Communications,2014,331:348-352.

[36] LU H,WANG X,ZHANG S L,et al. A fiber-optic sensor based on no-core fiber and Faraday rotator mirror structure[J]. Optics & Laser Technology, 2018,101:507-514.

[37] WANG B W,NI K,WANG P P,et al. A CNT-coated refractive index sensor based on Michelson interferometer with thin-core fiber[J]. Optical Fiber Technology,2018,46:302-305.

[38] MA Q F,NI K,HUANG R. A carboxy-methyl cellulose coated humidity sensor based on Mach-Zehnder interferometer with waist-enlarged bi-tapers[J]. Optical Fiber Technology,2017,33:60-63.

[39] KIM S H,LEE J J,LEE D C,et al. A study on the development of transmission-type extrinsic Fabry-Perot interferometric optical fiber sensor[J]. Journal of Lightwave Technology,1999,17(10):1869-1874.

[40] TSAI W H,LIN C J. A novel structure for the intrinsic Fabry-Perot fiber-optic temperature sensor[J]. Journal of Lightwave Technology, 2001, 19 (5):

682-686.

[41] SIRKIS J S, BRENNAN D D, PUTMAN M A, et al. In-line fiber étalon for strain measurement[J]. Optics Letters, 1993, 18(22):1973-1975.

[42] KOO K P, LEBLANC M, TSAI T E, et al. Fiber-chirped grating Fabry-Perot sensor with multiple-wavelength-addressable free-spectral ranges [J]. IEEE Photonics Technology Letters, 1998, 10(7):1006-1008.

[43] WOOD R W. XLII. *On a remarkable case of uneven distribution of light in a diffraction grating spectrum* [J]. The London, Edinburgh, and Dublin Philosophical Magazine and Journal of Science, 1902, 4(21):396-402.

[44] ZENNECK J. Über die Fortpflanzung ebener elektromagnetischer Wellen längs einer ebenen Leiterfläche und ihre Beziehung zur drahtlosen Telegraphie[J]. Annalen der Physik, 1907, 328(10):846-866.

[45] FANO U. The theory of anomalous diffraction gratings and of quasi-stationary waves on metallic surfaces (sommerfeld's waves)[J]. JOSA, 1941, 31(3):213-222.

[46] RITCHIE R H. Plasma losses by fast electrons in thin films [J]. Physical Review, 1957, 106(5):874-881.

[47] TURBADAR T. Complete absorption of light by thin metal films [J]. Proceedings of the Physical Society, 1959, 73(1):40-44.

[48] STERN E A, FERRELL R A. Surface plasma oscillations of a degenerate electron gas[J]. Physical Review, 1960, 120(1):130-136.

[49] OTTO A. Excitation of nonradiative surface plasma waves in silver by the method of frustrated total reflection[J]. Zeitschrift Für Physik A Hadrons and Nuclei, 1968, 216(4):398-410.

[50] KRETSCHMANN E, RAETHER H. Notizen: Radiative decay of non radiative surface plasmons excited by light[J]. Zeitschrift Für Naturforschung A, 1968,

23(12):2135-2136.

[51] JORGENSON R C, YEE S S. A fiber-optic chemical sensor based on surface plasmon resonance[J]. Sensors and Actuators B: Chemical, 1993, 12 (3): 213-220.

[52] ZHAO Y, DENG Z Q, WANG Q. Fiber optic SPR sensor for liquid concentration measurement[J]. Sensors and Actuators B: Chemical, 2014, 192:229-233.

[53] KANT R, TABASSUM R, GUPTA B D. Fiber optic SPR-based uric acid biosensor using uricase entrapped polyacrylamide gel[J]. IEEE Photonics Technology Letters, 2016, 28(19):2050-2053.

[54] HU T, ZHAO Y, SONG A N. Fiber optic SPR sensor for refractive index and temperature measurement based on MMF-FBG-MMF structure[J]. Sensors and Actuators B: Chemical, 2016, 237:521-525.

[55] TABASSUM R, GUPTA B D. SPR based fiber-optic sensor with enhanced electric field intensity and figure of merit using different single and bimetallic configurations[J]. Optics Communications, 2016, 367:23-34.

[56] SHARMA A K, JHA R, GUPTA B D. Fiber-optic sensors based on surface plasmon resonance: A comprehensive review[J]. IEEE Sensors Journal, 2007, 7(8):1118-1129.

[57] SHARMA A K, MOHR G J. On the performance of surface plasmon resonance based fibre optic sensor with different bimetallic nanoparticle alloy combinations [J]. Journal of Physics D: Applied Physics, 2008, 41 (5):055106.

[58] SHALABNEY A, ABDULHALIM I. Sensitivity-enhancement methods for surface plasmon sensors [J]. Laser & Photonics Reviews, 2011, 5 (4): 571-606.

［59］ TABASSUM R, GUPTA B D. Surface plasmon resonance-based fiber-optic hydrogen gas sensor utilizing palladium supported zinc oxide multilayers and their nanocomposite［J］. Applied Optics,2015,54(5):1032-1040.

［60］ WEI W, NONG J P, ZHU Y, et al. Graphene/Au-enhanced plastic clad silica fiber optic surface plasmon resonance sensor［J］. Plasmonics,2018,13(2):483-491.

［61］ 宫振峰,吴国杰,幸佳伟,等. 干涉型全光学光声光谱气体传感技术研究进展［J］. 光学学报,2023,43(18):149-165.

［62］ Wei S H Y, Guo Y X. Research progress of remote detection with ultraviolet Raman spectroscopy［J］. Chinese Optics,2019,12(6):1249-1259. Long D A. The Raman Effect:A Unified Treatment of Raman Scattering by Molecules ［J］. Proteomics,2002.

［63］ Long D A. The Raman Effect:A Unified Treatment of Raman Scattering by Molecules［J］. Proteomics,2002.

［64］ 万福,葛虎,刘强,等. 气体拉曼传感增强技术研究进展与趋势［J］. 光谱学与光谱分析,2022,42(11):3345-3354.

［65］ GUO Y J, GUO S J, REN J T, et al. Cyclodextrin functionalized graphene nanosheets with high supramolecular recognition capability:Synthesis and host-guest inclusion for enhanced electrochemical performance［J］. ACS Nano,2010,4(7):4001-4010.

［66］ LI X L, QI W, MEI D H, et al. Functionalized graphene sheets as molecular templates for controlled nucleation and self-assembly of metal oxide-graphene nanocomposites［J］. Advanced Materials,2012,24(37):5136-5141.

［67］ ZHOU L S, SHEN F P, TIAN X K, et al. Stable Cu_2O nanocrystals grown on functionalized graphene sheets and room temperature H_2S gas sensing with ultrahigh sensitivity［J］. Nanoscale,2013,5(4):1564-1569.

[68] TABASSUM R,MISHRA S K,GUPTA B D. Surface plasmon resonance-based fiber optic hydrogen sulphide gas sensor utilizing Cu-ZnO thin films[J]. Physical Chemistry Chemical Physics,2013,15(28):11868-11874.

[69] MISHRA S K,RANI S,GUPTA B D. Surface plasmon resonance based fiber optic hydrogen sulphide gas sensor utilizing nickel oxide doped ITO thin film [J]. Sensors and Actuators B:Chemical,2014,195:215-222.

[70] FENG X,FENG W L,TAO C Y,et al. Hydrogen sulfide gas sensor based on graphene-coated tapered photonic crystal fiber interferometer[J]. Sensors and Actuators B:Chemical,2017,247:540-545.

[71] QIN X, FENG W L, YANG X Z, et al. Molybdenum sulfide/citric acid composite membrane-coated long period fiber grating sensor for measuring trace hydrogen sulfide gas[J]. Sensors and Actuators B:Chemical,2018,272: 60-68.

[72] PAUKKU Y, MICHALKOVA A, LESZCZYNSKI J. Quantum-chemical comprehensive study of the organophosphorus compounds adsorption on zinc oxide surfaces[J]. The Journal of Physical Chemistry C, 2009, 113(4): 1474-1485.

[73] BIGIANI L,ZAPPA D,MACCATO C,et al. Quasi-1D MnO$_2$ nanocomposites as gas sensors for hazardous chemicals[J]. Applied Surface Science, 2020, 512:145667.

[74] LUAN F,GEORGE A K,HEDLEY T D,et al. All-solid photonic bandgap fiber [J]. Optics Letters,2004,29(20):2369-2371.

[75] VIGNESWARAN D,AYYANAR N,SHARMA M,et al. Salinity sensor using photonic crystal fiber[J]. Sensors and Actuators A:Physical, 2018, 269: 22-28.

[76] Zhang Y,Gurzadyan G G,Lu R,et al. Efficient photothermal conversion of

Fe$_2$O$_3$-RGO guided fromultrafast quenching effect of photoexcited state［J］. Aiche Journal,2020,66（6）:e16975.

［77］CHIANG C Y,HUANG T T,WANG C H,et al. Fiber optic nanogold-linked immunosorbent assay for rapid detection of procalcitonin at femtomolar concentration level［J］. Biosensors and Bioelectronics,2020,151:111871.

［78］XU C H,SHI S Y,ZHU S L,et al. Comparative study on electrospun magnesium silicate ceramic fibers fabricated through two synthesis routes［J］. Materials Letters,2020,272:127837.

［79］LI Y J,WANG W J,CHENG X X,et al. Simultaneous CO$_2$/HCl removal using carbide slag in repetitive adsorption/desorption cycles［J］. Fuel,2015,142: 21-27.

［80］FENG W L,DENG D S,YANG X Z,et al. Trace carbon monoxide gas sensor based on PANI/Co$_3$O$_4$/CuO composite membrane-coated thin-core fiber modal interferometer［J］. IEEE Sensors Journal,2018,18（21）:8762-8766.

［81］CHIANG C Y,HUANG T T,WANG C H,et al. Fiber optic nanogold-linked immunosorbent assay for rapid detection of procalcitonin at femtomolar concentration level［J］. Biosensors and Bioelectronics,2020,151:111871.

3 光纤液体传感技术

3.1 光纤液体概述

光纤传感领域不再局限于电信、气体和医学,它一直在以令人难以置信的速度发展。随着光电技术和光通信技术的飞速进步,光纤传感技术迅速发展起来。光纤传感器因其传输速度快、不带电、质量轻、体积小、抗电磁干扰能力强、防爆、防燃、耐腐蚀、灵敏度高、适用于恶劣环境中,可以长期实时在线连续监测等优点,在国家重大工程安全监测方面具有独特的优势,被广泛应用于桥梁、矿山、管道、化工、海洋油气井等高危且污染频发环境的监测中,尤其是光纤液体传感技术,光纤液体传感技术包含对液体中阴阳离子的检测、液体折射率检测,温敏检测等,不仅能满足水质检测领域中高精确度和实时在线检测的需求,还能避免二次污染,具有广阔的应用前景。

本章介绍光纤液体传感的研究现状、模式干涉光纤传感器以及布拉格光栅传感器的原理。分别对光纤液位传感器、液体折射率传感器、折射率与液位传感器的普适性缺陷进行分析。随后,介绍温度传感器以及折射率与温度双参数测定传感器。由此可知,干涉型光纤传感器对普通液体测试有一定的意义。随着时间的推移,国内外对水质要求越来越高,本书针对金属离子进行了检测,如镉离子和铜离子,水溶液中阴离子会对水质产生影响,还对氟离子进行了检测。光纤传感的发展衍生了光纤表面等离子体共振传感器的产生,在光纤表面蒸镀金属膜,以此激发SPR效应,通过在银膜表面涂覆相应的敏感膜来检测水溶液中的重金属离子。本书采用光纤SPR传感器,在线实时检测重金属镉离子和铬离子,实现了对重金属离子的选择性检测,传感器具有优异的性能,在水溶液检测重金属离子领域具有重要意义。

3.1.1　研究背景与意义

水资源是人们赖以生存的生命之源。随着社会和经济的发展,由阳离子和阴离子等有害物质造成的水环境污染越来越严重,水资源质量不断下降,动植物深受其害。水体污染所导致的问题和事故不断发生,水污染已经严重影响人们的身体健康和社会的可持续发展。

在水资源日益匮乏的时代,现代化工业和经济的发展往往以一定的环境污染作为代价,特别是在水质污染方面,而被污染的水资源的检测和净化是一个比较烦琐的过程。例如,有些工厂在生产过程中,为节省成本,肆意把未经处理的废水直接排入水域中造成污染,破坏水源生态系统;在农业生产中,越来越多的农药和化肥使有害物质渗入地表水中,不仅影响土质,还破坏了淡水资源;农业或土地开垦导致地表松散,降雨期间大量泥沙流入水中,水体中的悬浮物增多;城市生活污水、垃圾和废气污染水体等。目前,我国水资源质量持续下降,水环境持续恶化,我国七大水系污染与中国海河流域和北方五省区的水质污染均有不同程度的上升,地表水与地下水污染状况愈发严重。有些地区的饮水资源中氟化物超标,造成了一例例悲惨事件的发生。水质污染事故会使工厂停产以及农业停产,现阶段,我国水污染仍然十分严重。

水体的污染不仅带来了恶劣的影响和沉重的损失,而且极大地危及了经济社会的可持续发展,已变成影响制约人们生活和经济社会发展的关键,如何加强水质监测与科学治理,在全球范围内引起专家学者的高度关注,对水质变化情况快速准确地进行监测监控势在必行。为水质检测提供了一种有效的检测途径。同时,随着光纤传感的分布式技术发展,在水质检测中,光纤液体传感技术有了进一步的发展。

3.1.2　光纤液体传感器的作用和优势

光纤液体传感器是一种基于光纤技术的传感器,主要用于检测液体中的物理量,如温度、压力、浓度等。其主要应用有监测水质、检测化学品浓度、监测油品质量、检测生物指标、监测环境污染。光纤液体传感器可以用于监测环境中的污染物,如大气污染、水污染等,可以帮助环保部门及时发现和处理环境污染问题。光纤液体传感器具有广泛的应用领域和作用,可以帮助人们及时发现和解决液体中的问题,保障人类健康和环境安全。

传统的水质检测主要是利用电化学检测或者实验室化学试剂反应检测水质成分,这些方法不仅会浪费大量人力资源和物质资源,还容易引起二次污染。光纤液体传感器可以通过测量光的特性来检测液体中的物理量,如温度、压力、浓度等,具有高灵敏度和高精度。光纤液体传感器不受电磁干扰和电气噪声的影响,具有高可靠性和稳定性。光纤液体传感器可以通过光纤进行信号传输,具有长距离传输的能力,可以实现分布式监测。光纤液体传感器不需要电池供电,可以通过光纤传输的光信号来实现能量传输和信号传输,具有低功耗和长寿命的特点。光纤液体传感器可以通过光纤的物理特性来抵抗外界干扰,具有抗干扰能力强的特点。光纤液体传感器不会产生电磁辐射和火花,具有安全可靠的特点。被广泛用于水质检测传感领域;同时,利用光纤水质传感器能够实现多参量无损和无污染监测,便于微型化和智能化,是一种很有前景的水质检测传感器。

3.1.3　国内外研究现状

随着制造工业飞速发展,水资源污染的严重性和水污染的高危害性引起了广泛关注。目前,随着科技的不断进步,水质检测技术也在不断发展。传统的液体方法主要是基于光谱法、色谱法、电化学法、水生生物监测法等。

光谱法是一种利用物质对光的吸收、散射、发射等特性进行分析的方法。其原理是根据物质对不同波长的光的吸收、散射、发射程度不同,通过测量物质对不同波长光的吸收、散射、发射强度,可以得到物质的光谱信息,从而进行物质的定性和定量分析。光谱法主要包括紫外可见光谱、红外光谱、拉曼光谱、荧光光谱等。光谱法具有检测速度快、无须试剂、灵敏度高等优点,其缺点是容易受到干扰、存在谱峰重叠现象等。

色谱法是一种利用物质在固定相和流动相之间分配系数不同的特性进行分离和分析的方法。其原理是将待分析的混合物通过柱状填料,使其在固定相和流动相之间进行分配,不同成分在固定相和流动相之间的分配系数不同,从而实现分离和分析。色谱分析法可以进行精确检测,但监测仪器非常昂贵,预处理和分析过程复杂、耗时长,而且需要熟练的人工操作。

常见的电化学分析法有阳极溶出伏安法,该方法的检测原理是通过对工作电极溶出电荷的大小进行监测分析,从而实现对待测物的特异性检测,与其他的检测方法相比,电化学法检测待测物的成本较低且具有较低的检测限。该方法适用于微量元素等对精度要求较高的领域,缺点是电极寿命有限、检测结果难以重复。需要定期校正等。

传统的传感监测技术难以同时满足灵敏度高、抗电磁干扰、响应速度快、抗化学腐蚀等现代监测的需求,而光纤传感器性能稳定,可长期工作于有毒污染物、高温高压等恶劣环境中,受干扰影响小、耐受性强、成本低、可实现准分布式传感监测等,并且监测过程中不会造成二次污染,光纤传感技术应用于水质监测领域可以攻克很多困难,并已受到国内外许多专家的重视,光纤传感技术在监测水质污染方面占据重要地位。

利用光纤进行水质传感检测一直是水质检测领域的研究热点。光纤水质传感器可分为功能型与非功能型两类:功能型直接利用光纤作为敏感单元进行测量;非功能型则利用光纤传光作用,不作为敏感单元。随着光纤技术与材料的进步,光纤传感器在液体检测中表现优异,尤其在重金属离子、氟离子等有害离子检测方面。不同特种光纤如薄芯、无芯等具有不同测量性能。多特种、多结构传感器成为发展趋势,包括光纤光栅、表面等离子体共振技术等。传感器部署从单一向分布式发展,光纤液体传感技术已成为研究与应用领域的活跃领域。

1)基于干涉原理的光纤液体传感器

(1)Fabry-Perot 光纤液体传感器

Noman 等人提出了一种基于 Fabry-Perot(FPI)的光纤传感器。采用壳聚糖涂层毛细管的高灵敏度 FPI 用于导联传感。所提出的传感器对 0 ~ 91 ppm 的铅浓度具有-0.30 nm/ppm 的灵敏度。Yi 等人展示了一种基于应变的本征法布里-佩罗干涉仪(IFPI)pH 传感器,适用于多路复用 pH 测量,如图 3.1 所示。使用飞秒激光直接写入方案,使用成对的瑞利增强反向散射点形成 IFPI 腔。使用白光干涉解调算法,可以同时解调多个 IFPI 传感器,以解决 IFPI 器件上施加的pH 诱导应变变化,最小检测灵敏度高达 40 nε。

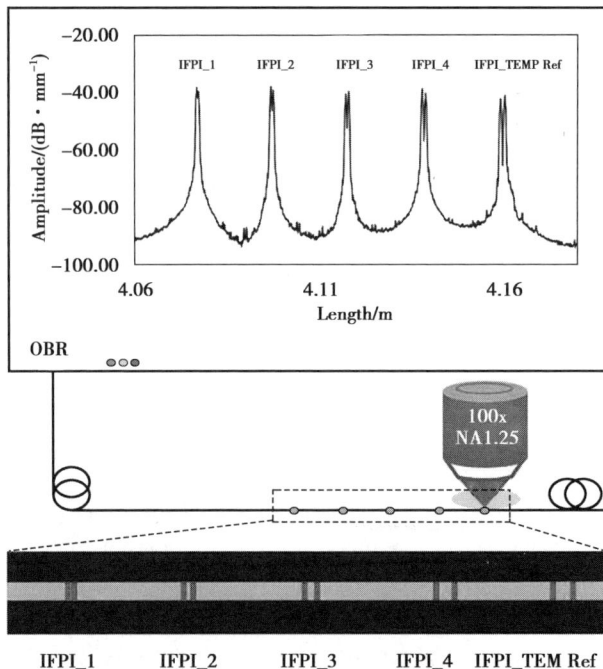

图 3.1 飞秒激光照射光纤制造 IFPI 传感器的示意图

（2）Mach-Zehnde 光纤液体传感器

Liu 等人提出了一种新的光纤内马赫-曾德尔干涉（MZI）传感器用于检测 Cu^{2+} 水性环境中的离子。该传感器通过在两根标准单模光纤之间对一小段中空光纤进行电弧熔合，光纤传感器具有良好的可重复使用性。Noman 等人提出基于 MZI 的生物相容性、可靠且快速响应的光纤传感器被证明用于硝酸盐分析物示踪。如图 3.2 所示，传感器是通过将短长度光子晶体光纤（PCF）的气孔与 SMF 双向折叠来构建的。所提出的传感器已使用热涂层技术涂覆石墨烯-PVA（聚乙烯醇）膜，以使传感器对水溶液中的硝酸盐离子具有吸引力。在 0 ~ 15 ppm 的硝酸盐测量尺度上，发现最大响应为 0.100 pm/ppm，平均反应时间为 10 s。

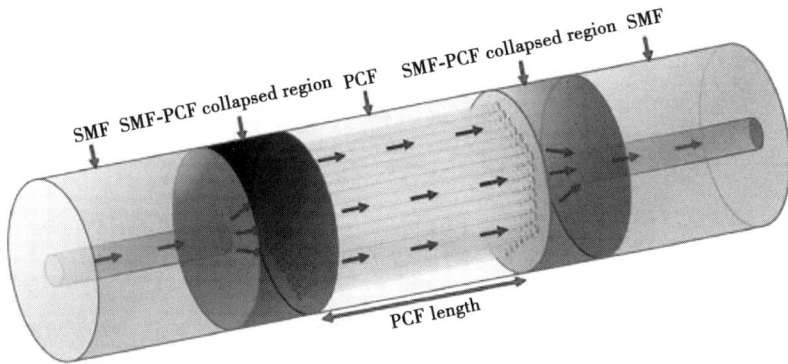

图 3.2　基于 MZI 的光纤硝酸盐传感器原理图

（3）Michelson 光纤液体传感器

Yue 等人提出并论证了一种基于 SMF 和 TCF 之间偏心熔接的新型迈克尔逊干涉仪（MI）。如图 3.3 所示，通过在光纤端面沉积一层银膜，增大端面反射，从而使传感器的体积更加小巧，形成探针式结构。采用逐层自组装法，在 TCF 表面包覆了一种新型金属有机骨架 UiO-66 薄膜。然后，获得用于氟化物离子检测的 MI。传感膜对氟离子的吸附会引起涂层包层有效折射率（RI）的变化，从而导致干涉浸渍的规律红移。所提出的传感器在高达 0.1 ppb 的氟化物离子浓度范围内表现出出色的线性响应，612 pm/ppb 的高灵敏度和 10 s 的快速响应时间。

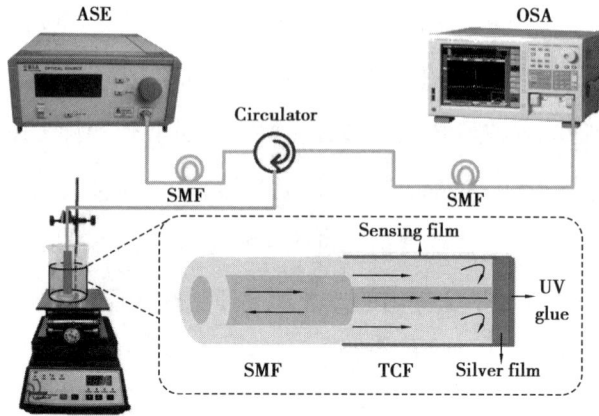

图 3.3　氟化物离子检测示意图,插图是传感器的结构

(4)Sagnac 光纤干涉液体传感器

Sagnac 光纤干涉液体传感器是一种基于 Sagnac 干涉原理的光纤传感器。其原理是利用光纤环形结构和两个反射镜构成 Sagnac 干涉仪,通过测量干涉光谱的变化,推算出液体的密度、浓度、温度等物理量。Sagnac 光纤干涉液体传感器具有灵敏度高、响应速度快、抗干扰能力强等优点,被广泛应用于化学、生物、医疗等领域的液体检测和分析。

Sun 等人提出并演示了一种基于超细纤维 Sagnac 环形干涉仪的相对湿度(RH)传感器。如图 3.4 所示,传感器是通过将高双折射椭圆超细纤维熔接到光纤环形镜中而形成的,该结构没有任何湿度敏感涂层。所提出的结构在相对湿度 20% ~25% RH 的范围内具有高达 30.90 pm/% RH 的高灵敏度。此外,通过将参考熊猫光纤插入光纤环路,实现了灵敏度增强(高达 422.2 pm/% RH)。灵敏度比文献中的同类产品高 2 ~5 倍。测量的响应时间约为 60 ms。

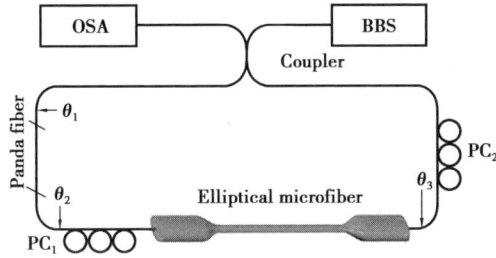

图 3.4　基于 Hi-Bi 椭圆超细纤维 Sagnac 干涉仪的 RH 传感器示意图

2）基于荧光原理的光纤液体传感器

Yap 等人报告了一种干涉光学微纤维传感器,其功能为氮和硫共掺杂碳点（CD）,用于检测三价铁离子（Fe^{3+}）。与其他基于 CD 的三价铁离子传感器相比,该传感器的传感机制取决于选择性 Fe^{3+} 吸附到锥形区域的 CD 结合位点上。所展示的传感器表现出 Fe^{3+} 在 0 ~ 006 1 μg/L 的线性检测范围内,检测灵敏度为 0.300 nm/（μg/L）,基于 Langmuir 等温线模型的检测限为 0.77 μg/L。He 等人提出了一种基于荧光光纤的传感平台来检测 Cu^{2+} 和 Hg^{2+} 离子,其中荧光被离子淬灭。该纤维可作为一种简单、低成本、高选择性的荧光传感器,用于检测水溶液中各种金属离子中的 Cu 和 Hg,Cu 的检测限低至 187.99 nM,Hg 的检测限低至 82.14 nM（图 3.5）。

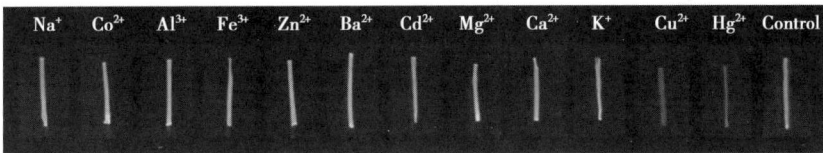

图 3.5　使用 PL-POF 比色检测 Cu^{2+} 和 Hg^{2+} 离子,PL-POF 在与特定离子接触时会改变其发射颜色和强度

3）基于光纤布拉格光栅原理的光纤液体传感器

Yang 等人使用普通光纤布拉格光栅（FBG）与功能化纤维尖端级联。壳聚糖/聚丙烯酸的双层结构通过逐层组装直接功能化到裂解的纤维尖端上,制造出光纤传感器（图 3.6）。通过解调反射光谱 FBG 峰值和背景噪声之间的光学

反射率比,可以成功测量 Ni^{2+} 浓度,最大灵敏度为 40.52 dB/mM。Ooi 等人开发了一种新型席夫碱功能化倾斜纤维布拉格光栅(TFBG)(图 3.7),用于快速检测水溶液中的铜离子。值得注意的是,所提出的 TFBG 被刻在具有更强消逝场的商用 80 μm 单模光纤中,并用与铜(Ⅱ)离子具有强亲和力的席夫碱功能化。结果表明,80 μm TFBG 在灵敏度更高、检测限更低、折射率噪声敏感度更低等方面优于 125 μm 直径标准光纤中的 TFBG。

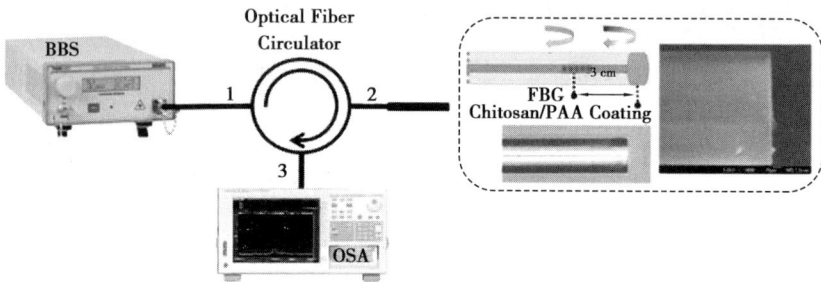

图 3.6 重金属检测的实验装置

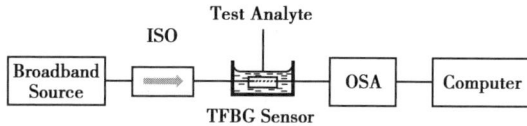

图 3.7 席夫碱功能化 TFBG 的金属检测实验装置

4)基于光纤倏逝波原理的光纤液体传感器

Kishore 等人将含有 3-芳基氨基丙基三甲基氯化铵的水凝胶涂覆在 FBG 表面,并开发了一种用于检测和定量痕量 Cr^{6+} 的化学-机械-光学传感方法。当水凝胶与溶液中的 Cr^{6+} 络合时,FBG 上的水凝胶开始缓慢膨胀,这在 FBG 中引起了纵向应变,并导致其中心波长发生红移。基于 FBG 的中心波长的偏移来检测 Cr^{6+} 浓度。该传感器表现出优异的灵敏度,对 Cr^{6+} 的检测限达到 10ppb。Ibrahim 等人开发了一种基于壳聚糖的锥形 FOEW 化学传感器,如图 3.8 所示,用于检测 Pb^{2+},并在 0.2 ~ 1 ppm 的浓度范围内获得了 40.554 abs/ppm 的灵敏度。

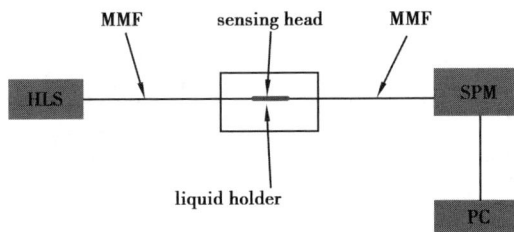

图 3.8 实验装置图

5）基于表面等离子体共振(SPR)的光纤液体传感技术

Rana Tabassum 等人构造了基于表面等离子体共振的光纤传感器用于检测水介质中的锰离子。如图 3.9 所示通过将聚吡咯(PPy)和氧化锌(ZnO)组装在沉积有银涂层的无芯光纤表面。锰离子在传感器表面的表面等离子体波的强相互作用下,使 SPR 光谱发生了红移,该传感器对锰离子具有优异的灵敏度和选择性,具有在线和遥测优点。

Wei 等人报道了一种用于铜离子检测的新型光纤表面等离子体共振(SPR)传感器。利用光纤热熔扭转技术在单模光纤上制造了扭曲区域,并将芯中传输的光耦合到包层上。包层涂有纳米金膜,包层模式完全反映在包层与金膜之间的界面处,激发了 SPR 效应。折射率灵敏度为 2 689.06nm/RIU。此外,将自组装的壳聚糖/聚丙烯酸薄膜逐层固定在传感器表面,并检测铜离子的浓度。试验结果表明,随着 Cu^{2+} 浓度从 15.7 nM ~ 1.57 mM,SPR 共振谷向长波长方向移动,检测灵敏度为 3.46 nm/lg C,检测限(LOD)为 10.10 nM。所提出的光纤 SPR 传感器制造简单,为光纤传感器检测重金属离子提供了新的思路。Yuan 等人提出了一种高灵敏度光纤 SPR 传感器,该传感器使用胸腺嘧啶修饰的金纳米颗粒作为信号放大标记来检测汞离子。传感器对汞离子的检测限可达 9.98 nM(图 3.10)。

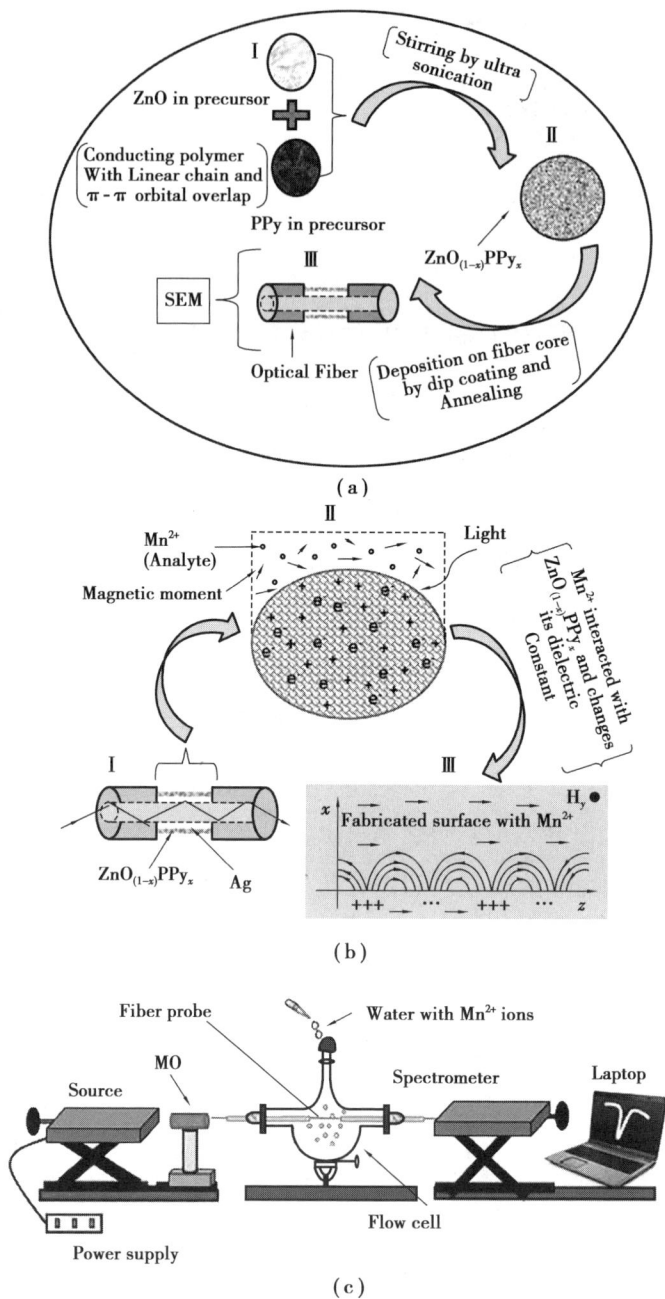

图 3.9　检测水介质中 M_n^{2+} 的光纤传感器

(a)敏感膜集成;(b)传感机理;(c)传感装置图

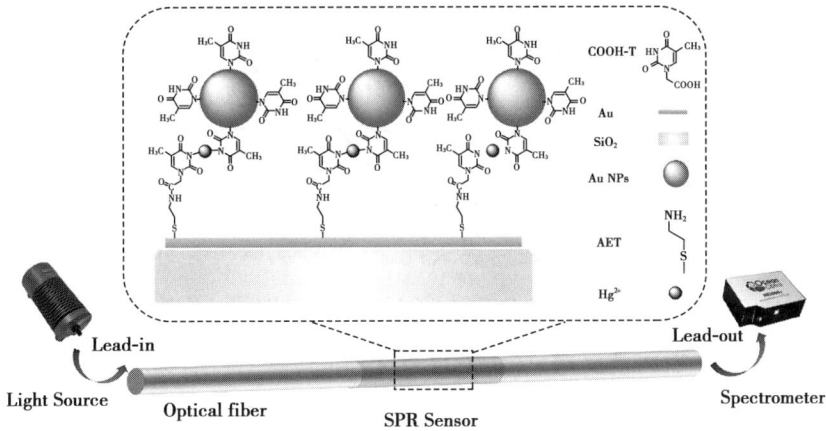

图 3.10 实验装置图

综上所述,光纤液体传感检测技术可以将液体中待测物的物理化学变化与光纤传感器自身的特性进行结合,设计出高灵敏、快响应、装置简易的液体传感器,并广泛应用于生物化学、环境监测等领域。

3.2 光纤液体传感原理

模式干涉型光纤传感结构或存在不能普遍适用的问题,即传感器对不同介质进行液位或折射率测量时具有不同的响应特性,然而未见有文献进行相关分析。容易理解的是基于该结构制作的光纤传感器如果能够实现普遍意义上的液位测量,则传感器完全浸没于任何溶液中(即使这些溶液的折射率不同)获得的监测特征也应是一致的,故对于同一个光纤传感结构来说普遍意义的液位监测和折射率测量存在矛盾。

3.2.1 模式干涉结构折射率传感原理

如图 3.11 所示为一简单的模式干涉型光纤传感结构,单模尾纤后无偏芯熔接一段端面平整的薄芯光纤,形成反射式的光纤传感探头。

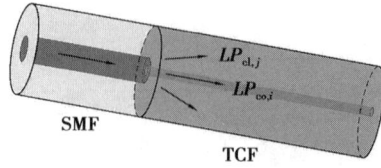

图 3.11 模式干涉型光纤传感结构

薄芯光纤和单模光纤存在纤芯失配,光信号从单模光纤传输到薄芯光纤后,将在薄芯光纤中激发出若干纤芯模 $LP_{co,i}$ 和包层模 $LP_{cl,j}$,这些纤芯模和包层模在薄芯光纤端面被反射,部分光束再次回到单模纤芯中。最终返回单模光纤入射端的光束可视为满足单模光纤传输条件的薄芯光纤中部分包层模与纤芯模相互干涉的结果。总反射光强 $I(\lambda)$ 可以由下式表示为:

$$I(\lambda) = I_1(\lambda) + I_2(\lambda) \tag{3.1}$$

$$I_1(\lambda) = \sum_{i=1}^{N} I_{co,i}(\lambda) + \sum_{j=1}^{M} I_{cl,j}(\lambda) + \sum_{j=1}^{N} \sum_{i=1(i\neq j)}^{N}$$
$$2\sqrt{I_{co,j}(\lambda)I_{co,i}(\lambda)} \cos\{2\pi[\delta_{co,j}(\lambda) - \delta_{co,i}(\lambda)]/\lambda + \varphi_{co,j}(\lambda) - \varphi_{co,i}(\lambda)\} +$$
$$\sum_{j=1}^{M} \sum_{i=1(i\neq j)}^{M} 2\sqrt{I_{cl,j}(\lambda)I_{cl,i}(\lambda)} \cos\{2\pi[\delta_{cl,j}(\lambda) - \delta_{cl,i}(\lambda)]/\lambda + \varphi_{cl,j}(\lambda) - \varphi_{cl,i}(\lambda)\}$$

$$\tag{3.2}$$

$$I_2(\lambda) = \sum_{j=1}^{M} \sum_{i=1}^{N} 2\sqrt{I_{co,i}(\lambda)I_{cl,j}(\lambda)} \cos\{2\pi[\delta_{cl,j}(\lambda) - \delta_{co,i}(\lambda)]/$$
$$\lambda + \varphi_{cl,j}(\lambda) - \varphi_{co,i}(\lambda)\}$$

$$\tag{3.3}$$

式中,λ 为光波长;$I_{co,i}(\lambda)$ 和 $I_{cl,j}(\lambda)$ 分别表示纤芯模 $LP_{co,i}$ 和包层模 $LP_{cl,j}$ 的光强;$\delta_{co,i}(\lambda)$ 和 $\delta_{cl,j}(\lambda)$ 分别为纤芯模 $LP_{co,i}$ 和包层模 $LP_{cl,j}$ 的光程,与传输路径、纤芯折射率和包层折射率有关;$\varphi_{co,i}(\lambda)$ 为纤芯模 $LP_{co,i}$ 在薄芯光纤的纤芯-包层界面全反射传输产生的总相位变化;$\varphi_{cl,j}(\lambda)$ 为包层模 $LP_{cl,j}$ 在包层-介质界面全反射传输产生的总相位变化,这种相位变化取决于光束的入射角度,以及入射介质和反射介质的相对折射率。

由式(3.4)对薄芯光纤包层的有效折射率 $n_{eff,j}(\lambda)$ 随外界折射率变化的原因进行解释,其中 L 为薄芯光纤的长度。

$$\frac{2\pi n_{\mathrm{eff},j}(\lambda)L}{\lambda}=\frac{\delta_{\mathrm{cl},j}(\lambda)}{\lambda+\varphi_{\mathrm{cl},j}(\lambda)} \tag{3.4}$$

光纤结构固定后,式(3.1)、式(3.2)、式(3.3)中 $\delta_{\mathrm{co},i}(\lambda)$、$\delta_{\mathrm{cl},i}(\lambda)$、$\varphi_{\mathrm{co},i}(\lambda)$ 就已确定,最终反射回到单模光纤纤芯并继续传输光束须满足单模光纤的数值孔径,这部分光束在薄芯光纤中(端面除外)的传输角度应均满足全反射条件。由菲涅尔反射定律,待测介质仅在薄芯光纤端面对光强 $I_{\mathrm{co},i}(\lambda)$ 和 $I_{\mathrm{cl},i}(\lambda)$ 产生影响;包层模 $LP_{\mathrm{cl},j}$ 的传输角度近似相同,$\varphi_{\mathrm{cl},j}(\lambda)$ 与 $\varphi_{\mathrm{cl},i}(\lambda)$ 的随待测介质变化也是相当的。式(3.1)中监测光谱 $I(\lambda)$ 的强度主要受薄芯光纤端面的反射率影响,而光谱波谷的移动主要是 $I_2(\lambda)$ 随待测介质变化发生漂移导致。

单次全反射产生的相位变化满足下列等式:

$$\tan\frac{\varphi_{\mathrm{rs}}(\lambda)}{2}=\frac{n_2(\lambda)^2}{n_1(\lambda)^2}\tan\frac{\varphi_{\mathrm{rp}}(\lambda)}{2}=-\frac{\sqrt{\sin^2\theta(\lambda)-\dfrac{n_2(\lambda)^2}{n_1(\lambda)^2}}}{\cos\theta(\lambda)} \tag{3.5}$$

式中,$\varphi_{\mathrm{rs}}(\lambda)$、$\varphi_{\mathrm{rp}}(\lambda)$ 分别为 λ 波长反射光中 s 分量和 p 分量光场相对入射光的相位变化;$\theta(\lambda)$ 为光束入射角度;$n_1(\lambda)$、$n_2(\lambda)$ 分别为入射介质和反射介质在 λ 波长的折射率,其值与物质的种类、浓度、温度等参数有关。在液位或折射率传感实验中,$\varphi_{\mathrm{cl},j}(\lambda)$ 会随待测参数变化,从而可以通过传感光谱 $I(\lambda)$ 变化进行监测。但是不同介质的色散曲线 $n_2(\lambda)$ 是差异的(图3.2),使式(3.2)与式(3.3)中的 $\varphi_{\mathrm{cl},j}(\lambda)$ 也不相同,传感光谱 $I(\lambda)$ 的波谷与不同介质的液位之间难以建立统一的数值公式。同样即使两个介质由阿贝折射仪测量得到的名义折射率 n_2(@589.3 nm)相同(或在其他波长处具有相同的折射率),传感光谱的波谷也很有可能在不同波长处。基于波谷漂移监测方法的模式干涉型光纤传感结构仅能适用于标定介质的液位或折射率测量,若由标定结果对其他介质进行测量,可能会引起较大误差,不能够称为普遍意义上的液位或折射率传感器。

3.2.2　光纤布拉格光栅原理

光纤光栅(FBG)的灵活性可以实现良好的监测,FBG 传感器不仅在制药领域,而且在液体传感领域都有很大的应用潜力。基于光栅的传感器在形式上通常是最小的,能够在不对现有结构进行任何额外改变的情况下进行温度和压力传感。它们具有实现远距离传感的潜力,可以与许多不同传感测量的传感器进行多路复用。

光纤光栅传感发生在周期性光栅区域。光栅与芯具有不同的折射率。当光通过核心注入时,波长信号发生微扰。只有一个特定的波长被反射回来,而另一个波长通过。反射波长满足 Bragg 方程:

$$\lambda_B = 2 \cdot n_{eff} \cdot \Lambda_G \tag{3.6}$$

式中,λ_B 为布拉格波长;n_{eff} 为传播光通过光纤的折射率;Λ_G 为折射率调制周期,也称为光栅的轮廓/图样。

这一原理如图 3.12(b)所示。当光栅通过变形扰动光波长时,可以观察到传感机理。当光栅区域发生变形时,光的波长将发生位移。图 3.12(a)显示了轴向应变感应后的光纤光栅。这是 FBG 用作传感器的主要方式。一般来说,FBG 可以用于应变、温度和其他物理参数的检测。在环境中存在水分子时,能引起应变或变形的材料适合涂覆在光纤光栅上。

光纤光栅传感器易于通过涂层修改、光栅轮廓修改和与其他类型的传感器组合使用,FBG 提供了除传统传感器之外的优秀替代传感解决方案。此外,光纤光栅传感器应用于环境参数感知领域具有重要意义。

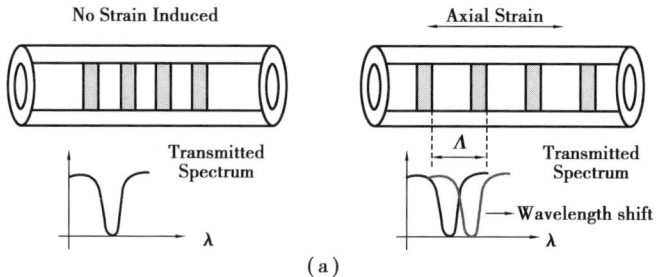

(a)

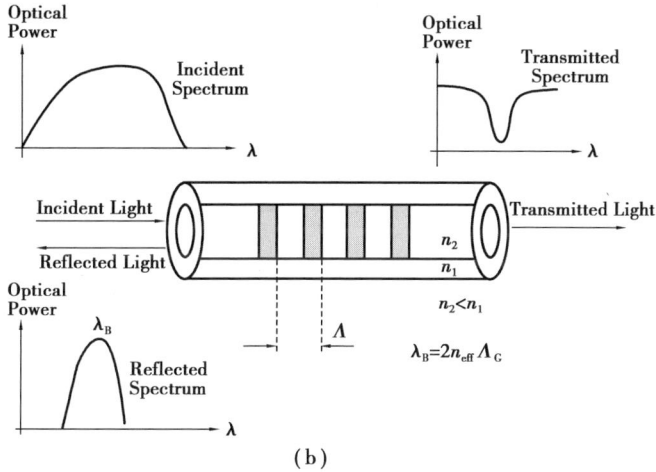

图 3.12　应变光纤光栅及原理

（a）应变光纤光栅;（b）光纤光栅原理

3.3　光纤液体传感应用

3.3.1　基于三芯光纤反射结构的迈克尔逊液位传感器

液位传感器已经广泛运用于工业、军事、日常生活等众多领域。其广阔的应用范围,使其应用环境复杂多变,这就使得对液位传感器的各项结构性能提出了更高的要求。传统的电容式传感器需要通电,导致在其使用过程中增加了安全风险,限制了其应用范围。近年来,利用光纤迈克尔逊干涉结构制造液位传感器得到了相应的研究。

1）三芯光纤反射结构迈克尔逊光纤传感器的原理

输入 SMF 的光经过单模光纤与三芯光纤的熔接处时,熔接处的纤芯失配,在三芯光纤中激发了不同的模式。这些模式在三芯光纤包层和纤芯中传播的过程中会产生光程差,从而形成干涉现象。

干涉图谱由三芯光纤中的纤芯模式与包层模式的干涉形成,其强度可表示为:

$$I = I_{core} + \sum I_{clad}^m + \sum_m 2\sqrt{I_{core}I_{clad}^m}\cos\Phi^m \tag{3.7}$$

式中,I_{core} 和 I_{clad}^m 分别为 3 个纤芯中纤芯模式的总光强和第 m 阶包层模式的光强;Φ^m 为纤芯模式和第 m 阶包层模式的相位差。

通过光的干涉理论可知存在光程差的两束光,并且这两束光是由同一光源分出即可产生干涉现象。三芯光纤中,相位差是由 3 个纤芯中的纤芯模式和包层模式之间的有效折射率产生的。相位差与三芯光纤的长度以及芯和第 m 阶包层模式之间的有效折射率差成正比,可表示为:

$$\Phi^m = \frac{4\pi(n_{eff}^{core}-n_{eff}^{clad,m})L}{\lambda} = \frac{4\pi\Delta n_{eff}^m L}{\lambda} \tag{3.8}$$

式中,n_{eff}^{core} 为核心模的有效折射率;$n_{eff}^{clad,m}$ 为第 m 包层模的有效折射率;Δn_{eff}^m 为核心模与第 m 包层模之间的有效折射率差;L 为三芯光纤的长度;λ 为传播光的波长。

根据干涉理论,波长的衰减峰可表示为:

$$\lambda_m = \frac{4(n_{eff}^1 L^1 - n_{eff}^2 L^2)}{2n+1} \ (n=0,\pm1,\pm2,\cdots) \tag{3.9}$$

当传感器进行液位测量时,传感器一部分长度暴露在空气中,另一部分长度会浸入液体中。包层的有效折射率会随着液位的增加而发生变化,并导致干涉波长的变化,干涉波长的漂移可表示为:

$$\lambda_m' = \frac{4\pi\Delta n_{eff}^m(L-L_h)}{(2n+1)\pi} + \frac{4\pi\Delta n_{effn}^m L_h}{(2n+1)\pi} \tag{3.10}$$

式中,L_h 和 Δn_{effn} 分别为浸入液体中三芯光纤的长度和三芯光纤的纤芯模与第 m 包层模之间的有效折射率差。

提出基于多芯光纤迈克尔逊干涉型传感器,主要针对液位、折射率和应变等参量的测量,探究了温度对传感器测量性能的影响,制作了一种级联结构,

FBG 级联 SMF-PCF-SCF 反射式干涉结构,分别对应变和温度进行测量。

在实验过程中,为了更好更清晰地解释光在光纤中传播分布状况和原理,使用数值模拟的方法对所制作的结构用 Rsoft 的 BeamPROP 仿真模块进行模拟仿真。

所建立的模型中,单模光纤长度为 0.1 cm,三芯光纤长度为 3 cm。如图 3.13(a)所示为 SMF 与三芯光纤接口附近横截面光功率分布图,可知光功率首先从 SMF 传输到三芯光纤包层,并激发包层模式。如图 3.13(b)所示为光传输到离单模光纤与三芯光纤接口处 0.012 5 cm 处时横截面光功率分布图,可知光功率在此长度左右从包层渐渐进入三芯光纤的 3 个纤芯,并激发纤芯模式。如图 3.13(c)所示为光传输到三芯光纤端面时光功率分布图,可观察到包层中光功率较强,而 3 个纤芯中的光功率较弱。由图 3.13(d)模拟结果可知,光在三芯光纤传播过程中大部分能量都在包层中传输。由此可知,干涉现象主要是由三芯光线中纤芯中较微弱的光与大量激发在包层中的光形成,可对部分实验现象进行说明。

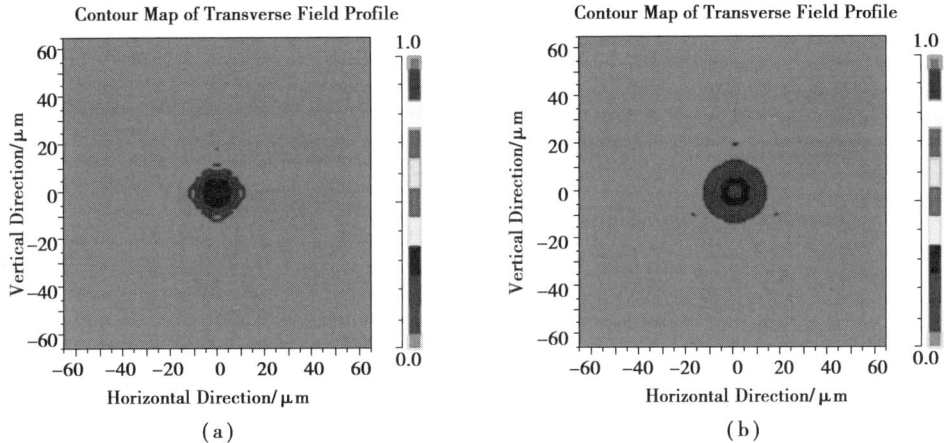

(a)　　　　　　　　　　　　　　(b)

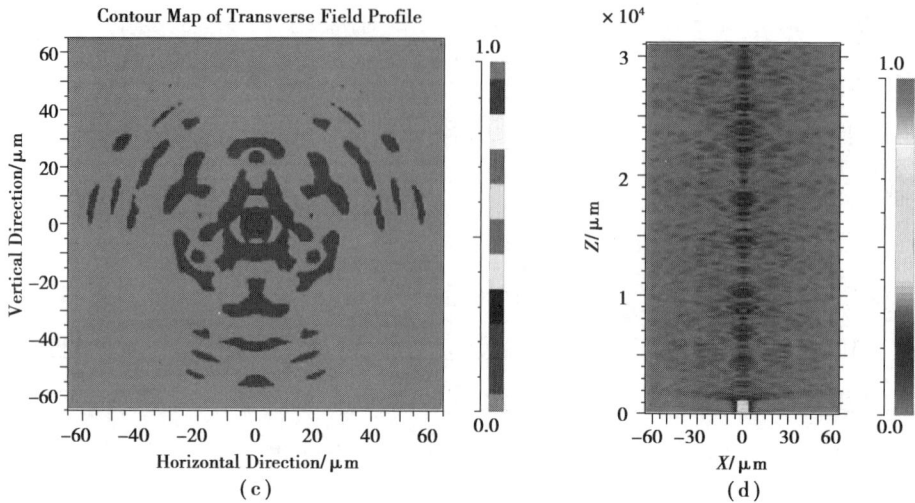

图 3.13　仿真光纤截面、端面以及沿光纤方面功率分布图

（a）单模光纤与三芯光纤接口附近 Z 方向横截面光功率分布；（b）三芯光纤 0.012 5 cm 处 Z 方向横截面光功率分布；（c）传感器末端 Z 方向横截面光功率分布；（d）传感器 X、Z 截面光功率分布

2）传感器的设计与制备

采用型号为 G652 的单模光纤和三芯光纤。如图 3.14 所示，将单模光纤与三芯光纤去除涂覆层，切平光纤。在三芯光纤外端面通过银镜反应涂覆一层银膜，最后将三芯光纤另一端与单模光纤用熔接机的熔接程序直接进行熔接。

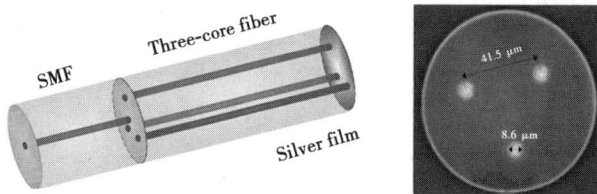

图 3.14　传感结构和三芯光纤端面纤芯分布示意图

该实验所搭建的液位测量装置图如图 3.15 所示。为了方便观测液位变化，光纤镀银末端与刻度尺零刻度平行，该刻度视为液位零刻度。宽带光源发出的光通过环形器，由单模跳线传输到三芯光纤，在三芯光纤中被激发为包层模式和纤芯模式，再经三芯光纤端面反射后在熔接处耦合进单模光纤。包层模

式与纤芯模式存在光程差,从而形成干涉现象,最后环形器输出耦合到光谱仪。

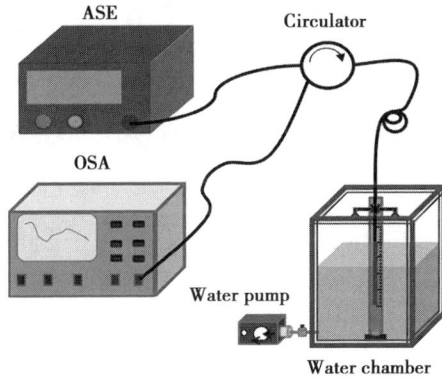

图 3.15　液位传感装置示意图

3)液位与温度实验

　　将传感器所检测到的液位深度变化转化为相对于传感区域长度的百分比,更加直观比较不同传感器长度对液位的灵敏度差异。如图 3.16 所示,根据所拟合的数据可知,传感器的长度虽然发生变化,但是液位测量最终的波长漂移始终在 10 ~ 12 nm 范围内,波长漂移的变化表现出相近的趋势并且仍然保持良好的线性度,线性度都达到了 0.99 以上。由此可知,三芯光纤的长度会影响传感器对液位的灵敏度,长度的增加会使传感器的灵敏度变低。因此,可根据测量环境的差异而选择合适的传感长度对液位进行监测。

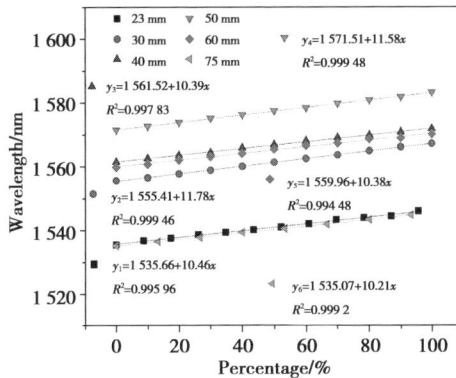

图 3.16　不同三芯光纤长度测量液位深度变化相对于传感区域长度百分比与波长漂移的关系

由于三芯光纤长度为 3 cm 时干涉光谱干涉峰较明显且容易观察,因此选用三芯光纤长度为 3 cm 时进行结构性能的详细探究。为了过滤干扰并更清晰地分析传感器的干涉模式,通过快速傅里叶变换进行模式分析。

重复之前的操作步骤并进行该传感长度的液位传感性能测量。液位测量光谱及线性度如图 3.17 所示,液位高度每增加 3 mm 时对光谱数据进行记录。表现出 392.83 pm/mm 的较高灵敏度,并且达到 0.999 46 的优异线性度。在实验过程中,反复进行多次的液位测量,发现该结构对液位变化的测量具有良好的重复性。

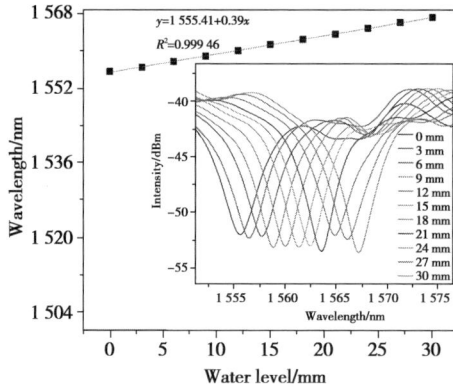

图 3.17　三芯光纤 3 cm 时波谷随液位变化示意图

探究不同折射率的液体对传感器测量液位性能的影响。分别使用 0%、5%、10% 和 15% 一共 4 种不同浓度的 NaCl 溶液来进行液位测试。如图 3.18 (a)和(b)所示,传感器的液位灵敏度对折射率的响应为 4 410.743 51 pm/mm/RIU,线性度为 0.983 98。表明可根据该传感器测量不同液体时的灵敏度来判断该液体的折射率,由此扩大了传感器的应用范围。

探究不同温度对传感器性能的影响从 20 ℃ 至 90 ℃ 每 10 ℃ 记录一次光谱数据。如图 3.19 所示,随着温度的改变,监测波长几乎不发生变化,最大波长漂移为 0.300 1 nm。温度的变化对此干涉结构的影响不明显,很好地避免了外界温度对测量液位性能的影响。

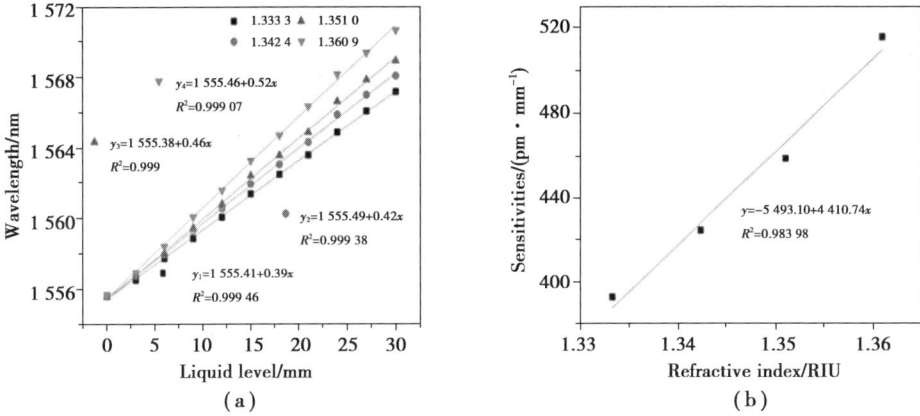

图 3.18　传感器不同折射率溶液中的液位灵敏度和线性度

（a）液位灵敏度；（b）线性度

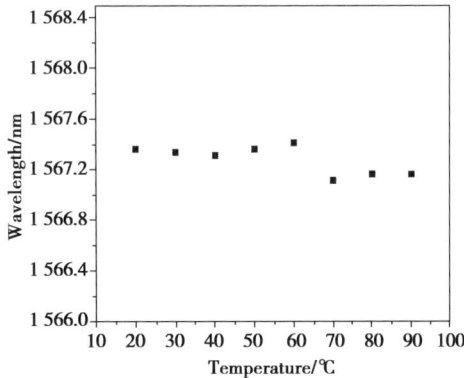

图 3.19　传感器的温度灵敏度

4）小结

综上所述,本小节提出了一种结构简单的基于迈克尔逊干涉结构光纤液位传感器。该传感器具有优异的灵敏度和线性响应。传感器测量液位时,液位变化导致三芯光纤周围折射率发生改变,影响三芯光纤包层模式,导致干涉波谷红移。改变三芯光纤的长度,就可以控制传感结构的传感范围和灵敏度。传感器在 3 cm 时的液位灵敏度为 392.83 pm/mm,线性度为 0.999 46。传感器液位灵敏度对折射率的响应为 4 410.743 51 pm/mm/RIU,并且液体折射率越大,传感器对液位变化的灵敏度越高。该结构的包层模式与纤芯模式是一种弱干涉,而温度的变化主要影响的是纤芯模式,传感器的温度灵敏度几乎可以忽略,该传感器可应用于复杂环境的液位测量,具有广阔的应用前景。

3.3.2 基于 SMF-NCF-FCF 光纤迈克尔逊探针结构的液体折射率传感器

光纤折射率传感器到目前为止获得了广泛的研究,但是不同结构的光纤传感器在应用的过程中存在诸如结构机械强度、交叉敏感、灵敏度等所需要的提升并解决的问题。基于以上问题,需要对光纤传感器的结构等各方面作出改进。通过将单模光纤与无芯光纤和四芯光纤依次熔接,并且在四芯光纤上涂覆银膜以提升反射强度,构建了一种基于单模光纤–无芯光纤–四芯光纤(SMF-NCF-FCF)迈克尔逊干涉结构的液体折射率传感器。

1)传感器的制作及原理

(1)光纤迈克尔逊探针结构的传感原理

该结构由单模光纤、无芯光纤和四芯光纤依次连接而成。无芯光纤与其他标准光纤不同,光纤本身充当纤芯,其各处折射率均相同。当光由 SMF 传输到 NCF 时,由于模场失配,一系列高阶模式 LP_{nm} 在无芯光纤中被激发。在 SMF 和 NCF 熔接处,NCF 的输入光场 $E(r,0)$ 可表示为:

$$E(r,0) = \sum_{m=1}^{N} b_m D_m(r) \tag{3.11}$$

式中,N 为在 NCF 中被激发的模态总数;$D_m(r)$ 为第 m 阶 LP_{nm} 模式;b_m 为第 m 阶激发模态的系数,可表示为:

$$b_m = \frac{\int_0^{+\infty} E(r,0) D_m(r) r \mathrm{d}r}{\int_0^{+\infty} D_m(r) D_m(r) r \mathrm{d}r} \tag{3.12}$$

光在 NCF 中传播到距离为 z 处的光场 $E(r,z)$ 可表示为:

$$E(r,z) = \sum_{m=1}^{N} b_m D_m(r) \exp(j\beta_m z) \tag{3.13}$$

式中,β_m 为第 m 阶激发模式的纵向传播系数。

当光从 NCF 传播到 FCF 时,在 NCF 中被激发的光被耦合进 FCF 的包层和各个纤芯中,形成核心模、边芯模和包层模,再经 FCF 外端面的银膜反射耦合进 NCF 并产生干涉。当传感器所处环境发生改变时,会引起传感器输出光谱的强度变化或者波长变化。

MI 的反射强度 I_{MI} 可表示为:

$$I_{MI} = I_{cc} + \sum_{j=1}^{3} I_{sc}^{j} + \sum_{i=1}^{M} I_{cl}^{i} + 2\sum_{i=1}^{M} \sqrt{I_{cc} I_{cl}^{i}} \cos(\varphi_i) + 2\sum_{j=1}^{3} \sum_{i=1}^{M} \sqrt{I_{sc}^{j} I_{cl}^{i}} \cos(\varphi_{i,j})$$

$$(3.14)$$

式中,I_{cc} 为 FCF 中核心模式的强度;I_{sc}^{j} 为第 i 个边芯中纤芯模式的强度;I_{cl}^{i} 为第 i 阶包层模式的强度。

中间纤芯的核心模式和包层模式之间的相位差 φ_i 为:

$$\varphi_i = \frac{4\pi(n_{cc} - n_{cl}^{i})L}{\lambda} \qquad (3.15)$$

式中,n_{cc} 为核心模的有效折射率;n_{cl}^{i} 为第 i 阶包层模的有效折射率;L 为 FCF 的长度;λ 为光波长。

为了说明光从 NCF 传播到 FCF 的具体情况,运用光束传播方法(BPM)对光场分布进行仿真模拟。如图 3.20 所示为光在传输过程中不同截面的光场分布,由 X-Z 轴截面光场分布可知,由 SMF 传播的光在 NCF 被激发,并且在 NCF 与 FCF 熔接处耦合进了 FCF 的包层和中心纤芯中。由图 3.21 可知,光在 NCF-FCF 连接处被耦合进了 3 个边缘纤芯。由此可以说明干涉条纹是 FCF 中包层模式与所有纤芯中的纤芯模式发生干涉产生的,仿真结果与理论说明相一致。

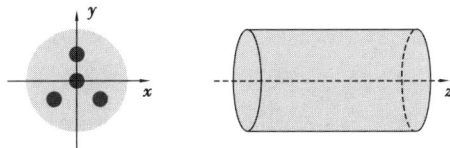

图 3.20　仿真建模坐标系示意图

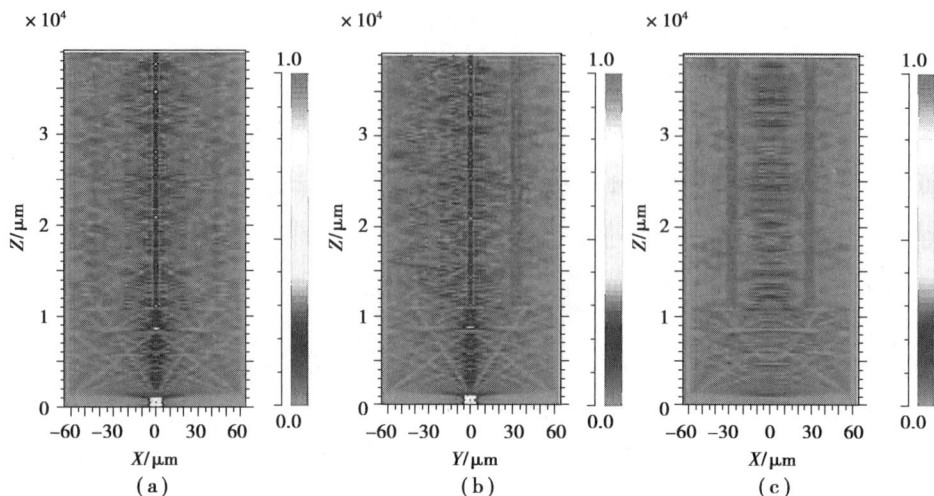

图 3.21 传感结构光场分布仿真示意图

(a)俯视分布;(b)侧视分布;(c)仰视分布

(2)传感器的设计与制备

传感器的示意图如图 3.22 所示。该传感结构由单模光纤(SMF),无芯光纤(NCF)和四芯光纤(FCF)组成。利用物理气相沉积(PVD)真空蒸镀技术在四芯光纤端面涂覆银膜,镀膜完成后,在银膜外涂覆一层 UV 胶,并在紫外灯的照射下使其凝固,以达到保护银膜的效果。实验装置如图 3.23 所示,所用的光源是 C+L 波段的宽带光源,输出波长为 1 520 ~ 1 620 nm。输出光谱由光谱分析仪监测,波长分辨率设置为 0.025 nm。

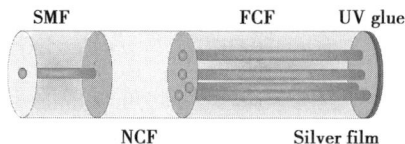

图 3.22 传感结构示意图

2)折射率实验

折射率是一个反应物质光学基本性质十分重要的物理参数,表示光在不同介质或介质的不同部分中光速比值的物理量。为了进行传感器的液体折射率性能探究,3 种溶质分别配制了不同浓度的溶液作为实验的折射率匹配液。几种常见液体的折射率与其浓度的关系见表3.1—表3.3。

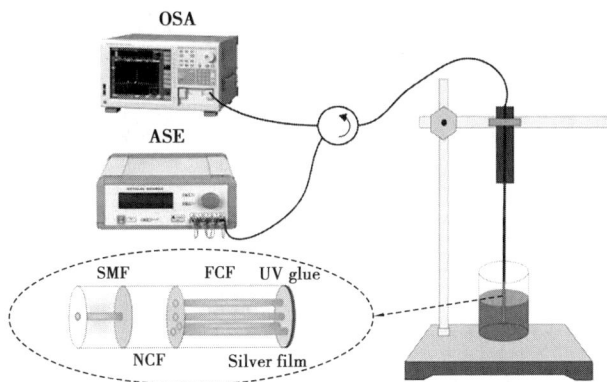

图 3.23　折射率测试装置示意图

表 3.1　氯化钠溶液折射率随浓度变化表

浓度/%	2.5	5	7.5	10	12.5	15	17.5	20
折射率 n	1.337 7	1.342 4	1.347 0	1.351 6	1.356 2	1.360 9	1.365 5	1.370 1

表 3.2　蔗糖溶液折射率随浓度变化表

浓度/%	5	10	15	20	25
折射率 n	1.337 2	1.346 4	1.355 6	1.364 8	1.374 0

表 3.3　甘油溶液折射率随浓度变化表

浓度/%	5	10	15	20	25
折射率 n	1.338 8	1.344 8	1.351 0	1.357 2	1.364 0

　　室温条件下,传感器在空气和去离子水中的光谱如图 3.24(a)所示,可知空气和水中的反射谱的干涉波谷位置相近,波谷强度发生改变,表明环境折射率的差异会使反射谱的干涉峰发生变化。如图 3.24(b)所示,观察传感器完全浸入在去离子水中1 h的光谱,可得到传感器具有较好的稳定性,排除了结构因

素对折射率测量结果的影响。

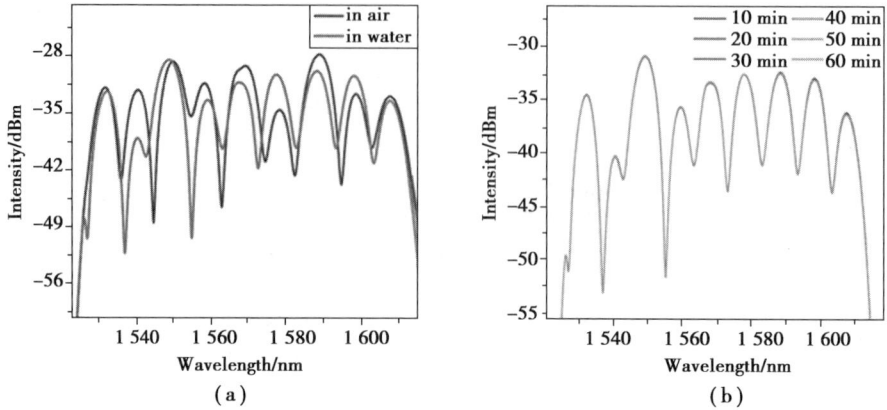

图 3.24　传感器探测光谱图

（a）空气与水中干涉光谱对比图；（b）传感器在水中稳定性

如图 3.25（a）所示，当传感探头完全浸入液体折射率从 1.333 3 变化到 1.370 1 时，反射光谱的多个干涉峰强度发生变化。选择波长为 1 572 nm 附近的干涉波谷为监测波谷，由图 3.25（b）可观察到随着溶液折射率变大，监测波谷的强度逐渐减弱。通过线性拟合得到该监测波谷在 NaCl 溶液中对折射率变化的灵敏度为 171.753 46 dB/RIU。

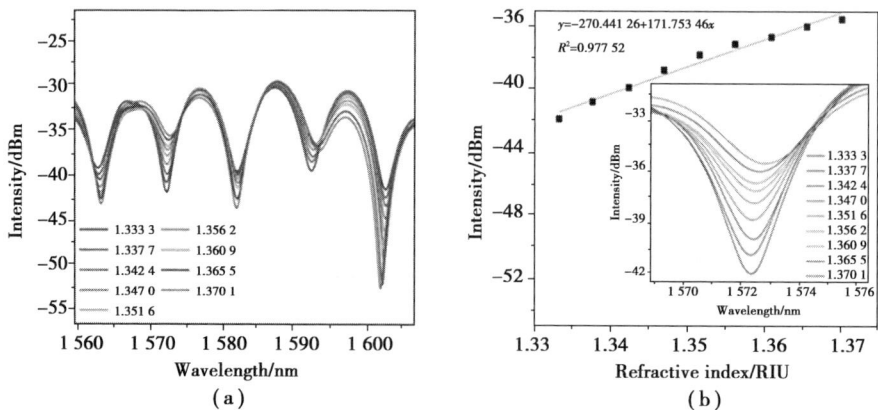

图 3.25　光谱图及线性度

（a）不同折射率的氯化钠溶液的光谱变化图；（b）监测波谷强度变化和线性度，插图为传感器对折射率敏感特性曲线

　　配制了浓度为5% ~25%的蔗糖和甘油溶液作为折射率液对传感器的折射率敏感特性进行检验。选择同一监测波谷进行观察,由图 3.26(a)和(b)可知,在由不同溶质配制的折射率液中监测波谷的强度都随折射率的增大而减弱,对液体折射率变化的灵敏度分别为 121.405 14 dB/RIU 和 207.498 78 dB/RIU 如图 3.26(c)所示,都表现出良好的线性度。

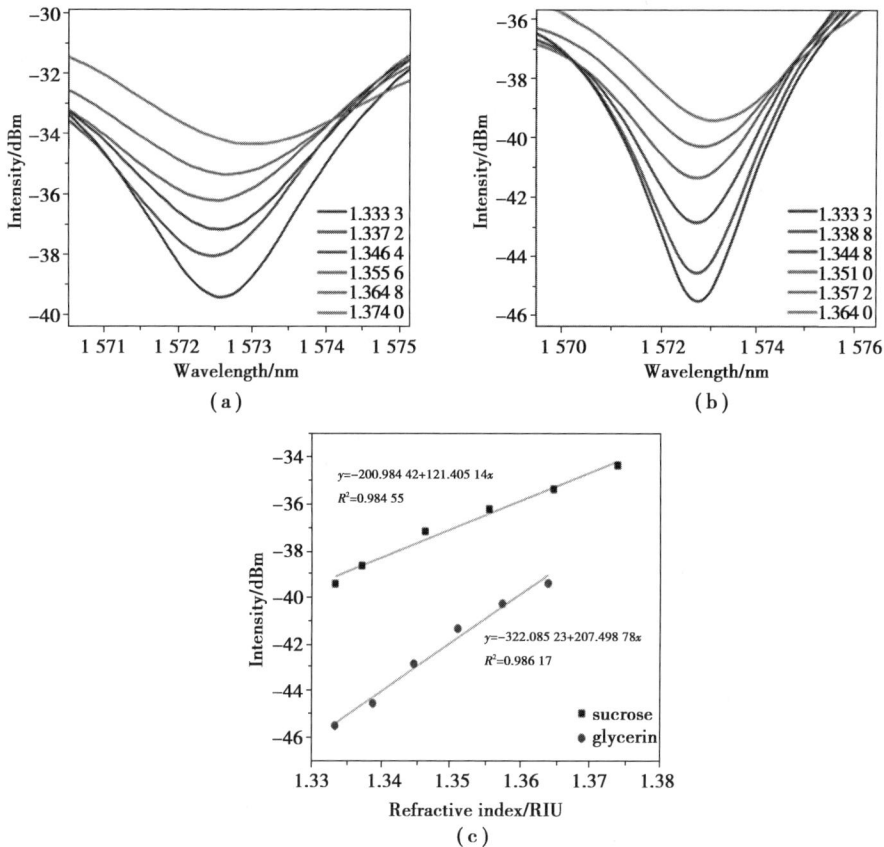

(a)

(b)

(c)

图 3.26　传感器折射率敏感特性曲线以及传感器对液体折射率变化灵敏度的线性拟合
(a)监测波谷在蔗糖溶液中变化图;(b)监测波谷在甘油溶液中变化图;(c)强度变化线性度

　　传感器在对液体折射率进行测量时需要考虑外界环境温度的影响。研究 30 ~100 ℃下传感器的温度响应。如图 3.27(a)所示,随着温度的上升,反射光谱在 1 572 nm 附近的监测波谷波长发生明显的红移。在干涉峰的强度调制的基础上,分析该监测波谷随温度的强度变化。如图 3.27(b)所示分别对温度的波长响应和强度响应进行拟合,可知波长随温度变化的响应为 0.05 nm/℃。随着温度升高,监测波谷强度变化逐渐平缓,该强度变化满足非线性关系,最大的强度灵敏度为 0.046 323 dB/℃,温度在强度的变化对液体折射率测量的影响可以忽略。

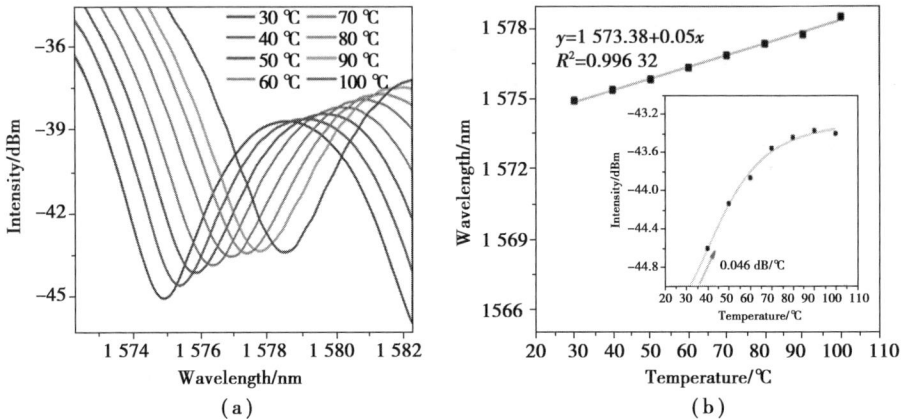

图 3.27　温度对传感器的影响

(a)温度漂移图;(b)波长和强度变化线性度

3)小结

本小节提出 SMF-NCF-FCF 迈克尔逊探针液体折射率传感器,通过溶液配制的折射率敏感特性测试,发现波谷强度随折射率增大而减小。在不同溶液中,其灵敏度分别为 171.753 46 dB/RIU、121.405 14 dB/RIU 和 207.498 78 dB/RIU,受色散影响。温度灵敏度 0.05 nm/℃,温度对测量影响可忽略。该传感器具有稳定性和线性响应,有望应用于液体折射率测量。

3.3.3　模式干涉型光纤折射率和液位传感器的普适性缺陷

迈克尔逊干涉光纤传感器结构,主要体现在透射谱监测与反射谱监测传感上,均属于模式干涉类型光纤传感器,通常采用纤芯失配或错位熔接的方法制作,以激发出光纤传感区域中的包层模,使其与外界待测物理量发生作用,随后将包层模耦合回到传输光纤的纤芯中与纤芯模形成干涉。本节在单模尾纤后熔接一段薄芯光纤制作了两个常见的模式干涉型光纤传感结构,探究了模式干涉型光纤传感器中有效折射率变化的原因,并由理论分析和实验证明了模式干涉型光纤传感结构在折射率和液位测量方面存在普适性缺陷,仅适用于对标定介质进行测量。

1)传感器的制作

为验证上述模式干涉型光纤折射率理论(3.2.1 节)分析,按如图 3.28 所示结构制作了两个模式干涉型光纤传感结构,分别记为传感器 1 和传感器 2,结构中薄芯光纤的长度分别为 32 mm 和 37 mm,单模尾纤包层裸露部分长度均为 10 mm。薄芯光纤中激发的部分包层模在单模光纤中传输,并引发部分泄漏模,实验中即使光纤光路微小的弯曲也会对测量光谱产生较大的影响,这是光纤传感器在应用中需要解决的一个难题。为获得更为可靠的测试数据,装置如图 3.28 所示。

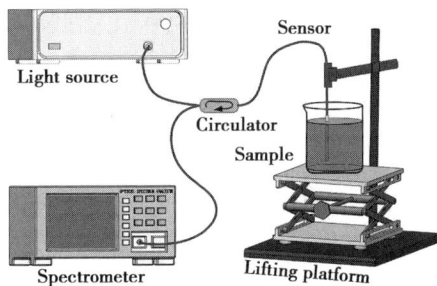

图 3.28　实验测试装置

2)传感原理验证实验

盛有去离子水的烧杯放置于升降平台上,缓慢上升升降平台,使得传感器结构逐渐浸没于去离子水中,获得两传感器在去离子水中不同液位(相对于薄芯光纤端面)的监测光谱,由光源光谱归一化后如图 3.29 所示。

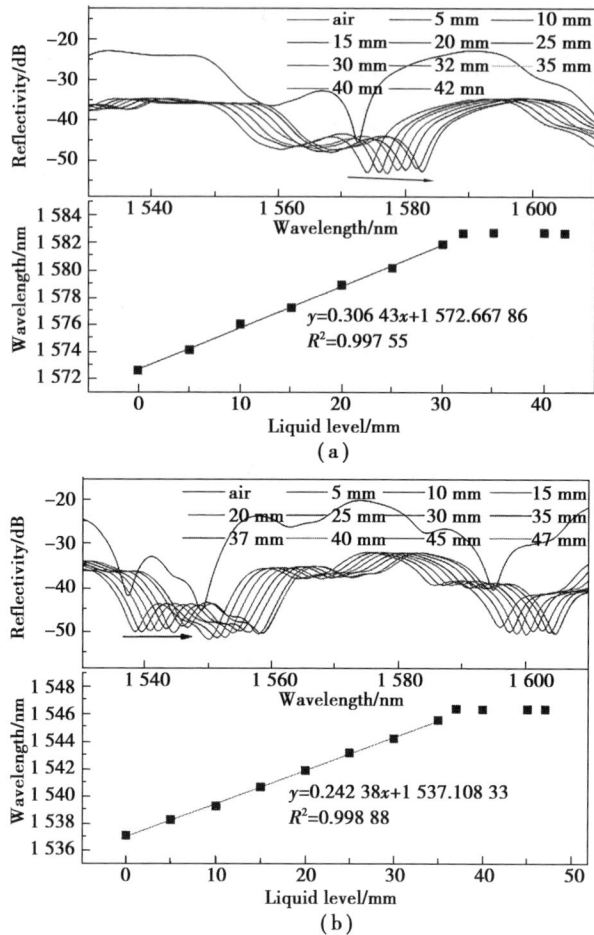

图 3.29　传感器 1(a) 和传感器 2(b) 在去离子水中不同液位的归一化光谱

　　根据菲涅尔反射原理,薄芯光纤端面在水中的反射率远低于空气中的反射率,传感器浸入去离子水后,监测光谱会出现强度跃变;当薄芯光纤完全浸没于去离子水后,液位的变化很难对传感光谱产生影响,这说明该模式干涉型光纤结构主要依靠薄芯光纤中的包层模起到传感作用。传感器在空气中的液位记为 0 mm,随着去离子水液位的增加,传感器 1 和传感器 2 的监测波谷均向长波方向移动,液位灵敏度分别为 0.306 43 nm/mm、0.242 38 nm/mm。

3）名义折射率与液位测量普适性缺陷证明

使用去离子水分别配制了质量分数为 5%～25% 的氯化钠溶液,和体积分数为 10%～100% 的乙醇溶液。使用阿贝折射率仪测量出此时该液体的名义折射率(@589.3 nm)。如图 3.30 所示为两传感器完全浸没于不同浓度氯化钠溶液中的传感光谱,虽然传感器处于相同液位,但是监测光谱表现出了明显差别,足以证明在不同折射率溶液中,传感光谱中特定波谷对液位变化具有不一致的响应特性。

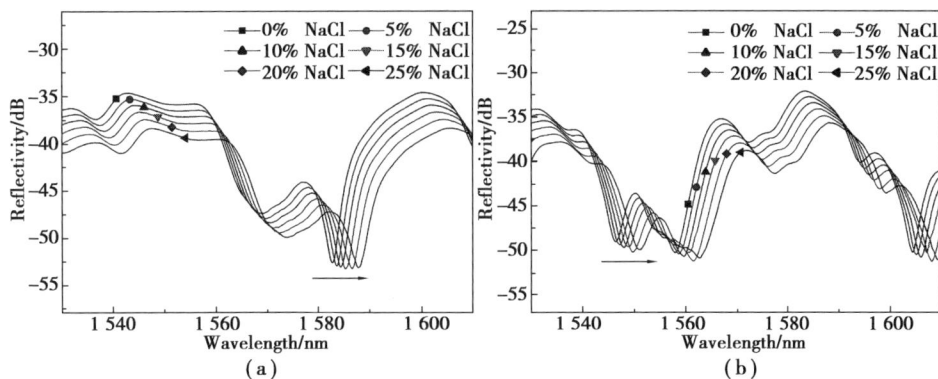

图 3.30　传感器 1(a)和传感器 2(b)完全浸没在不同浓度氯化钠溶液中的归一化光谱

两传感器分别浸没于不同浓度的氯化钠溶液和乙醇溶液中,特定波谷的波长值随溶液名义折射率的变化如图 3.31 所示。两传感器的监测波谷在氯化钠溶液中随名义折射率变化表现出了相同规律,波谷波长均随名义折射率而单调增加,但若由此就获得传感器的名义折射率测量规律似乎为时过早。因为传感器在乙醇溶液中具有与在氯化钠溶液中不同的波长随名义折射率变化曲线,这是由于乙醇溶液与氯化钠溶液具有不同的色散曲线。证明了该光纤传感结构仅能对标定溶液的液位或名义折射率进行测量,如果使用某种介质中的测量规律对其他介质的参数进行测量,可能会导致较大的误差,实验结果与理论分析可以很好相符。

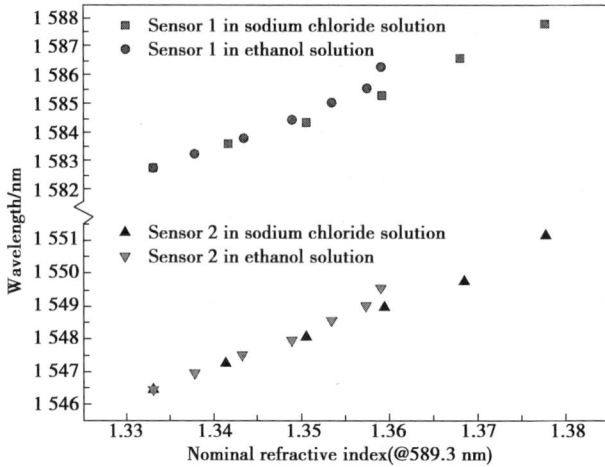

图 3.31　两传感器在不同浓度氯化钠和乙醇溶液中特定波谷波长随名义折射

率变化的散点图

4) 小结

本小节研究了马赫-曾德干涉和迈克尔逊干涉等光纤折射率传感器,认为它们可能存在与 F-P 传感器相似的普适性缺陷。通过制作两种多模干涉型光纤结构并进行原理分析,发现其反射光谱随液位变化而红移,且灵敏度与结构特性相关。实验证实了这些结构仅适用于特定介质测量,推测其他类似传感结构可能存在类似问题。然而,结合敏感材料后,对特定介质监测仍具潜在前景。

3.3.4　基于钛金属丝与石英毛细管的光纤法-珀温度传感器

温度实时监测是现代化进程中不可或缺的环节,在生物医学、环境监测、工业制造和农业生产等领域有着重要作用。与众多光纤传感器一样,光纤法珀(F-P)传感器体积小,便于测量,结构简单,可用于设计温度传感器,实现对水溶液中温度的测量。

1) 传感器的制作及原理

(1) 光纤 F-P 温度传感器结构

光纤传感探头的结构如图 3.32(a)所示。钛金属丝与单模光纤被固定在石英毛细管内,钛金属丝的端面与单模光纤的端面形成空气 F-P 腔,温度变化可以快速在细小的钛金属丝中获得稳定,钛金属丝的热膨胀将引起 F-P 腔的几何长度变化,腔内气体折射率因温度和压力的改变而发生变化,使传感光谱发生改变,且基于该结构传感器的灵敏度与金属丝的长度、热膨胀系数成正比例关系,使传感器灵敏度容易进行较大提升。

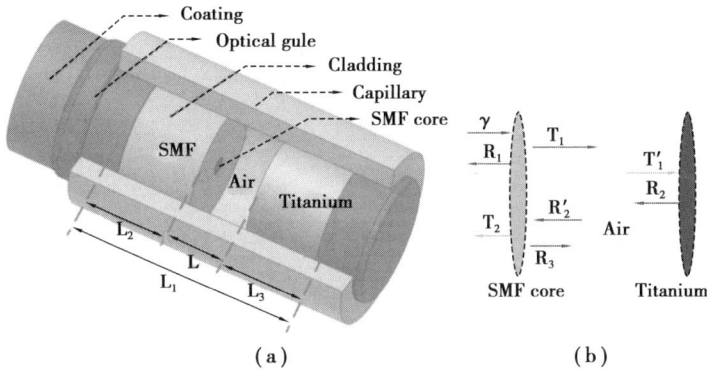

图 3.32　光纤传感探头结构与简化光路图

（2）光纤 F-P 温度传感器的原理分析

如图 3.32(b)所示为仅考虑垂直入射情况下的光束传播简图。由单模光纤入射的光束 γ 在 SMF-空气界面产生反射光 R_1 与透射光 T_1。R_1 经单模光纤返回入射端,T_1 在 F-P 腔空气介质中传播到金属表面衰减为 T_1',T_1' 在空气-钛金属界面形成镜面反射光 R_2,在介质中衰减后变为 R_2',R_2' 的一部分光穿过空气-SMF 界面产生透射光 T_2,另一部分光形成反射光 R_3。由于钛金属表面经处理后较低的反射率和 SMF-空气界面的高透射特性,以及空气介质中的衰减,忽略 R_3' 和更高阶光束对总反射光束的贡献,并在之后的实验中对这种忽略的合理性进行验证。

R_1、T_2 均由同一光束分解而来,检测光谱是两光束相干叠加的结果。它们对应的复振幅 E_1、E_2 可分别表示为:

$$E_1(\lambda) = \sqrt{r_1}\,E_i(\lambda) \tag{3.16}$$

$$E_2(\lambda) = (1-A)(1-\alpha)(1-r_1)\sqrt{r_2}\exp\left[i(4\pi\varphi/\lambda+\pi)\right]E_i(\lambda) \tag{3.17}$$

式中,$E_i(\lambda)$ 为波长 λ 入射光的复振幅;r_1、A 分别为 SMF-空气界面的反射系数与衰减系数;r_2 为钛金属表面的反射系数;φ 为 F-P 腔中往返一次所产生的相位差;α 为 F-P 腔的衰减系数。

考虑光束在空气-钛金属界面反射产生 π 的相位突变,因为光是由光疏介质入射到光密介质的表界面发生反射的。

可得光纤传感探头总反射光束相对入射光束的归一化图谱为:

$$R_{FP}(\lambda) = \left| [E_1(\lambda) + E_2(\lambda)]/E_i(\lambda) \right|^2$$

$$= r_1 + (1-A)^2(1-\alpha)^2(1-r_1)^2 r_2 + 2(1-A)(1-\alpha)(1-r_1)\sqrt{r_1 r_2}\cos(\varphi + \pi)$$

$$(3.18)$$

在归一化图谱中的波谷 λ_k 和它的级次 k 满足下式条件:

$$\varphi = 4\pi n(T)L(T)/\lambda = 2m\pi \ (m=0,1,2,3,\cdots) \qquad (3.19)$$

$$n(T) = n_0[1 + \eta(T-T_0)] \qquad (3.20)$$

$$L(T) = L_{10}[1 + \xi_1(T-T_0)] - L_{20}[1 + \xi_2(T-T_0)] - L_{30}[1 + \xi_3(T-T_0)] \quad (3.21)$$

式中,$L(T)$、$n(T)$ 分别表示温度为 T 时,F-P 腔的几何长度与空气介质折射率;η 为 F-P 腔内空气折射率随温度的变化系数,与空气介质的热光系数和体积、压强变化有关;n_0 为腔内空气介质在 T_0 温度下的折射率;L_{10}、L_{20}、L_{30},ξ_1、ξ_2、ξ_3 分别表示石英毛细管、SMF、钛金属丝在 T_0 下的有效长度和线膨胀系数,将它们都视为常数。

石英毛细管与光纤材质相似,它们的热膨胀系数远小于钛金属的热膨胀系数。传感探头的反射光谱主要受钛金属的热膨胀和空气折射率变化的影响。

(3)传感器的制作

光纤 F-P 温度传感器结构如图 3.32 所示。钛金属丝的一个端面经光纤研磨纸抛磨处理,使其满足自由光谱区与波谷可见度要求,并使用光学胶固定在石英毛细管中。随后使用紫外灯照射,放入高温环境中继续固化,借助该过程使残余应力释放;随后将端面平整、包层裸露的标准单模光纤插入毛细管中,SMF 在毛细管内,涂覆层与毛细管之间的狭缝被光学胶填充、包覆,有助于提高结构的鲁棒性。

获得较为满意的反射光谱(图3.33)。监测光谱波谷深度约为22 dB,自由光谱区宽度约为12.3 nm,重复光学胶固化过程。最后将制作完成的光纤传感探头浸入水中,经7次1~80 ℃的升温降温循环过程,再次释放内部残余应力。

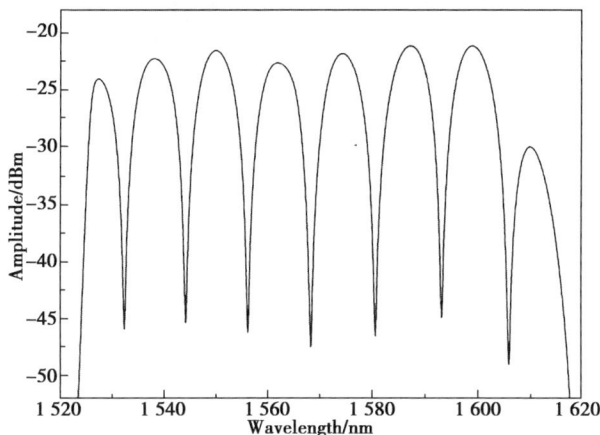

图3.33　室温下的传感器完成后的反射光谱

(4)温度测试实验装置

系统测试结构如图3.34所示,宽谱光源发出的光束经光纤环形器传输到制作的光学F-P温度传感器,光谱分析仪与光纤环形器的返回端口相连接,对传感器的光谱进行监测。光纤温度探头浸没在置于加热磁力搅拌器上水浴加热的试管中,并持续搅拌试管内外的液体,使得试管中的去离子水受热均匀且整体温度差异较小,在烧杯中滴加冰水实现对传感器的均匀降温过程。实验中试管内外液体的温度差异不超过2 ℃,升温、降温过程缓慢进行,使用热电偶温度计对传感探头所在的环境温度进行测量。

2)测试数据分析

(1)腔内高阶反射光束研究

为验证传感器理论分析中忽略反射光束 R_3 以及更高阶反射光束的合理性,在传感器制作时,测得了单模光纤平整端面(SMF-空气界面)的反射光功率

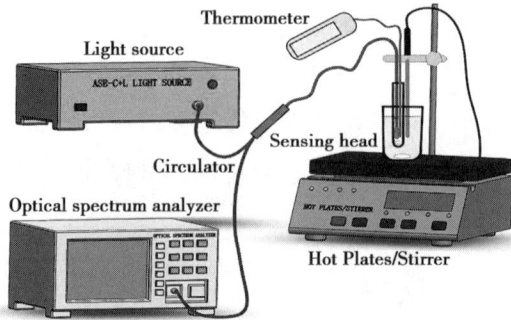

图 3.34　温度传感测量的实验装置图

谱,并与光纤传感探头在室温下的反射光功率谱进行对比,如图 3.35 所示。由双光束干涉光强计算公式为:

$$I_{Max} = I_1 + I_2 + 2\sqrt{I_1 I_2} \tag{3.22}$$

式中,I_{Max} 为干涉相长时光强的极大值;I_1、I_2 分别为两束相干光的光强值。

可以发现图 3.35 传感器探头反射光功率谱的极大值约为该波长处 SMF-空气界面反射光功率的 3.4 倍,由此估计 T_2 与 R_1 具有相当的光功率。因 SMF-空气界面具有高透射率的特性,R_3 的光功率已十分微弱,考虑光束在 F-P 腔中的传输损耗,故不计 R_3 及更高阶的光束对总反射光的贡献,仅考虑 R_1 与 T_2 的双光束干涉是合理的。

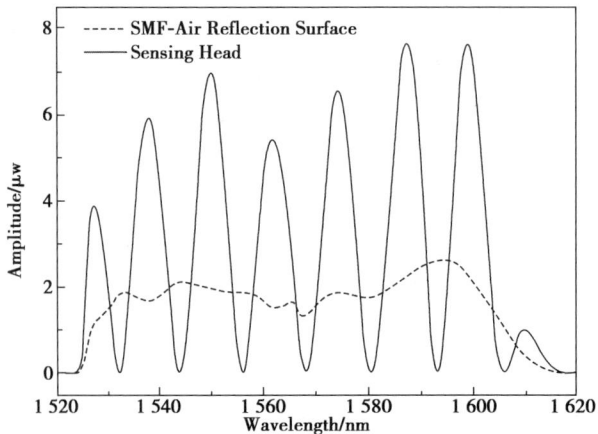

图 3.35　SMF-空气界面和光纤传感探头在室温下的反射光功率谱

（2）传感器温度传感性能

实验中测量了 1～50 ℃共 3 次升温、降温过程中的反射光功率谱，取升温开始与降温结束时传感器的入射光功率谱平均作为入射光功率谱，第一次升温过程中的部分温度对应的归一化光谱如图 3.36 所示。

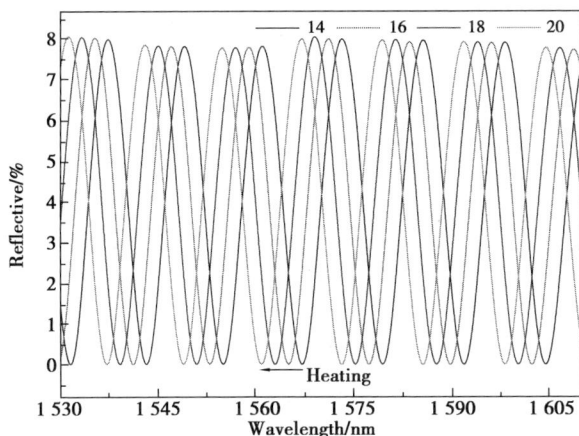

图 3.36　第一次升温过程中的部分归一化光谱

监测光谱随温度增加出现了明显的蓝移，传感器表现出较高的温度监测灵敏度。如图 3.37 所示作了 3 次升温降温过程中各个级次波谷随温度变化的散点图，以反映出整个温度测试范围光纤温度传感器在升温、降温过程的归一化光谱变化情况。

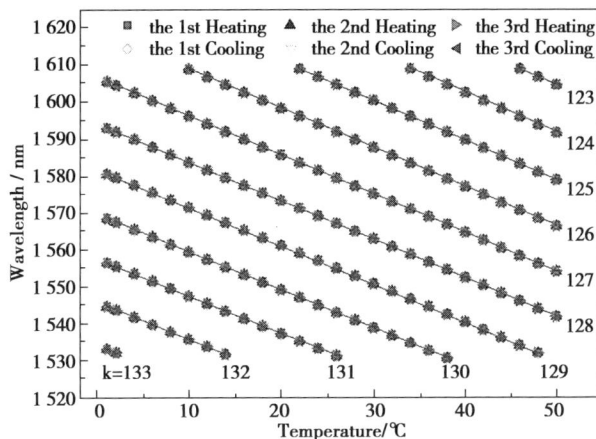

图 3.37　各个级次波谷随温度变化的散点图

由图 3.37 可知,该光纤温度传感器在 1 ~ 50 ℃升温与降温过程中,同一温度采样点测量的 6 次数据都能够很好地重合,表现出了传感器良好的稳定性与一致性。

如图 3.38(a)所示,同波谷随温度的漂移变化一样表现出良好的线性关系,线性拟合结果见表 3.4,F-P 光学腔长随温度变化的灵敏度约为 66.703 nm/℃,与波谷随温度漂移的灵敏度符合 k/2 的倍数关系。若是监测单个波谷在 1 530 ~ 1 555 nm 的漂移是难以实现对 1 ~ 50 ℃温度变化监测的,由此可明显体现出通过光学腔长(或光程差)进行传感解调的优点。但观察 3 次升温与降温测试,F-P 光学腔长与温度进行线性拟合的常规残差数据,如图 3.38(b)所示,呈现出中间温度残差较大,两端温度残差较小的情况,所以光学腔长随温度的变化应符合二项式关系。随后对 F-P 光学腔长随温度的变化进行二项式拟合,图 3.38(a)与表 3.5 分别给出了常规残差分布图与二项式拟合结果,可看出二项式拟合的常规残差数据更小。

两次升温和降温测试数据的拟合参数值取平均值得到二项式经验公式为:

$$\tau = 102\ 004.657\ 8 - 65.728\ 3T - 0.019\ 5T^2 \tag{3.23}$$

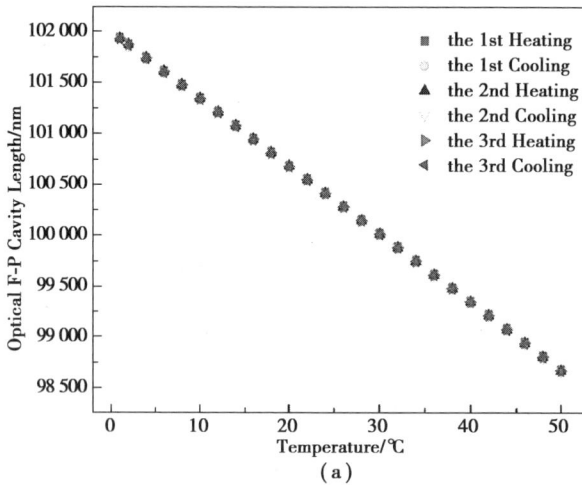

(a)

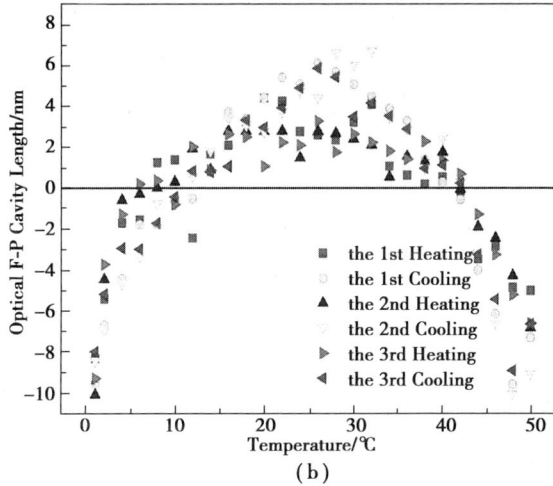

（b）

图3.38　光学腔长解调与温度的关系

（a）随温度变化散点图；（b）线性拟合常规残差散点图

第三次升温降温过程中F-P光学腔长测量值与二项式经验公式计算值的差如图3.39（b）所示，F-P光学腔长值的最大绝对偏差为6.38 nm，测温精确度可达0.1 ℃，表现出该传感器在温度测量中优异的一致性与稳定性。

表3.4　光学腔长随温度变化的线性拟合结果

Equation:$\tau = a + bT$	the 1st Heating	the 1st Cooling	the 2nd Heating	the 2nd Cooling	the 3rd Heating	the 3rd Cooling
Residual sum of squares	285.42	603.37	266.38	629.09	252.17	451.42
Adjust R-square	0.999 99	0.999 98	0.999 99	0.999 97	0.999 99	0.999 98
Value of a	102 014.2	102 011.4	102 016.1	102 008.9	102 012.5	102 007.1
Standard error	1.320 1	1.919 4	1.275 3	1.959 8	1.240 8	1.660 2
Value of b	−66.731 9	−66.653 9	−66.808 9	−66.647 1	−66.742 8	−66.634 1
Standard error	0.045 3	0.065 8	0.043 7	0.067 2	0.042 6	0.056 9

表3.5 光学腔长随温度变化的二项式拟合结果

Equation：$\tau=A+B_1T+B_2T^2$	the 1st Heating	the 1st Cooling	the 2nd Heating	the 2nd Cooling	the 3rd Heating	the 3rd Cooling
Residual Sum of Squares	43.56	26.28	49.35	40.32	46.50	29.88
Adjust R-Square	0.999 999	0.999 999	0.999 999	0.999 999	0.999 999	0.999 999
Value of A	102 007.90	102 001.59	102 010.08	101 999.06	102 006.71	101 998.79
Standard Error	0.77	0.60	0.82	0.74	0.79	0.64
Value of B_1	−65.954 4	−65.452 8	−66.072 3	−65.433 9	−66.025 7	−65.607 6
Standard Error	0.071 1	0.055 3	0.075 7	0.068 5	0.073 5	0.058 9
Value of B_2	−0.015	−0.024	−0.015	−0.024	−0.014	−0.020
Standard Error	0.001 4	0.001 1	0.001 5	0.001 3	0.001 4	0.001 1

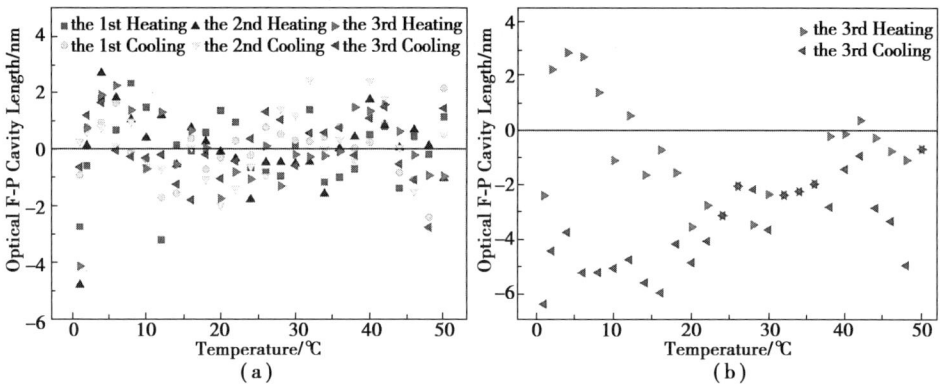

图3.39 光学腔长解调与温度的关系

（a）二项式拟合常规残差散点图;（b）测量值与二项式经验公式计算值的差值

3)小结

本小节基于 F-P 干涉原理,在石英毛细管中插入钛金属丝与标准单模光纤,设计并制作了一个光纤 F-P 温度传感器,其灵敏度能够获得较大提升,理论上同金属丝的长度与热膨胀系数成正比,另外它的光功率谱中自由光谱区宽度与波谷可见度能够很容易地控制。由实验测试结果证明了理论分析中忽略高阶反射光束的合理性,传感器在温度测试中表现出很好的一致性与稳定性。对比 3 次升温、降温过程中,F-P 光学腔长随温度变化的线性拟合与二项式拟合结果,它们的拟合度均在 0.999 9 以上,但由常规残差数据确定应更加符合二项式关系。该 F-P 温度传感器制作简便,成本低廉,且在测试温度范围表现出了优良的传感性能,测温精确度可达 0.1 ℃,具有进行实际应用的潜力。

3.3.5 基于锥形无芯光纤与布拉格光栅级联的折射率与温度传感器

复合光纤传感结构制作成本较低,工艺简单,能够应用在要求抗磁场和抗干扰的工作场合。基于锥形无芯光纤与 FBG 级联的折射率和温度的光纤传感器,输入光纤、输出光纤与无芯光纤在熔接处形成两个粗锥,作为传感结构的分束器和耦合器。为了加强多模干涉效果,在两段无芯光纤熔接处进行细锥熔接。该传感器灵敏度较高,能消除温度的交叉敏感,同时具有测量温度和折射率等多参数的能力,达到满足多种应用的需要。

1)传感器的制作及原理

(1)传感器的结构与制作

该传感器的传感结构由 3 个部分组成,分别为标准单模光纤、两段长度为 15 mm 的无芯光纤和一段光纤光栅。两端为标准单模光纤(SMF),分别作为输入光纤和输出光纤。在无芯光纤中间拉制不同锥腰直径长度的锥形并进行实验优化,不同锥腰直径的显微镜图如图 3.40 所示。

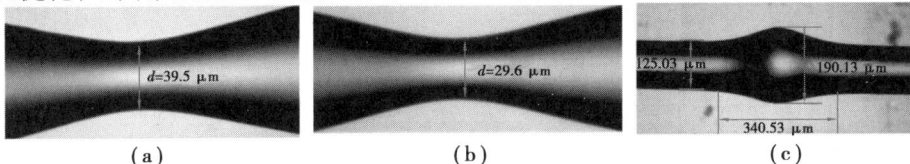

图 3.40 不同锥腰直径的显微镜图

(a)无芯光纤锥腰 $d_1 = 39.5$ μm 显微图;(b)无芯光纤锥腰 $d_2 = 29.6$ μm 显微图;

(c)粗锥显微镜图

（2）工作原理

当宽带光源入射时，将输入单模光纤的纤芯模式传播到光纤光栅（FBG），光纤光栅会根据自身带通滤波性，进行相应波长的选取，满足布拉格波长的光被反射，而透射过的光信号继续传播于单模光纤的纤芯模式，单模光纤与无芯光纤熔接处形成第一个粗锥，作为传感器的分束器。当光信号到达两段无芯光纤之间的锥形区域，激励起无芯光纤包层中多个高阶传输模式的光信号，各阶模式光信号在另外一段无芯光纤中产生相互干涉并继续传输，最终在无芯光纤与单模光纤粗锥熔接处进行耦合，耦合到输出的单模光纤中。

进行了几次优化实验，当锥腰直径长度 $d=29.6~\mu m$ 时，其折射率和温度灵敏度达到最佳效果。如图 3.41（a）所示为不同锥腰直径的传感透射光谱图，为更清晰地分析传感器干涉模式，通过快速傅里叶变换，得到如图 3.41（b）所示锥腰直径长度 $d=29.6~\mu m$ 的空间频谱图。通过空间频谱可以看见一个频率为 $0.014~97~nm^{-1}$ 的主干涉峰，该干涉峰是主导包层模式干涉引起的。其他弱包层模受到激发，导致一些较小的空间频率峰值产生。但强度较弱，对主干涉图的影响较小，导致干涉谱图不均匀，有多种模式参与干涉。

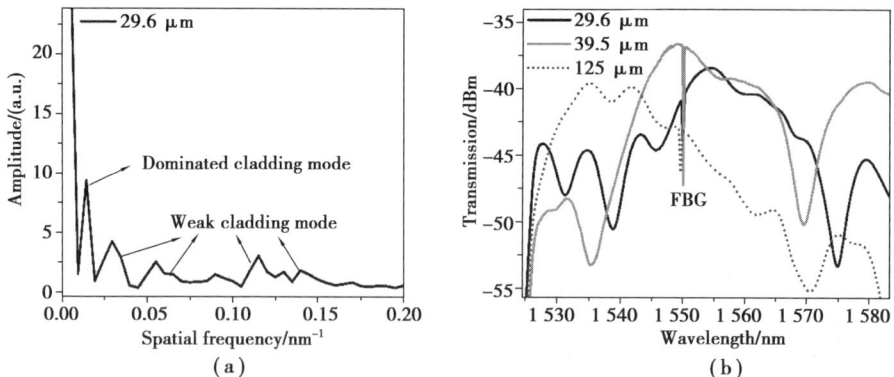

图 3.41　时域、空域对传感器光谱分析

（a）传感光谱图；（b）傅里叶变换

2）液体折射率传感测试

探究不同的锥腰直径对折射率测量，进而选取最佳的折射率测量效果。传感性能测试的实验装置如图3.42所示，传感装置图有两个支路，光开关决定折射率测试的支路一和温度测试的支路二，对传感性能的折射率测试实验，首先需要将室温控制在28 ℃的恒温环境进行折射率测试，将传感头平行放置在实验平台上，并保证待测光纤一直处于直线放置状态，消除弯曲损耗。

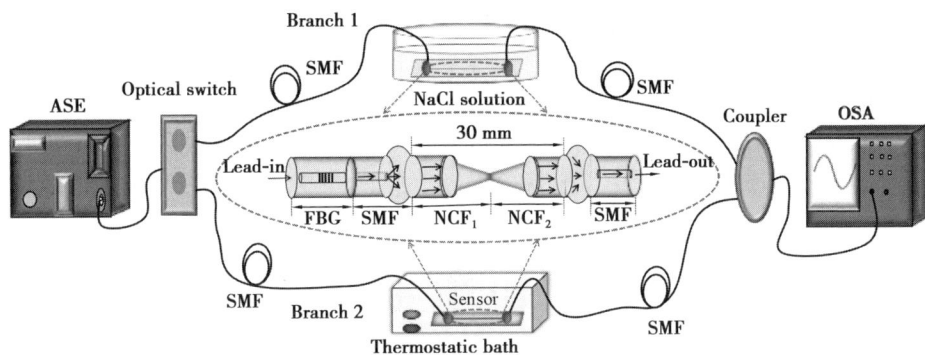

图3.42　传感性能测试实验装置图

测定相同折射率在1.333 3～1.373 7内，不同锥腰直径长度的干涉光谱以及折射率导致波长漂移量的线性拟合如图3.43所示。由图3.43可知，随着折射率的增大，不同锥腰直径长度的传感器的输出光谱均有明显的红移现象。MZI特征峰的折射率灵敏度分别为85.104 6 nm/RIU、98.133 7 nm/RIU、201.715 7 nm/RIU，线性度分别为0.988 0、0.974 4、0.982 3，而FBG中心波长的最大折射率灵敏度为80.6 pm/RIU。实验得出光纤锥腰直径长度越小，折射率灵敏度越高，这是因为拉锥提高了无芯光纤之间的耦合效率，锥腰直径长度越小，耦合效率越高，折射率灵敏度也越高。

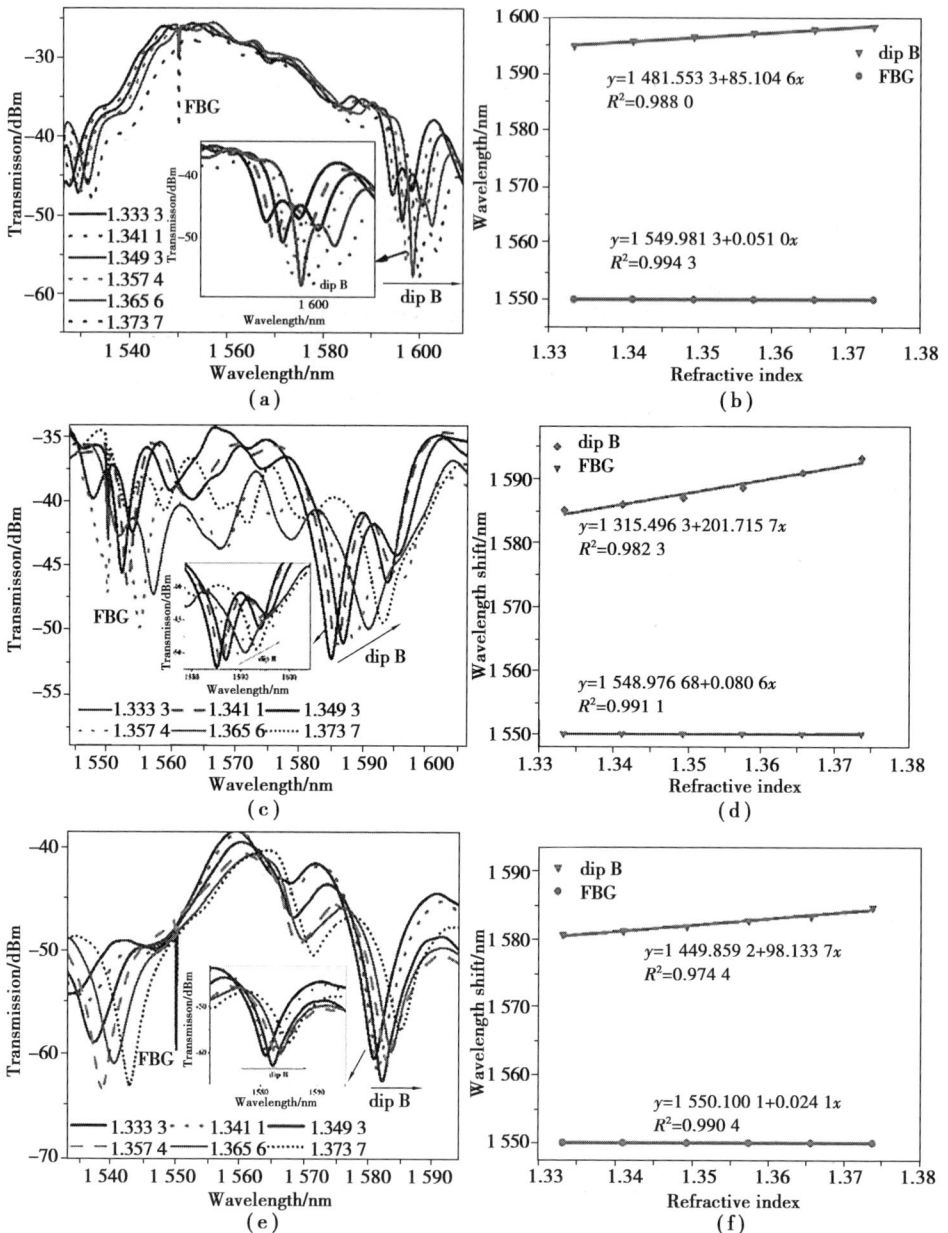

图 3.43　3 组锥腰直径对比

（a）锥腰直径长 125 μm 折射率光谱和（b）线性拟合图；（c）锥腰直径长 39.5 μm 折射率光谱和（d）线性拟合图；（e）锥腰直径长 29.6 μm 折射率光谱和（f）线性拟合图

3）温度传感测试

将不同锥腰直径长度传感器样品进行水浴加热，温度升高时不同锥腰直径长度传感器的演变现象如图 3.44 所示。随着温度的升高，MZI 的衰减峰和 FBG 的中波长均发生了红移，与理论相一致。当锥腰直径长度为 125 μm 时，MZI 衰减峰的温度灵敏度为 11.2 pm/℃，FBG 中心波长的温度灵敏度为 12.2 pm/℃，线性拟合度各自为 0.982 7 和 0.994 6；当锥腰直径长度为 39.5 μm 时，MZI 衰减峰的温度灵敏度为 79.7 pm/℃，FBG 中心波长的温度灵敏度为 10.3 pm/℃，线性拟合度各自为 0.979 2 和 0.999 5；锥腰直径长度为 29.6 μm 时，MZI 衰减峰的温度灵敏度为 87.4 pm/℃，FBG 中心波长的温度灵敏度为 13.5 pm/℃，线性拟合度为 0.991 1 和 0.983 2。这表明了锥腰直径长度越小，温度灵敏度越高。锥腰直径长为 29.6 μm 的锥形光纤相比其他锥腰直径的光纤结构具有更大的发散角，发散角越大的光纤结构对光信号的接收能力更强，即输出端将能集合更多的光场能量。同时，该传感器的锥形区域采用的是 tip-tip 结构，在接收的光纤锥角存在前提下，所接收的高阶模式将在过渡区进行来回传播，并根据锥腰直径增大的方向，耦合到最低阶的纤芯模式，当包层模式中的光信号耦合回到单模光纤的纤芯中传输时，可有效地减少光信号的传输损耗。

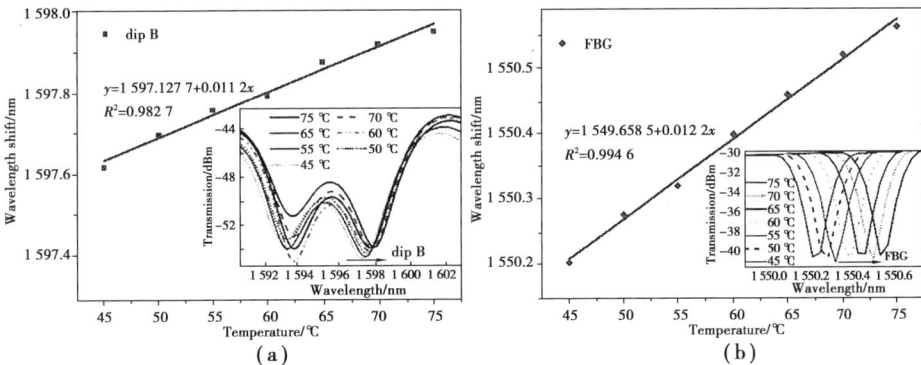

$$y = 1\,597.127\,7 + 0.011\,2x$$
$$R^2 = 0.982\,7$$

$$y = 1\,549.658\,5 + 0.012\,2x$$
$$R^2 = 0.994\,6$$

（a）　　　　　　　　　　　（b）

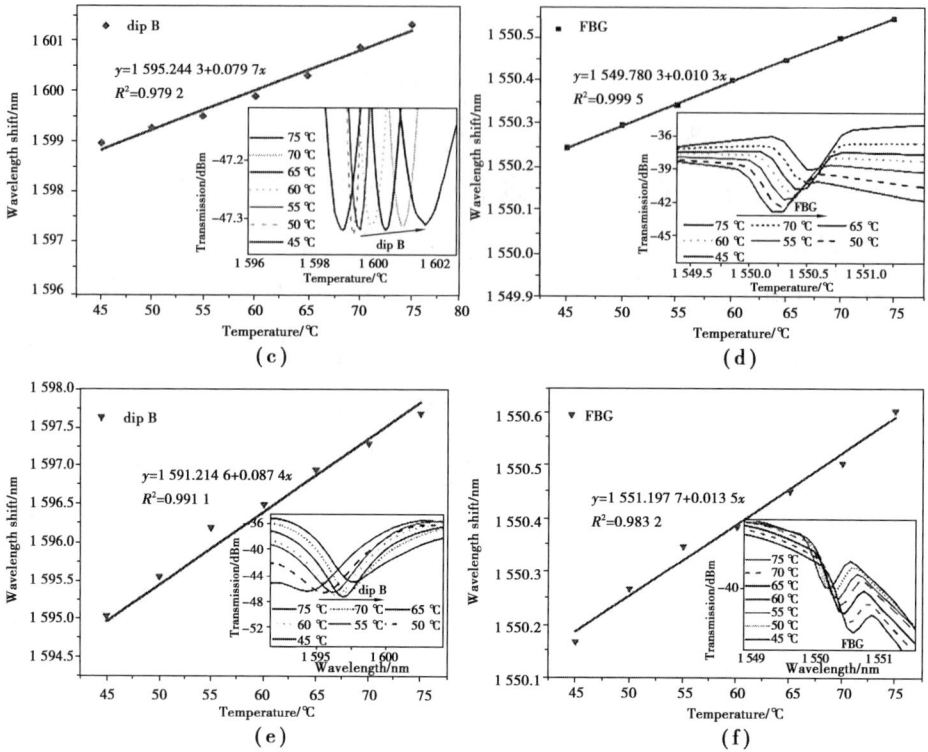

图 3.44　温度升高时不同锥腰直径长度传感器的演变现象

（a）锥腰直径长为 125 μm 中 dip B 响应光谱；（b）锥腰直径长为 125 μm 中 FBG 响应光谱；（c）锥腰直径长为 39.5 μm 中 dip B 响应光谱；（d）锥腰直径长为 39.5 μm 中 FBG 响应光谱；（e）锥腰直径长为 29.6 μm 中 dip B 响应光谱；（f）锥腰直径长为 29.6 μm 中 FBG响应光谱

　　将提出的光纤传感结构与其他光纤传感结构的折射率和温度传感器进行比较，见表 3.6。由表可知，提出的传感器的折射率灵敏度比表 3.4 中的多参数感测结构更高，并且温度灵敏度更低。这表明本书提到的传感器在一定程度上降低了温度对传感器的影响，同时提高了折射率灵敏度。此外，与表中的传感器结构相比，本书提出的光纤传感器选用的无芯光纤制造成本低，工艺简单。在表 3.7 中锥腰直径为 29.6 μm 时，与其他锥腰直径长度的光纤传感结构相比，灵敏度可以达到最大值 201.717 7 nm/RIU。

表3.6 不同锥腰直径光纤传感特性参数表

Structure	Refractive-index sensitivity/(nm · RIU^{-1})	Temperature sensitivity /(pm · ℃$^{-1}$)
SNS-SMS	113.66	9.2
Peanut-shape Mach-Zehnder	−67.953	73
Taper FBG	116.5±0.4	34.82±0.45 pm/℃
Thin-core and FBG	6.75	74.2
Tapered SMF	131.93	87.8
FBG-MMF-TCF-MMF-SMF	32.93	35.2
FBG-FCF-SMF	106.16	85.14
Tapered NCF cascade FBG	201.715 7	13.5

表3.7 不同光纤传感结构的性能比较

Structure	d–39.5 μm	d–29.6 μm	d–125 μm
RI range	1.333 3 ~ 1.373 7	1.333 3 ~ 1.373 7	1.333 3 ~ 1.373 7
Linear Fit correlative	97.44%	98.23%	98.80%
Coefficient sensitivity(nm/RIU)	98.133 7	201.717 7	85.104 6
FBG(pm/RIU)	0.024 1	0.080 6	0.051 0
Coefficient sensitivity(nm/RIU)	99.04%	99.11%	99.43%
Temperature range	45 ~ 75 ℃	45 ~ 75 ℃	45 ~ 75 ℃
Linear Fit correlative	97.92%	99.11%	98.27%
Coefficient sensitivity(nm/℃)	0.079 7	0.087 4	0.011 2
FBG(pm/℃)	0.079 7	0.087 4	0.011 2
Coefficient sensitivity(nm/RIU)	99.95%	98.32%	99.46%

4)传液体折射率和温度的双参数测量

研制拉锥的无芯光纤级联 FBG 对折射率和温度同时敏感,但是它们对温度和折射率敏感性差异较大。根据传感器中选取的特征峰在折射率和温度同时变化的情况下检测透射的光谱,可以得到相应的特征峰的波长偏移量。为了确定折射率的变化量 Δn 和应变的变化量 $\Delta \varepsilon$,可以通过矩阵方程组求出:

$$\begin{bmatrix} \Delta \lambda_{MZI} \\ \Delta \lambda_{FBG} \end{bmatrix} = \begin{bmatrix} K_{RIMZI} & K_{TMZI} \\ K_{RIFBG} & K_{TFBG} \end{bmatrix} \begin{bmatrix} \Delta n \\ \Delta T \end{bmatrix} \qquad (3.24)$$

式中,$\Delta \lambda_{MZI}$、$\Delta \lambda_{FBG}$ 分别为 MZI 的衰减特征峰和 FBG 的中心波长特征峰;K_{RIMZI}、K_{TMZI}、K_{RIFBG}、K_{TFBG} 为灵敏系数。

将灵敏度数据代入矩阵公式中,可得矩阵方程为:

$$\begin{bmatrix} \Delta \lambda_{MZI} \\ \Delta \lambda_{FBG} \end{bmatrix} = \begin{bmatrix} 201.715\,7 & 0.087\,4 \\ 0.080\,6 & 0.013\,5 \end{bmatrix} \begin{bmatrix} \Delta n \\ \Delta \varepsilon \end{bmatrix} \qquad (3.25)$$

实验中制备的基于拉锥无芯光纤级联光纤光栅结构的传感器实现了利用特征峰检测折射率和温度的同时测量。

5)小结

本小节提出 NCF 和 FBG 级联光纤传感器,利用 MZI 和 FBG 的不同响应特性实现同时测量折射率和温度。探究不同锥腰直径长度对温度和折射率响应特性,发现最佳长度为 29.6 μm,其 MZI 和 FBG 对折射率的灵敏度分别为 201.715 7 nm/RIU 和 80.6 pm/RIU,温度响应灵敏度分别为 87.4 pm/℃ 和 13.5 pm/℃。该传感器工艺简单、灵敏度高,适用于多参数测量系统。

3.3.6 镉离子检测:SnO_2、MoS_2、SnO_2/MoS_2、SnO_2-MoS_2 传感膜与光纤马赫-曾德尔干涉仪的比较研究

应用于各种恶劣环境中,在近几年光纤传感器成为重金属离子检测一大研究热点。光纤重金属离子传感器主要通过光源、光纤、解调仪这三大部分构成,从光源出发的光经光纤传输到达传感区,在传感区一般是使用特种光纤涂覆敏感膜构成,其中这段传感区的折射率会随着重金属的浓度发生改变,其光信号与特种光纤外面的敏感材料作用时,其输出的光信号强度、波长、相位会随着重

金属离子发生相应的变化,然后通过将带有信息的光信号送到解调仪中进行信号的解调,最终,可以通过对光纤输出的光信号的强度、波长、相位的变化来实现检测重金属离子浓度的目的。

1)传感器的制作及原理

(1)SnO_2 敏感膜、MoS_2 敏感膜、SnO_2/MoS_2 敏感膜的传感器制作

氧化锡(SnO_2)溶于异丙醇中,低温避光超声,取适量分散液滴加在 NCF 表面,取出煅烧,并重复浸涂,然后真空干燥。二硫化钼(MoS_2)敏感膜的制备方法与 SnO_2 敏感膜的制备方法一致。重复使用 SnO_2 敏感膜的制备方法制备 SnO_2/MoS_2 敏感膜。

(2)SnO_2-MoS_2 二层膜的传感器制作

MoS_2 溶于异丙醇中,避光低温超声。SnO_2 溶于异丙醇中,连续搅拌。首先将 SnO_2 分散液滴在无芯光纤表面,并煅烧,重复两次,然后将 MoS_2 分散液滴加到无芯光纤上,再次煅烧。

(3)NCF-PCF-NCF 结构干涉仪传感器的制作

NCF-PCF-NCF 结构的干涉仪传感器的部分由 3 cm 的无芯光纤熔接长 1 cm 的光子晶体光纤,然后熔接一段 3 cm 的无芯光纤构成的多模干涉结构,传感部分两端和标准单模光纤熔接在一起,从而构成马赫-曾德干涉仪。制作主要通过全自动光纤熔接机将干燥好的两端无芯光纤和光子晶体光纤熔接在一起,然后将单模跳线与无芯光纤熔接在一起,就构成了光纤马赫-曾德干涉仪。

(4)基于 NCF-PCF-NCF 结构的干涉仪的原理

如图 3.45 所示为传感器的装置图,光从左端单模光纤进入 NCF1,从而激发出高阶模式,以高阶模式传输。在经过 PCF 时,无芯光纤中不同模式的光首先进入 PCF 的塌陷层。然后一部分光进入 PCF 纤芯作为基膜传输,另一部分激发 PCF 的高阶模。最后经过 NCF2 与单模光纤的耦合节点时,不同模式的光耦合进单模光纤的纤芯中,在光谱仪上就可以得到光谱图。其中,不同模式光的相位差不同,形成光的干涉,干涉光强可表示为:

$$I = I_1 + I_2 + 2\sqrt{I_1 I_2}\cos \Delta\beta \tag{3.26}$$

式中，I 为总输出光强；I_1 和 I_2 分别为基模和高阶模中传输的光强；$\Delta\beta$ 为相位差，$\Delta\beta$ 公式为：

$$\Delta\beta = 2\pi(n_{\text{eff}}^{\text{core}} - n_{\text{eff}}^{\text{hiff}})\frac{L}{\lambda_m} = \frac{2\pi\Delta n_{\text{eff}}L}{\lambda_m} \tag{3.27}$$

式中，L 为发生干涉的长度；λ_m 为第 m 阶高阶模的干涉波长；Δn_{eff} 为基模有效折射率 $n_{\text{eff}}^{\text{core}}$ 和高阶模有效折射率 $n_{\text{eff}}^{\text{high}}$ 的差值。

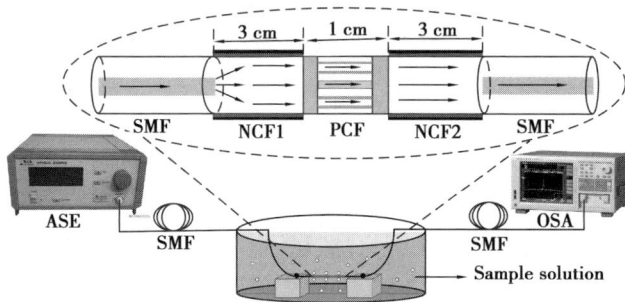

图 3.45　实验装置示意图

当 NCF 表面涂覆的敏感膜吸附重金属镉离子时，NCF 中的高阶模式的有效折射率会随之变化，导致干涉图谱的中心波长的位置随之变化，其第 m 阶干涉条纹中心波长漂移量（$\Delta\lambda_m$）表示为：

$$\Delta\lambda_m = \frac{(\Delta n_{\text{eff}} + \Delta n)}{m} - \frac{\Delta n_{\text{eff}}L}{m} = \frac{\Delta n L}{m} \tag{3.28}$$

式中，Δn 为折射率差值的变化量；L 为干涉长度。

从式（3.28）可知，波长漂移量与干涉长度 L 和折射率差值 Δn 成正比例关系。在干涉长度 L 确定的情况下，第 m 阶干涉条纹中心波长漂移量随着有效折射率的变化而线性变化。

2）实验结果与讨论

将没有镀膜的传感区光纤传感器进行测量，如图 3.46 所示，测量 $0 \sim 100\ \mu\text{M}$ 共 10 个浓度，随着镉离子的浓度增大，所监测的波谷发生了微小蓝移，其中最大浓度波长漂移为 0.250 1 nm,相对传感区镀有复合膜的波长移动可以忽略不计。

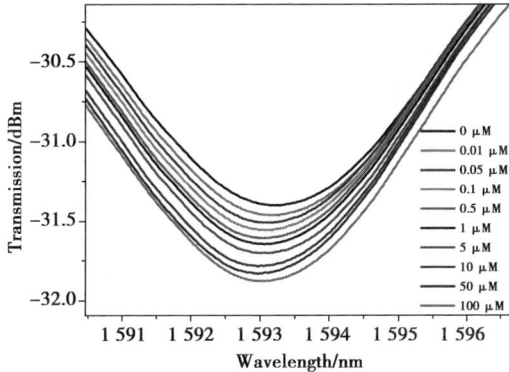

图 3.46　传感区没有镀膜对于镉离子的响应

（1）传感器折射率测量及传感器灵敏度测试

将涂覆有复合膜的传感器放入不同折射率的氯化钠水溶液中,如图 3.47（a）和（b）所示,随着折射率的增加所监测的波长发生红移,波长与外部折射率大小具有良好的线性度,它的灵敏度为 79.891 53 nm/RIU,相关系数 $R^2 =$ 0.996 17。

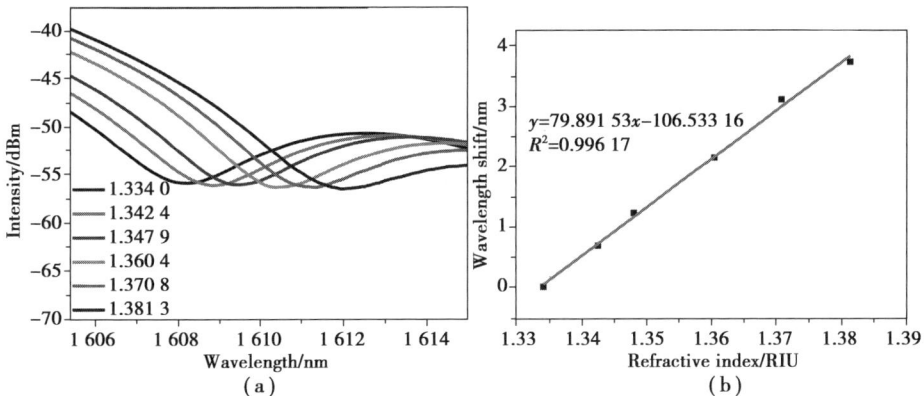

图 3.47　响应光谱图和拟合结果

（a）不同氯化钠折射率溶液的响应光谱图;（b）折射率与相对波长移动线性拟合

将 4 个敏感膜进行对比实验:将传感区涂有 SnO_2、MoS_2、SnO_2/MoS_2、SnO_2-

MoS$_2$ 材料进行对镉离子溶液的响应测量。如图 3.48 所示,图 3.48(a)为传感部分镀有 SnO$_2$ 薄膜材料的光谱图,在依次滴加 10 个浓度的镉离子溶液时,监测波长发生蓝移,波长共移动了 0.693 1 nm。

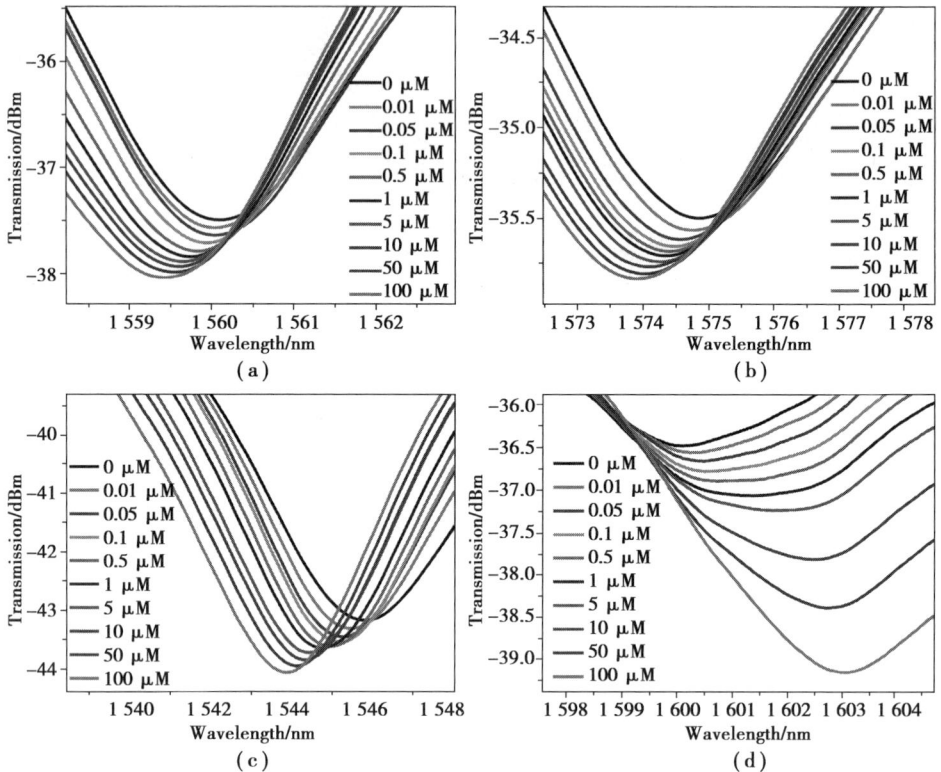

图 3.48　4 个敏感膜对比实验

(a)传感部分涂覆有 SnO$_2$ 薄膜对不同浓度的 Cd^{2+} 的响应光谱图;(b)传感部分涂覆有 MoS$_2$ 薄膜对不同浓度 Cd^{2+} 的响应光谱图;(c)传感部分涂覆有 SnO$_2$/MoS$_2$ 薄膜对不同浓度 Cd^{2+} 的响应光谱图;(d)传感部分涂覆有 SnO$_2$-MoS$_2$ 薄膜对不同浓度 Cd^{2+} 的响应光谱图

如图 3.48(b)、(c)、(d)所示分别为光纤传感器中传感部分镀有 MoS$_2$ 薄膜材料、SnO$_2$/MoS$_2$ 复合膜、SnO$_2$-MoS$_2$ 二层膜对 10 个不同浓度镉离子的光谱图,以上所监测的波长分别随着镉离子浓度的增加发生了蓝移、蓝移、红移。其传感器涂覆 MoS$_2$ 薄膜材料、SnO$_2$/MoS$_2$ 复合膜、SnO$_2$-MoS$_2$ 二层膜的相对波长分别移动了 1.025 2 nm、1.950 5 nm 和 3.025 8 nm。

（2）传感器响应时间和选择性测试

对传感器进行响应时间测试,涂覆 SnO_2-MoS_2 二层膜传感器对浓度为 0.01 μM 的镉离子响应时间为 140 s,涂覆 SnO_2/MoS_2 复合膜传感器的响应时间为 100 s,其中涂覆 SnO_2-MoS_2 二层膜传感器灵敏度比涂覆 SnO_2/MoS_2 复合膜传感器灵敏度高,但是其响应时间涂覆 SnO_2-MoS_2 二层膜的传感器比涂覆 SnO_2/MoS_2 复合膜的传感器长。对涂覆 SnO_2/MoS_2 复合膜和涂覆 SnO_2-MoS_2 二层膜的传感器进行选择性测量,分别滴加浓度为 100μM 的 $ZnCl_2$、$BaCl_2$、$NaCl$、$CuCl_2$、$AlCl_3$、$CaCl_2$ 溶液于液室中,记录监测波长的偏移长度,将得到的数据进行归一化处理,传感区涂覆 SnO_2-MoS_2 二层膜和 SnO_2/MoS_2 复合膜的传感器对 6 种离子的响应波长如图 3.49(a)所示,从图 3.49(b)可知,涂覆 SnO_2-MoS_2 二层膜和 SnO_2/MoS_2 复合膜的传感器选择性非常好。

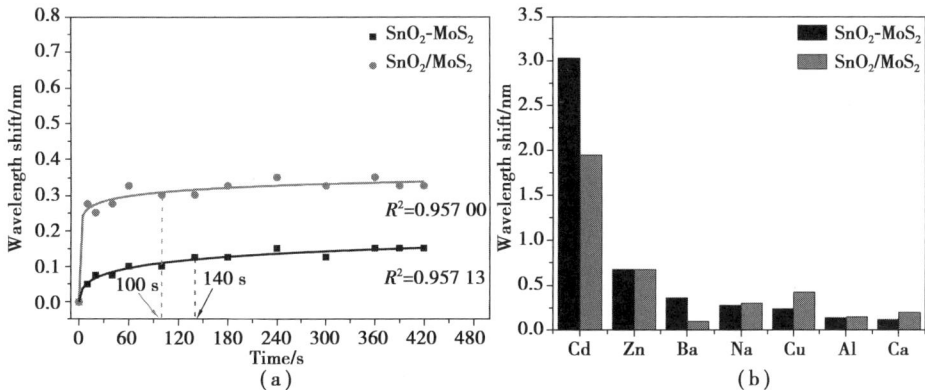

图 3.49　响应时间测试曲线与传感器对不同离子的选择性

(a)浓度为 0.01μM Cd^{2+} 的响应时间;(b)传感器对不同离子的选择性

（3）pH 值和温度对传感器的影响

如图 3.50(a)所示为不同 pH 值对传感区涂有 SnO_2-MoS_2 二层膜传感器的影响,配置了 pH 为 3~10 的水溶液。如图 3.50(a)所示,酸性和碱性条件下对涂有 SnO_2-MoS_2 二层膜传感器响应的相对波长为 0.025~0.125 nm。对传感器进行温度稳定性测量,将涂覆 SnO_2-MoS_2 二层膜传感器评估了温度稳定性,温度测量范围为 25 ~ 50 ℃,将传感器放在 25 ℃下的波长作为一个基准,发现随着温度的增加,其监测波长相对于 25 ℃下的波长移动非常小,其中温度对传感器的影响如图 3.50(b)所示,可以得到温度影响下监测波长最大相对移动波长为 0.04 nm,基本上温度对传感器的影响可以忽略不计。

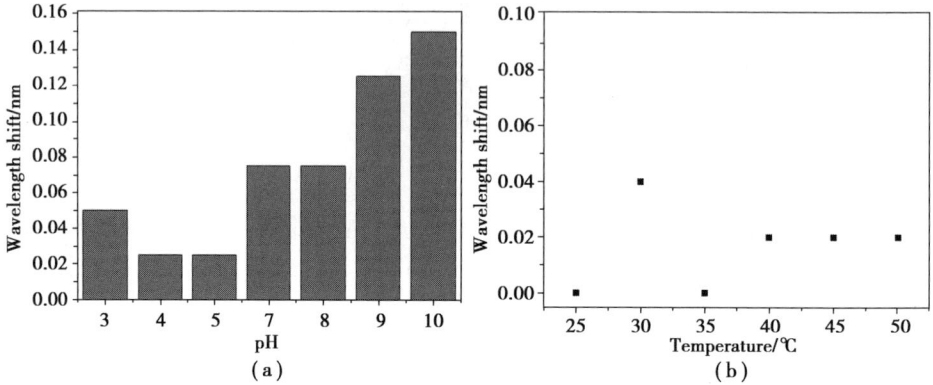

图 3.50 pH 和温度对 Cd^{2+} 离子传感器的影响

(a)pH 值对 Cd^{2+} 离子传感器的影响;(b)温度对 Cd^{2+} 离子传感器的影响

通过以上对比研究,可以得出涂覆 SnO_2-MoS_2 二层膜的传感器对镉离子的响应要优于其他 3 种膜,其选择性良好,在酸性和碱性条件下传感器稳定性良好,温度对传感器影响较小。

3)小结

本小节提出制造了基于 SnO_2、MoS_2、SnO_2/MoS_2 和 SnO_2-MoS_2 传感膜的镉离子检测光纤新型马赫-曾德尔干涉仪。通过 NCF1-PCF-NCF2 结构形成传感单元,各涂覆不同敏感膜。在 0 ~ 100 μM 的镉离子浓度时,传感器吸附 Cd 离子后监测波长分别移动 0.693 1 nm、1.025 2 nm、1.950 5 nm 和 3.025 8 nm,灵敏度分别为 6.931 pm/μM、10.252 pm/μM、19.505 pm/μM 和 30.258 pm/μM。涂覆 SnO_2-MoS_2 双层膜的传感器对镉离子响应最佳,灵敏度为 30.258 pm/μM,具有优秀选择性和稳定性,受温度影响较小。该传感器结构简单易制造,适用于水溶液中镉离子监测,具有广阔应用前景。

3.3.7 基于离子印迹壳聚糖/PVA 复合膜的 Mach-Zehnder 干涉式光纤传感器及其在铜离子检测中的性能

人体摄入重金属离子过多会导致很多严重的疾病并造成危害。其中铜离子作为一种重金属离子,广泛运用于塑料、电池、颜料等工业领域中,这些行业会造成水生态系统的污染,进入人体则会影响人体健康,而光纤传感体积小,抗磁干扰能力强,适用于检测水溶液中的重金属离子。

1)传感器的制作

(1)涂覆 CS/PVA 复合膜光纤传感元件制作

将壳聚糖(CS)和聚乙烯醇(PVA)充分搅拌混合得到 CS/PVA,借助多层浸渍提拉镀膜机将 CS/PVA 复合膜涂覆在三芯光纤表面。将涂覆好敏感材料的光纤置于 NaOH 溶液中浸泡以除去体系中留存的酸,放在干燥箱干燥;然后置于戊二酸酐(GA)溶液中浸泡以实现 CS 与 PVA 的交联后再充分干燥备用。

(2)涂覆铜离子印迹复合膜光纤传感元件制作

以上述同样方法制得 CS 和 PVA 质量比为 2 的 CS/PVA 均匀溶液后,向溶液中逐渐滴加 $CuSO_4 \cdot 5H_2O$,伴随连续搅拌得三元混合溶液。用浸渍提拉法将离子印迹敏感材料涂覆在三芯光纤表面后,分别用 NaOH 溶液和 GA 溶液浸泡处理,最后将涂覆敏感膜的光纤浸入盐酸溶液中浸泡以析出敏感膜中的铜离子,以得离子印迹的 CS/PVA 复合敏感膜传感元件,用去离子水洗涤后干燥备用。

(3)涂覆优化铜离子印迹复合膜光纤传感元件制作

重复涂覆铜离子印迹复合膜光纤传感元件制作的操作方式,然后将涂覆铜离子印迹复合膜的光纤传感元件用 NaOH 溶液浸泡以修复敏感膜中被 HCl 破坏的键,最后用去离子水充分清洗干燥。

2)实验装置

如图 3.51 所示为实验制作传感器的装置示意图。其传感部分由两段三芯光纤中间熔接一段单模光纤构成的双马赫-曾德尔干涉结构组成,而两段三芯光纤分别与标准单模跳线熔接。如图 3.52 所示为光纤中传输光功率的模拟结果,模拟结果表明,光在三芯光纤传输过程中大部分能量在包层中传输。在通入一定浓度铜离子溶液时,涂覆在光纤外表面敏感膜吸附铜离子以后,会引起有效折射率变化,从而导致光谱波谷发生偏移。

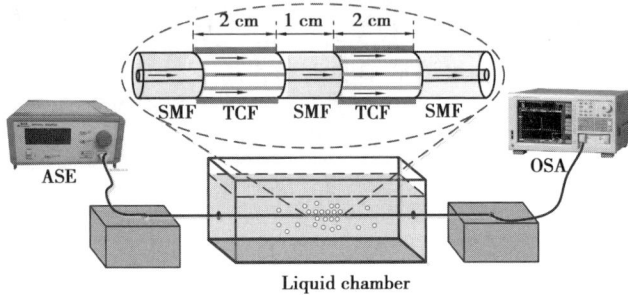

图 3.51　光纤传感装置图

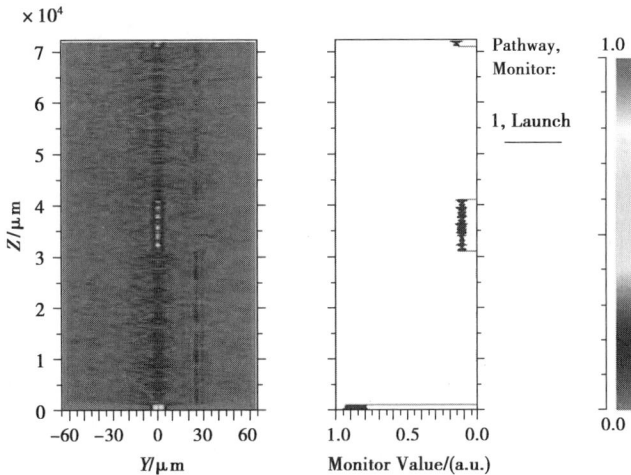

图 3.52　传感器 XZ 截面光功率分布

3)结果与讨论

(1)涂覆 CS/PVA 复合膜的传感器性能研究

首先将涂覆 CS/PVA 复合膜的传感元件浸入样品池中。由图 3.53(a)可知,在铜离子浓度范围为 $0 \sim 10 ~\mu M$ 时,其监测光谱波谷会随着铜离子的浓度增

加发生红移,其相对波长漂移大小为 3.400 6 nm,当滴加铜离子浓度范围为 10 ～
100 μM 时,其监测波谷不发生移动,如图 3.53(b)所示为将监测波长的大小与
对铜离子的浓度进行非线性拟合,其拟合系数 $R^2 = 0.991\ 09$。如图 3.53(c)所
示为涂覆 CS/PVA 敏感膜对铜离子响应的相对波长移动与铜离子浓度对数的
非线性拟合曲线,在铜离子浓度范围为 0 ～ 10 μM 时,其拟合系数 $R^2 = 0.988\ 09$。
结果发现,在铜离子浓度大于 10 μM 时,监测波谷的波长不再发生移动,说明
CS/PVA 复合膜对铜离子吸附已经达到饱和,再升高铜离子的浓度,敏感膜不能
吸附更多的铜离子,不能引起监测波谷的移动。

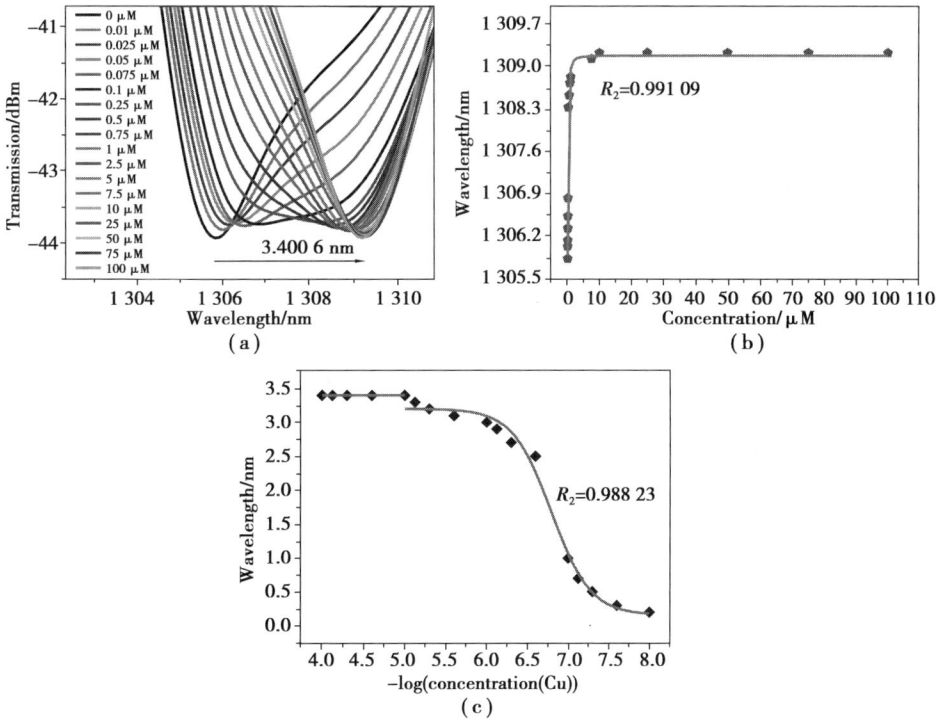

图 3.53　响应光谱图与拟合曲线

(a)涂覆 CS/PVA 复合膜传感器的响应光谱图;(b)波谷波长移动和对应铜离子浓度的非
线性拟合曲线;(c)相对波长移动与铜离子浓度对数的非线性拟合曲线

(2)涂覆铜离子印迹复合膜的传感器性能研究

将 0 ～ 100 μM 共 18 个浓度的铜离子通入水槽中,如图 3.54 所示,图 3.54

(a)为涂覆铜离子印迹复合膜的响应光谱图,随着铜离子溶液的浓度的增加,发现所监测的波长发生红移,其移动的波长大小为 4.000 5 nm。

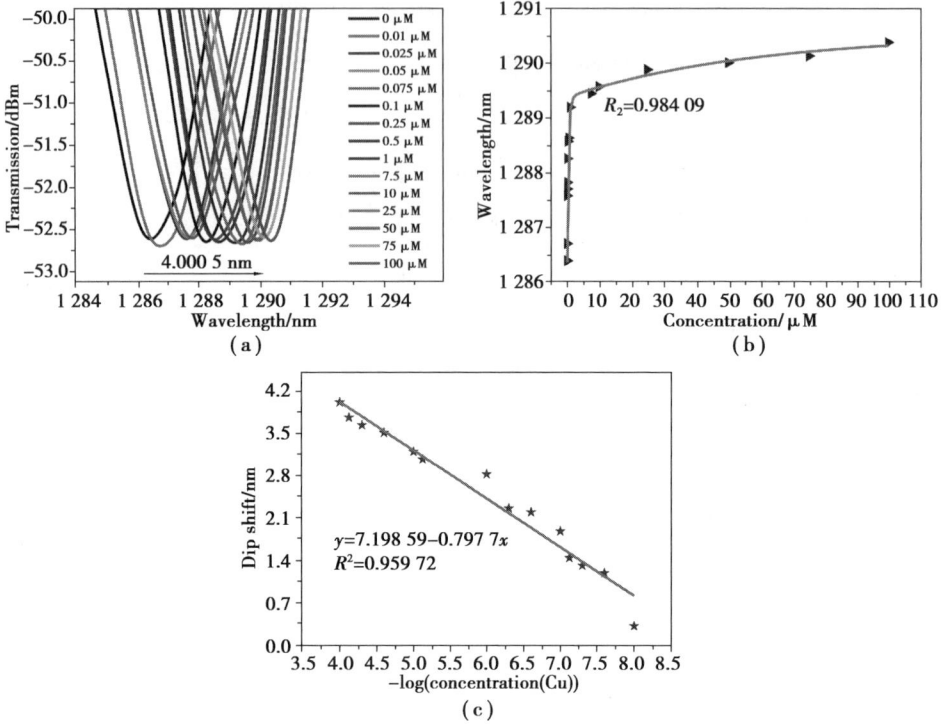

图 3.54 响应光谱图与拟合曲线

(a)涂覆铜离子印迹复合膜传感器的响应光谱;(b)铜离子浓度与波长非线性拟合曲线;

(c)相对波长移动与铜离子浓度对数的非线性拟合曲线

如图 3.54(b)所示为铜离子印迹 CS/PVA 复合膜光纤传感器对铜离子响应光谱和波长与浓度拟合曲线图,其拟合系数 $R^2 = 0.984\ 09$。如图 3.62(c)所示为离子印迹 CS/PVA 复合膜光纤传感器与铜离子浓度对数线性拟合曲线图,发现两者之间具有良好的线性关系,拟合参数 $R^2 = 0.959\ 72$。

(3)涂覆优化铜离子印迹复合膜的传感器性能研究

由图 3.55(a)可知,这是光纤传感器涂覆优化铜离子印迹复合膜的响应光谱图,随着铜离子浓度的增加,其监测波谷发生蓝移,共移动了约 6.225 8 nm。

如图 3.55(b)所示为优化铜离子印迹复合膜光纤传感器对铜离子响应光谱和波长与浓度拟合曲线(拟合系数 $R^2 = 0.983\ 58$)图。相对波长移动与对应浓度的对数的线性拟合曲线如图 3.55(c)所示,发现两参数之间存在良好的线性关系(线性度为 $R^2 = 0.960\ 29$)。

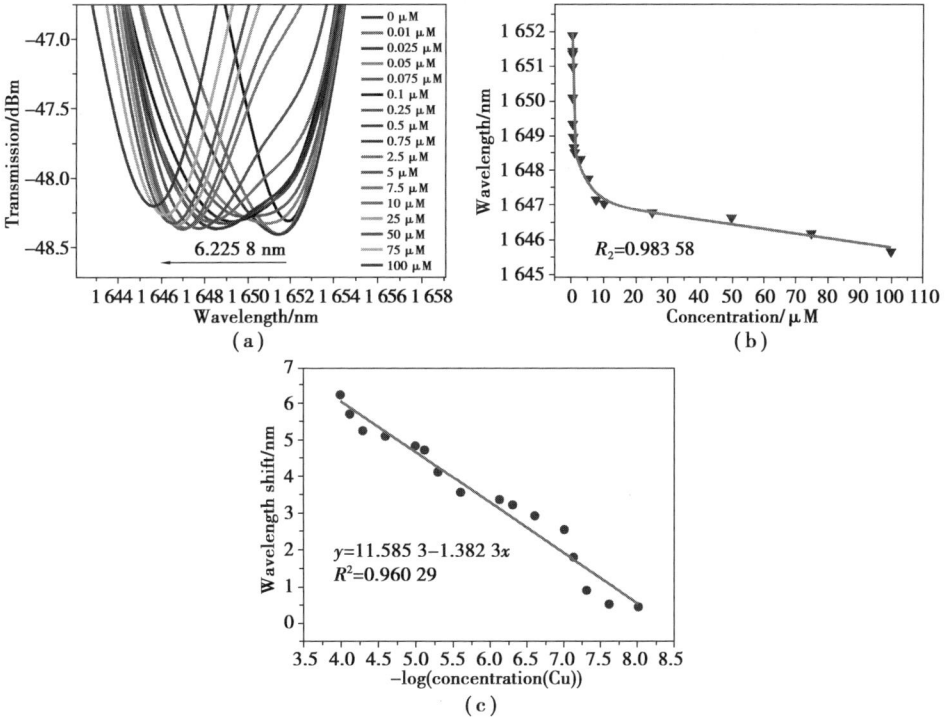

图 3.55　响应光谱图与拟合曲线

(a)涂覆铜离子印迹修复复合膜的响应光谱图;(b)铜离子浓度与相对波长移动非线性拟合曲线;(c)相对波长移动与铜离子浓度对数的线性拟合曲线

对比分析以上结果可知,离子印迹可明显提高传感器对铜离子的响应性能,这是因为未经离子印迹的 CS/PVA 复合膜对铜离子吸附位点要少于印迹敏感膜对铜离子的吸附位点。同时,NaOH 溶液的浸泡修复可以增强敏感膜对铜离子的光谱响应,这主要是因为 NaOH 溶液可有效修复盐酸溶液浸泡过程中破坏的与铜离子相连的化学键。通过对传感器数据的分析计算,得到该传感器灵敏度为 62.258 pm/μM,检测限为 0.602 μM,远远小于世界卫生组织规定饮用水中铜离子的检测限。

(4)传感器的响应时间测量

对涂覆 3 种不同敏感膜的传感器进行响应时间测量。将 3 种涂覆不同敏感膜的传感器分别放在水槽中,通入 0.01 μM 浓度的铜离子溶液。如图 3.56 所示,传感器涂覆 CS/PVA 复合膜的响应时间为 5 s,涂覆铜离子印迹复合膜传感器的响应时间为 120 s,涂覆铜离子印迹复合膜传感器的响应时间为 20 s。

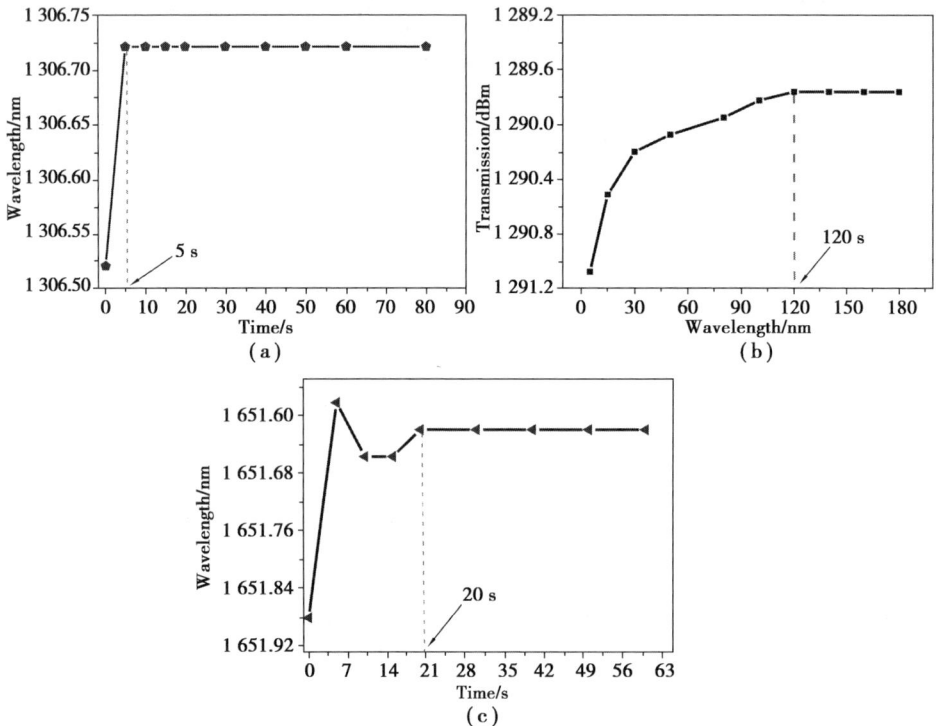

图 3.56 3 种不同敏感膜的传感器的响应时间测量

(a)涂覆 CS/PVA 复合膜传感器的响应时间;(b)涂覆铜离子印迹复合膜传感器的响应时间;

(c)涂覆铜离子印迹修复复合膜传感器的响应时间

(5)传感器选择性和 pH 值测量

分别将浓度为 100 μM 的 AlCl$_3$、BaCl$_2$、CaCl$_2$、FeCl$_2$、MgCl$_2$、NaCl 溶液置于液室中,测得相对波长移动值,其选择性结果如图 3.57(a)所示,可以看出优化

Cu^{2+}印迹复合膜具有优秀的选择性。如图3.57(b)所示显示了pH值分别为2、3、4、5、7、8、9、10时对传感器稳定性的影响情况,结果发现pH在2～10的相对波长移动范围为0.025 3～0.223 4 nm,对传感器检测性能影响很小,可以忽略不计。

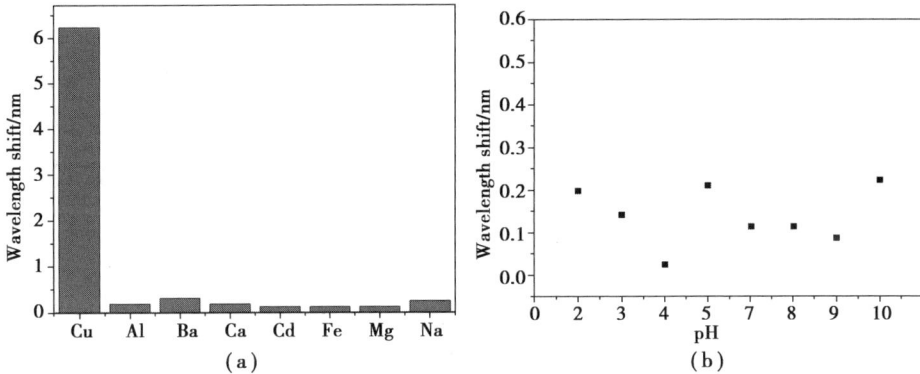

图3.57　传感器选择性和pH值测量

(a)涂覆有优化铜离子印迹复合膜传感器的选择性;(b)涂覆有优化铜离子印迹复合膜传感器的pH值对传感器的影响

4)小结

本小节提出基于铜离子印迹复合膜的马赫-曾德尔干涉仪结构铜离子传感器。光纤结构为三芯-单模-三芯,在表面涂覆不同膜,利用吸附导致折射率变化实现铜离子检测。实验显示,铜离子浓度增加导致监测波谷发生蓝移和红移,优化铜离子印迹复合膜传感器表现最佳,灵敏度为62.258 pm/μM,检测限约为0.602 μM,具有良好选择性和稳定性。传感器具有易于制备、结构小等优点,在水质铜离子高选择监测中有潜在的应用价值。

3.3.8　基于CeO_2/SiO_2的迈克尔逊光纤氟离子传感器

1)传感器的制备

在光纤传感器的制备过程中,首先要将光纤外的涂覆层进行去除,使用熔接机并选择特定程序熔接上单模跳线,使得在它们中间形成一个粗锥,即熔接后光纤包层直径比普通熔接时大,如图 3.58 所示。

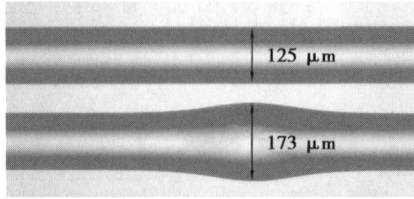

图 3.58　熔接光纤显微镜侧面图:普通熔接程序熔接(上),粗锥熔接程序熔接(下)

　　如图 3.59 所示,其上部为使用正常熔接程序连接的光纤侧面显微镜图,其下部为使用拉粗锥熔接程序后的光纤侧面显微镜图,可见其包层直径由 125 μm 增大为 173 μm,在其端面粘涂一定的紫外光学固化胶,最终制备得到基于三芯光纤的 Michelson 光纤传感器。该光纤传感器的示意图如图 3.59 所示。

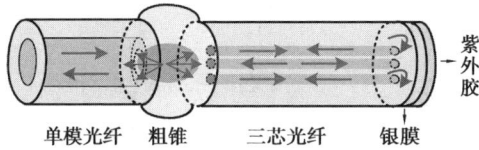

图 3.59　光纤传感器结构示意图

2)折射率传感特性验证实验

　　对该光纤传感器进行折射率传感特性的实验研究。其测试装置实物图如图 3.60 所示。

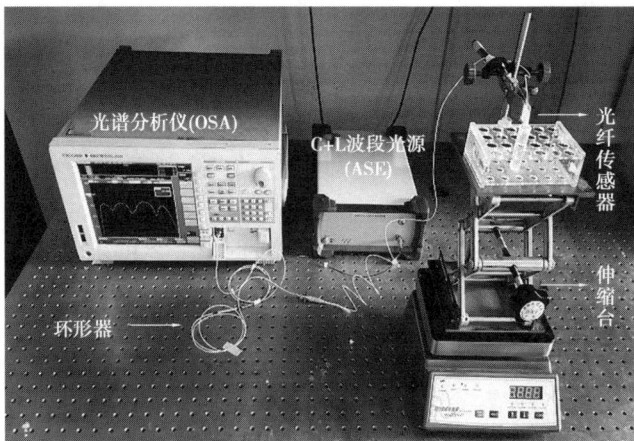

图 3.60　传感器折射率敏感测试系统实物图

为了排除传感器在待测溶液中受到水面振动等外界因素的影响,把光纤传感器固定在铁架台上。在折射率溶液测量的验证实验中,将光纤传感器浸入不同折射率的氯化钠(NaCl)溶液中。使用0%~25%质量百分比的NaCl配置折射率溶液。

如图3.61所示,随着折射率的增加,监测干涉波谷出现规律性的红移现象。监测1540 nm左右处的干涉峰,发现波谷中心波长相对漂移量与不同折射率值之间呈线性关系,且$R^2 = 0.995$,具有较好的线性关系。

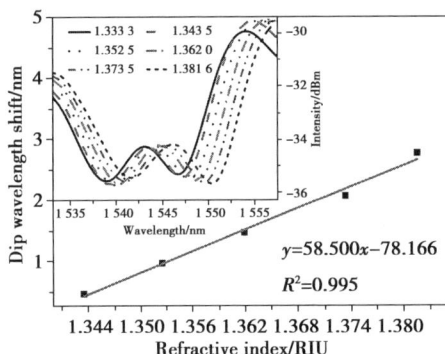

图3.61 不同折射率与监测峰中心波长变化量线性拟合图,插图为对应光谱图

在该折射率范围(1.334 5~1.381 6)内,传感器的灵敏度为58.500 nm/RIU。可见,该光纤传感器具有较高的折射率灵敏度,且制作方法简单,它可以用作在氟离子检测试验中的传感器结构。

3)CeO_2/SiO_2敏感薄膜的制备、表征与传感器功能化过程

将七水氯化铈($CeCl_3 \cdot 7H_2O$)溶于去离子水中,然后加入过氧化氢(H_2O_2)。该操作主要是把Ce^{3+}氧化为Ce^{4+}。紧接着,称取SiO_2加入上述溶液中,加热搅拌并低温避光超声使所有粉末完全溶解。最后,在其中加入氨水将溶液的pH调至9~10,随后将上述溶液在室温25 ℃下老化15 h。其制备流程图如图3.62所示。

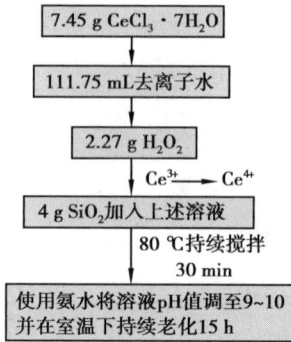

图 3.62　CeO₂/SiO₂ 悬浊液制备流程图

4)氟离子传感性能测试

如图 3.63(a)所示为 0～1.5 ppm 氟离子浓度下的干涉光谱图,随着氟离子的增加,干涉波谷的中心波长呈现规律性红移现象,在 1.5 ppm 的氟离子浓度下,最大波长漂移量约为 5.5 nm。在 0.1～1.0 ppm 的浓度范围内,拟合度为0.994,如图 3.63(b)所示为其拟合结果图,在此浓度范围内的传感器灵敏度可达 2.465 nm/ppm。

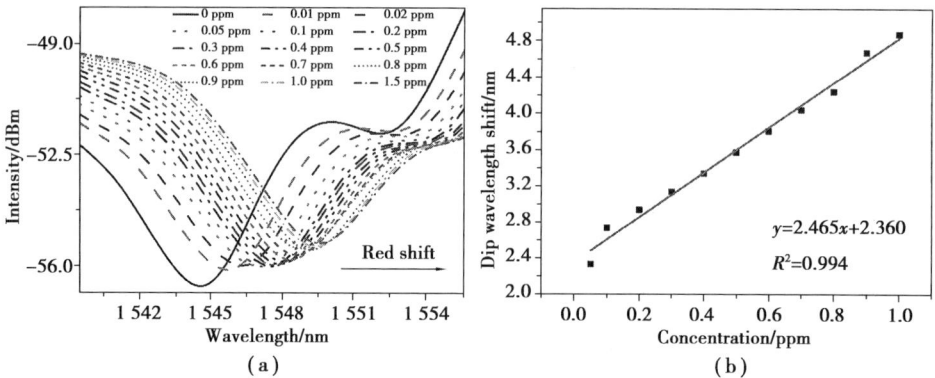

图 3.63　镀膜 5 次后的传感器

(a)不同氟离子浓度下的干涉光谱响应图;(b)不同氟离子浓度与干涉峰中心波长漂移量
线性拟合图

对仅涂覆 3 次敏感材料后的氟离子光纤传感器进行氟离子敏感性能实验。如图 3.64(a)所示,为 0～1.5 ppm 氟离子浓度下的干涉光谱图,随着氟离子的增加,干涉波谷的中心波长同样呈现出规律性的红移现象,但在 1.5 ppm 的氟离子浓度下,最大波长漂移量仅约为 2 nm。如图 3.64(b)所示,在 0.1~1.0 ppm 的浓度范围内,氟离子浓度变化与干涉波谷的中心波长增加量呈现良好的线性关系,拟合度为 0.993,在此浓度范围内的传感器灵敏度可达 1.276 nm/ppm。选择镀膜 5 次后的氟离子光纤传感器继续进行实验。

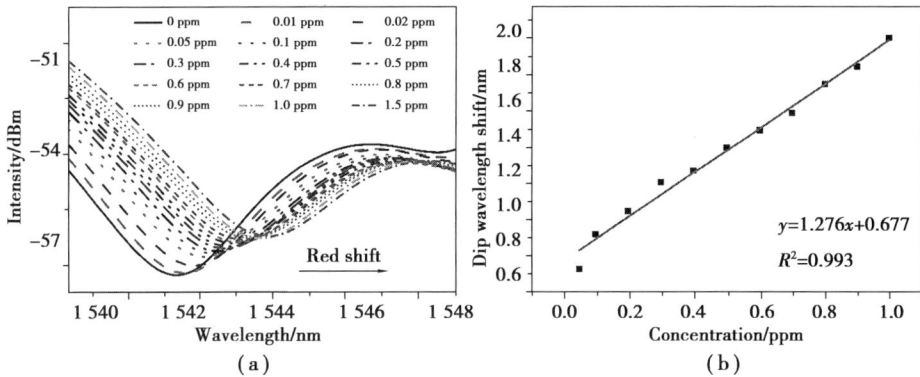

图 3.64 镀膜 3 次后的传感器

(a)不同氟离子浓度下的干涉光谱响应图;(b)不同氟离子浓度与干涉峰中心波长漂移量线性拟合图

5)氟离子光纤传感器其他性能测试

(1)响应时间测试

在实际水质检测中,传感器的快速响应是一个必需的要求,这可以为现场勘探节省大量的人力物力。如图 3.65 所示为氟离子在 0.1 ppm 浓度下的时间响应曲线,在 10 s 之前,监测波谷的中心波长随着时间的增加继续向右飘移,10 s 之后其中心波长逐渐趋于稳定,不再继续漂移。在氟离子浓度为 0.1 ppm 时,该传感器的响应时间约为 10 s。

(2)选择性与稳定性分析

在实际水质检测中,待检样品中可能含有其他杂质,为避免其他杂质的存在对传感器产生干扰,分别选取了 0.7 ppm、0.8 ppm、0.9 ppm、1.0 ppm 和 1.5 ppm 浓度梯度的 Cl^-、CO_3^{2-} 和 SO_4^{2-} 溶液与同样浓度梯度的 F^- 溶液进行选择性测试。如图 3.66 所示,氟离子的波长漂移量为其他离子漂移量的 20 倍左右,表明该传感器对氟离子具有较好的选择性,具有应用于实际环境监测中的潜力,免受其他离子的干扰。

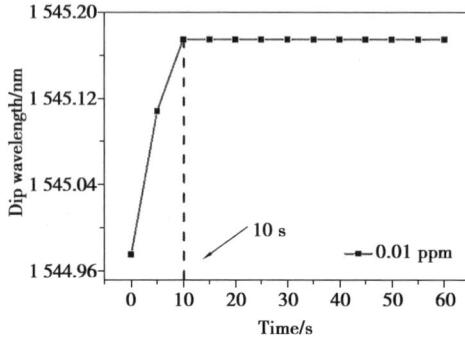

图 3.65　氟离子 0.01 ppm 浓度下的时间响应曲线

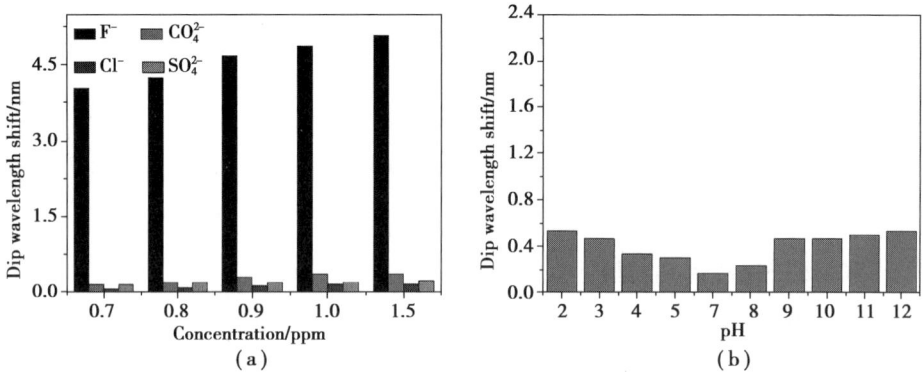

图 3.66　波长漂移

(a)传感器在 0.7~1.5 ppm 浓度范围内 F^-、Cl^-、CO_3^{2-} 和 SO_4^{2-} 的波长移动;(b)传感器在

2~12 的 pH 浓度范围下相对去离子水(pH=6)的监测波谷波长漂移量

同时,为了进一步研究不同酸碱环境下该传感器的稳定性,分别利用 1 mol/L 的 HCl 和 NaOH 溶液配置了 pH 为 2~10 的溶液,以 pH=6 的去离子水溶液为基准,将其他 pH 值下的光谱与 pH 值为 6 的光谱进行比较分析,得到波长的相对偏移量。如图 3.66 所示,在酸性和碱性条件下,相对波长漂移量大约为 0~0.5 nm,约为氟离子传感实验中最大波长漂移量(5.5 nm)的 9%,该传感

器对酸性和碱性环境都比较耐受。

6)敏感机理分析

如图 3.67 所示为 CeO_2/SiO_2 敏感材料吸附氟离子前后 FTIR,由图可知,一些峰位在吸附前后发生了透射强度的改变与峰位的振动,这可能是因为敏感材料上的羟基自由基与氟离子发生了交换反应,从而吸附了氟离子,进而引起了干涉光谱的规律性漂移。

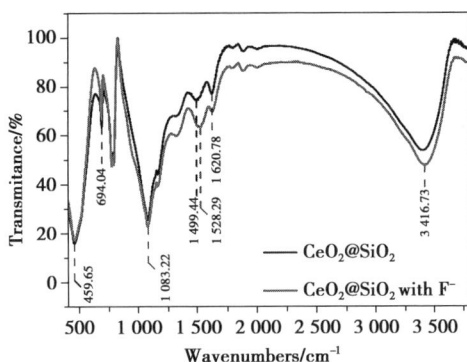

图 3.67　CeO_2/SiO_2 敏感材料吸附氟离子前后的 FT-IR

7)小结

本小节介绍了基于单模跳线连接三芯光纤的 Michelson 氟离子传感器,验证了其良好的灵敏度和线性关系,选择了 CeO_2/SiO_2 作为敏感材料,并完成了表征和氟离子响应实验,验证了其良好的线性关系和灵敏度。响应时间约为 10 s,通过选择性分析和 pH 稳定性分析保证了传感器的稳定性。展望:可进一步优化传感器性能,提高其在实际应用中的适用性。

3.3.9　基于 Ag-PVA/TiO_2 敏感膜的光纤表面等离子体共振传感器及其对镉离子的检测

虽然一些重金属是人体必需的微量元素,但重金属一旦进入环境就不能被生物降解,它们会造成土壤、空气、水等不同程度的污染,其中水质污染是对人体健康危害较大的因素之一。制备检测水中重金属离子的传感器迫在眉睫,开发快速且精确检测水中低浓度重金属离子的方法具有重要意义。

1)传感器的制作

(1)传感探头长度的探究

为了探究不同长度的传感区域的区别,准备了 3 根 PCMF,其一端为 SMA905 接头,另一端为尾纤。利用 PVD 在光纤端面沉积约 300 nm 厚的 Ag 膜以增强其反射强度,并用紫外光学固化胶固化。实验探究了 1 cm、1.5 cm 及 2 cm 长度的传感区域,在传感区域均沉积 67 nm Ag 膜的条件下,不同长度传感区域对应的 SPR 峰如图 3.68 所示,当传感区域长度为 1 cm 时,SPR 峰最尖锐,半峰宽最窄。该实验选择 1 cm 作为传感区域。

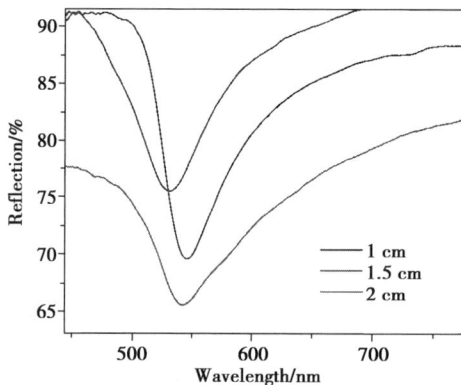

图 3.68　不同长度传感区域的 SPR 峰

(2)银膜厚度的探究

该实验是反射型光纤 SPR 传感器,其传感区域为 1 cm 的 PCMF 探针,在蒸镀侧面 Ag 膜前在光纤探针的端面蒸镀厚度为 300 nm 的 Ag 膜,以此增强反射光的强度。

4 个 Ag 膜厚度的反射型传感器的 SPR 峰如图 3.69 所示。显而易见,在 Ag 膜厚度为 50～100 nm 时,均有 SPR 现象,但当厚度约为 67 nm 时,共振峰的半峰宽最窄,深度最大。厚度为 67 nm 时是该传感器的最佳 Ag 膜厚度。

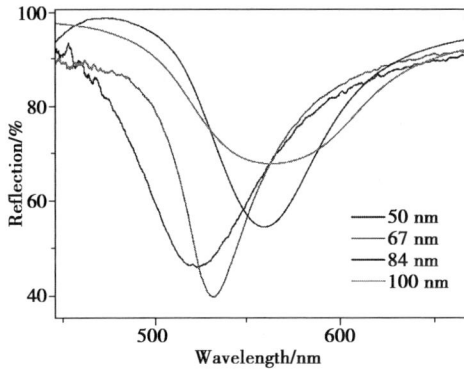

图 3.69　传感器不同 Ag 膜厚度下的 SPR 峰

（3）涂覆敏感膜的传感器制作

①材料的制备：材料 1 是先称取聚乙烯醇（PVA），与去离子水在磁力搅拌下制得 PVA 水溶液；材料 2 是先称取二氧化钛（TiO_2），搅拌均匀得到 TiO_2 水溶液；材料 3 是将 PVA 加入去离子水中并磁力搅拌 2 h，然后将 TiO_2 加入上述 PVA 溶液中，磁力搅拌后再超声，制得所需要的溶液。

②敏感膜的涂覆：首先准备好侧面和端面都镀有相同厚度 Ag 膜的 3 根光纤，分别命名为光纤 1、光纤 2、光纤 3；其次利用浸渍提拉镀膜机分别将 3 种材料涂覆在 3 根光纤上，光纤 2 和光纤 3 也进行同样的操作，分别涂覆材料 2 和材料 3；最后将涂覆不同材料的 3 根光纤在鼓风机中干燥。

（4）镉离子溶液和选择性溶液的制备

为了制备 $0 \sim 1 \ \mu M$ 的镉离子溶液，首先制备 $0.01 \ mol/L$ 的镉离子溶液，稀释 4 次得到 $1 \ \mu M$ 镉离子溶液。分别按照不同体积比取 $1 \ \mu M$ 镉离子溶液和去离子水进行稀释混合，其体积比分别为 1 : 9、1 : 4、2 : 3、3 : 2、4 : 1。类似地，$0.01 \ \mu M$、$0.04 \ \mu M$、$0.08 \ \mu M$ 镉离子溶液是通过将不同体积比的 $0.1 \ \mu M$ 镉离子溶液和去离子水进行混合得到，体积比分别为 1 : 9、2 : 3、4 : 1。而 $0.006 \ \mu M$ 镉离子溶液是 $0.01 \ \mu M$ 镉离子溶液与去离子水以 3 : 2 的体积比混合所得。

选择性溶液的制备流程：首先，选取九水硝酸铝[$Al(NO_3)_3 \cdot 9H_2O$]，硝酸锌六水合物[$Zn(NO_3)_2 \cdot 6H_2O$]、三水硝酸铜[$Cu(NO_3)_2 \cdot 3H_2O$]、硝酸铁

（Ⅲ）九水合物［$Fe(NO_3)_3 \cdot 9H_2O$］、硝酸钙（四水）［$Ca(NO_3)_2 \cdot 4H_2O$］、九水硝酸铬（Ⅲ）［$Cr(NO_3)_3 \cdot 9H_2O$］、六水硝酸钴［$Co(NO_3)_2 \cdot 6H_2O$］、四水硝酸锰［$Mn(NO_3)_2 \cdot 4H_2O$］、硝酸钡［$Ba(NO_3)_2$］和硝酸铵（NH_4NO_3）共 10 种不同阳离子硝酸化合物来制备 1 μM 选择性溶液，与 1 μM 镉离子溶液制备流程一致，相应质量的硝酸化合物溶解在去离子水中得到 0.01 M 选择性溶液，再进行 4 次 10 倍稀释即可得到 1 μM 选择性溶液并将它们倒入样品瓶中，贴上标签并密封备用。

（5）反射式 SPR 光纤传感器的原理

传感器采用反射式结构且采用波长调制的方式，传感区域为裸露的 1 cm PCMF，光从 Y 型光纤传输到传感区域时，纤芯处的全内反射产生倏逝波，当倏逝波的波矢与表面等离极化激元的波矢相匹配时产生 SPR 现象，由图 3.70 可知，光源发出的光经过 Y 型光纤，再经过 Y 型光纤用 SMA905 适配器相连的 PCMF，光在传感区域产生 SPR 效应。传感探头周围的折射率变化将导致 SPR 光谱的漂移。

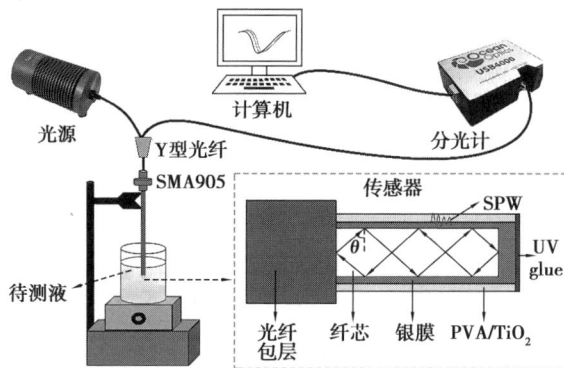

图 3.70 实验装置图，插图是 RFSPR 传感探头

2）涂覆不同敏感膜的传感器对 Cd^{2+} 的响应

如图 3.71（a）—（c）所示为涂覆不同材料的传感器对 0~1 μM 浓度范围内的 Cd^{2+} 溶液的 SPR 光谱响应，涂覆材料分别为 Ag-PVA、Ag-TiO_2、Ag-PVA/TiO_2，随着 Cd^{2+} 浓度的增加，SPR 光谱的共振波长均呈现红移。这 3 种复合膜的传感

器波长漂移量最大分别为7.1 nm、16.6 nm 和79.5 nm,涂覆 Ag-PVA/TiO$_2$ 复合膜的传感器的波长漂移量分别是 Ag-PVA 和 Ag-TiO$_2$ 薄膜的 11 倍和4.8 倍。说明 PVA 和 TiO$_2$ 的复合有效地提高了传感器的灵敏度。如图3.71(d)所示显示了涂覆 PVA/TiO$_2$ 传感膜的传感器波长漂移量对镉离子的响应均比其他两种材料好,其波长漂移量最大,后续的传感器的稳定性测试使用的敏感膜为 PVA/TiO$_2$。

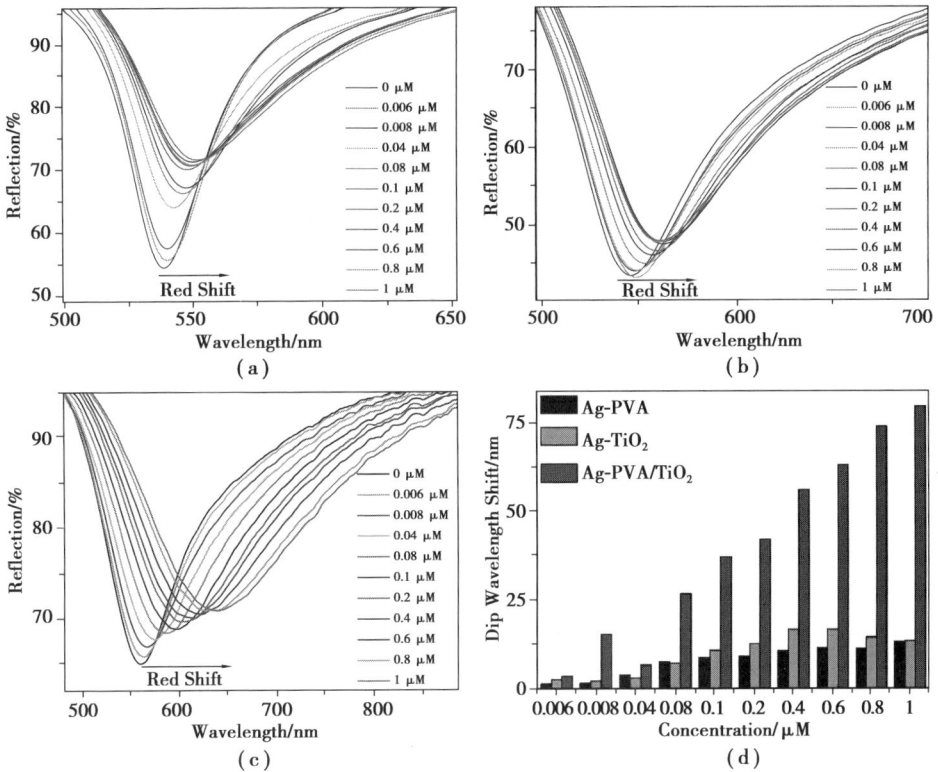

图 3.71 以(a)Ag-PVA、(b)Ag-TiO$_2$ 和(c)Ag-PVA/TiO$_2$ 为传感膜对传感器对不同浓度 Cd^{2+} 的响应谱,(d)为 3 种涂覆材料与 Cd^{2+} 浓度的波长移动量的对比图

在以 PVA/TiO$_2$ 为传感器的敏感膜的条件下,如图 3.72(a)所示为波长漂移量与 Cd^{2+} 浓度的分段线性拟合曲线。在 0 ~ 0.08 μM 浓度范围内,线性度为 0.97,传感器灵敏度高达 315.2 nm/μM。在 0.1 ~ 1 μM 浓度范围内,线性度为 0.98,传感器灵敏度可达 48.2 nm/μM。

　　这可能是因为当 Cd^{2+} 的浓度很低时,传感膜上有足够多的结合位点,导致共振波长发生较大的线性变化。然而,当 Cd^{2+} 的浓度继续增加时,传感膜上的吸附位点减少,导致共振波长的小幅偏移。总之,涂有 Ag-PVA/TiO_2 薄膜的传感器具有高灵敏度和良好的线性。如图 3.72(b)所示为传感器在 Cd^{2+} 为 0.04 μM 时的响应时间曲线,即为不同时间下对应波谷值。由图可知,传感器的波长在前 20 s 处于快速增长阶段,20 ~ 60 s 是缓慢增加阶段,60 ~ 180 s 传感器基本稳定,表明该传感器的响应时间约为 60 s。

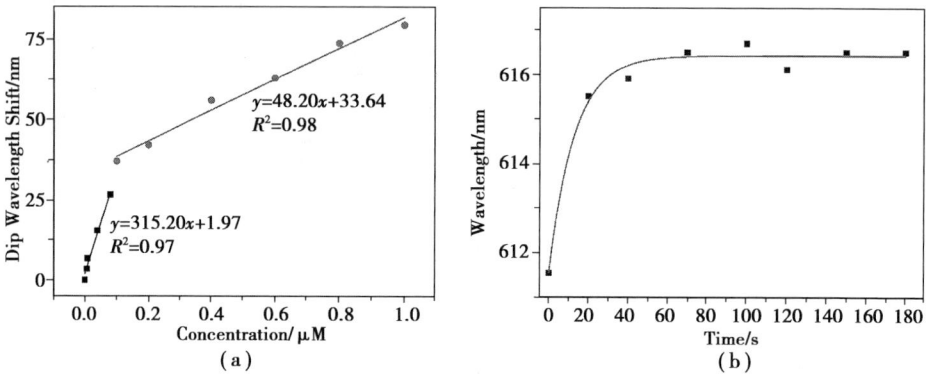

图 3.72

(a)Cd^{2+} 浓度与波长漂移量的线性拟合曲线;(b)传感器对浓度为 0.04 μM Cd^{2+} 的响应
时间曲线

3)传感器稳定性分析

　　传感器的选择性如图 3.73 所示,传感器对 Cd^{2+} 的波长漂移量远大于其他离子的波长漂移量,而且其他离子的波长漂移量均不到 Cd^{2+} 的 1/10,说明传感器能够特异性识别 Cd^{2+},选择性极佳。

　　如图 3.73(b)所示,在酸性条件下,随着酸度的增加,波长漂移增大;在碱性条件下,随着碱度的增加,波长漂移也增加。pH 值在 3 ~ 12 引起的波长漂移范围为 0.4 ~ 3.5 nm,其不及镉离子波长漂移量的 1/10,说明该 pH 环境对传感器性能影响不大,其中,在 pH 值范围为 4 ~ 9 时,相对波长漂移量为 0.4 ~ 2.1 nm。传感条件合理选择 pH 值为 4 ~ 9,在该范围内,pH 给传感器带来的影响可以忽略不计。

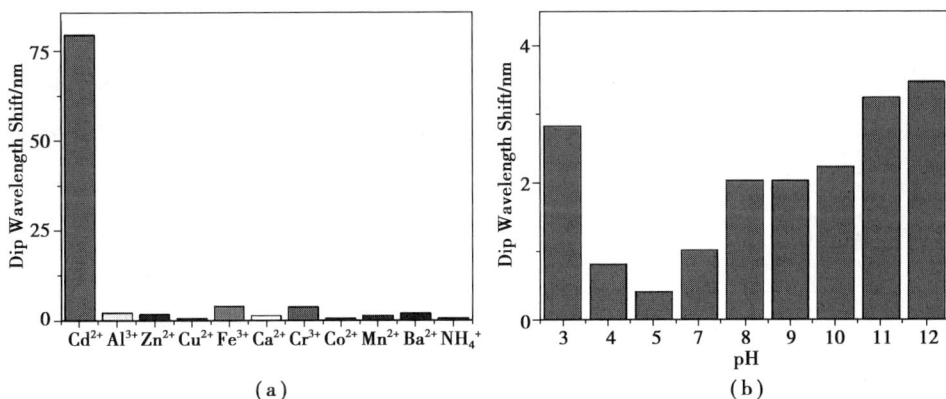

图 3.73　传感器稳定性分析

(a)传感器对不同离子的选择性测试;(b)不同 pH 值对传感器的影响

实验得到的温度对传感器的影响如图 3.74(a)所示。在 25~50 ℃的温度范围内,传感器的波长漂移范围为 0.6~5.8 nm,在 25~35 ℃的温度范围内,传感器的波长漂移范围为 0~0.6 nm,漂移量很小,基本可以忽略不计。25~35 ℃是传感器监测 Cd^{2+} 的最佳温度范围,有利于常温环境下 Cd^{2+} 的检测,避免温度交叉敏感。时间稳定性是传感器的一个重要特性,它反映了测量结果的长期准确性。传感器的时间稳定性如图 3.74(b)所示,传感器的共振波长位置基本没有偏移,说明传感器具有良好的时间稳定性。

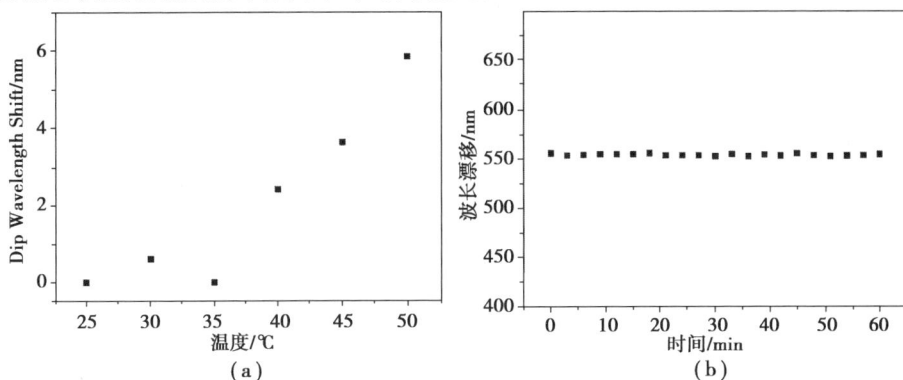

图 3.74

(a)不同温度对传感器的影响;(b)传感器的时间稳定性

4）小结

综上所述，本小节提出了基于 Ag-PVA/TiO₂ 传感膜的反射式光纤 SPR 的 Cd²⁺传感器，实验证明 Ag-PVA/TiO₂ 薄膜具有最高灵敏度。在 0～0.08 μM 范围内，线性度为 0.97，灵敏度为 315.2 nm/μM；在 0.1～1 μM 范围内，线性度为 0.98，灵敏度为 48.2 nm/μM。最佳检测 pH 范围为 4～9，最佳测试温度为 25～35 ℃，响应时间约 60 s。可进一步提高传感器性能，拓展其在环境监测中的应用。

3.3.10 基于 MUA/NPAM/ZnO 透射式光纤 SPR 痕量铬离子传感器

铬表现出两种氧化状态：Cr^{6+} 和 Cr^{3+}。目前铬污染的研究主要集中在 Cr^{3+}，铬是废水中常见的污染物。过量或缺乏 Cr^{3+} 会对人体健康造成一定影响，前一小节介绍了光纤 SPR 技术用于检测重金属离子，可实现高灵敏度高稳定性的痕量镉离子检测，将光纤 SPR 传感技术用于检测液体中 Cr^{3+} 至关重要。

1）MUA/NPAM/ZnO 敏感材料与传感器的制备

（1）MUA/NPAM/ZnO 的制备

如图 3.75 所示方案用于制备 MUA/NPAM/ZnO 敏感材料。将 MUA 分散在超纯水中，通过超声获得巯基十一烷酸分散液。将 ZnO 粉末以及 NPAM 添加到超纯水中，连续磁力搅拌形成均匀的悬浮液。向混合溶液中添加 11-巯基十一烷酸分散液，连续超声时获得 MUA/NPAM/ZnO 分散液，用于后续实验。

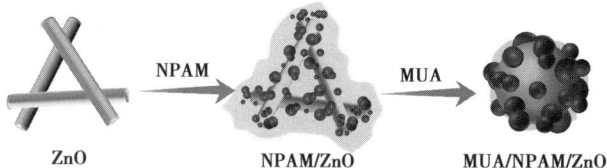

图 3.75　MUA/NPAM/ZnO 复合材料的制备流程图

（2）传感单元的制备

该实验的传感单元采用三芯光纤，并在两端熔接多模光纤跳线（MMF-

62.5/125)传感结构。首先,取一段三芯光纤和一段 MMF1 光纤,将三芯光纤与
MMF1 熔接,将制备好的三芯光纤-MMF1 放入高真空电阻蒸发镀膜机中,蒸镀
约 70 nm 的银膜,形成三芯光纤(10 mm)-MMF1(15 mm)结构,另一端熔接多
模光纤跳线,最终形成 MMF1-三芯光纤-MMF2 简单的异芯光纤结构。

(3)透射式 Ag-MUA/NPAM/ZnO 光纤 SPR 传感器的制备

如图 3.76 所示为 Cr^{3+} 传感实验装置图。通过浸渍提拉镀膜机涂覆敏感材
料,每次浸泡后将光纤提拉起来,浸泡后在空气中干燥。重复几次后放入鼓风
干燥箱干燥。干燥好的 Ag-MUA/NPAM/ZnO 光纤与 MMF2(15mm)熔接。

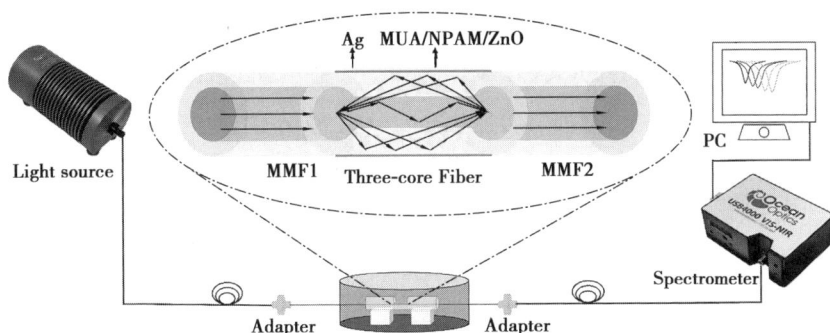

图 3.76　Cr^{3+} 传感实验装置图,插图为 Ag-MUA/NPAM/ZnO 包覆三芯光纤的传感元件

2)铬离子传感器性能分析

(1)传感器对 Cr^{3+} 响应及性能对比分析

对传感区域表面涂覆有 Ag-MUA/NPAM/ZnO 的光纤进行性能测试与性能
对比。分别测试传感器对 0 ~ 1 μM Cr^{3+} 浓度的响应。如图 3.78(a)、(b)所示
分别显示了该传感器涂覆 Ag-MUA/NPAM/ZnO 的响应以及线性度。共振峰随
着 Cr^{3+} 溶液的浓度(0 ~ 1 μM)增大向长波数方向移动[图 3.77(a)],共振峰强
度逐渐变深,漂移量约为 62 nm。如图 3.77(b)所示,线性拟合度 R^2 = 0.98,传
感器具有良好的线性度。传感器的最大灵敏度为 66.96 nm/μM,对 Cr^{3+} 检测的
LOD 计算为 0.029 μM,远低于国际标准(50 ppb),表明该传感器足够敏感。

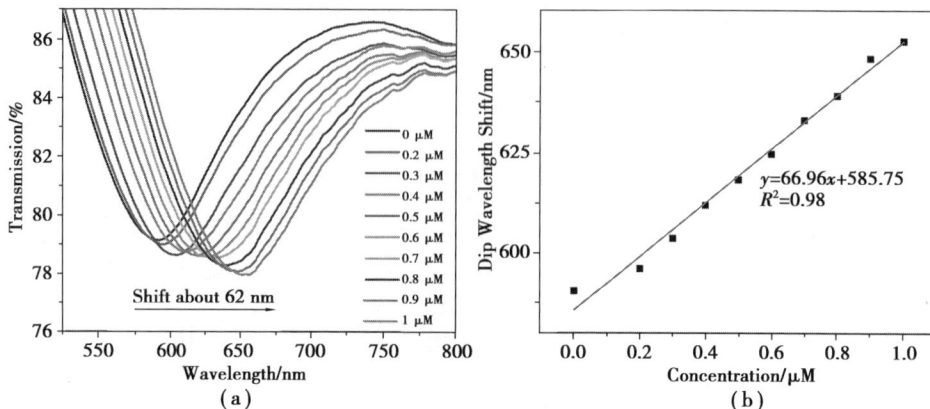

图 3.77　铬离子传感器涂覆 Ag-MUA/NPAM/ZnO 的响应以及线性度

(a)MUA/NPAM/ZnO-SPR 传感器对不同浓度 Cr^{3+} 的响应光谱;(b)线性拟合曲线

如图 3.78(a)—(d)所示为光纤传感区域分别涂覆 Ag-MUA、Ag-ZnO、Ag-NPAM、Ag-MUA/NPAM 和图 3.78(a) Ag-MUA/NPAM/ZnO 的传感器对 0 ~ 1 μM 由低浓度到高浓度的 Cr^{3+} 溶液的响应。随着 Cr^{3+} 浓度的增加,MUA-SPR,NPAM-SPR 和 MUA/NPAM-SPR 传感器的 SPR 共振峰向短波长方向移动(蓝移),而 ZnO-SPR 传感器仅有强度的变化,而 MUA/NPAM/ZnO-SPR 传感器的 SPR 共振峰向长波方向移动(红移)。MUA-SPR、NPAM-SPR、MUA/NPAM-SPR、MUA/NPAM/ZnO-SPR 复合膜传感器共振峰向长波方向漂移数分别为 12.409 nm、10.34 nm、8.29 nm 和 62.8 nm。MUA/NPAM/ZnO-SPR 共振峰向长波方向漂移数远大于 MUA-SPR、NPAM-SPR 和 MUA/NPAM-SPR 只涂覆了单一或者两种敏感材料的传感器,说明 NPAM 和 ZnO 的复合有效地提高了传感器的灵敏度。由于 ZnO 的折射率 $RI = 2.008 \sim 2.029$,远高于 MUA($RI = 1.438$)与 NPAM($RI = 1.52$)的折射率,可以将更多的倏逝光耦合到涂覆敏感材料光纤的薄层界面,从而改善传感器的灵敏度。如图 3.78(e)所示显示了 MUA-SPR、NPAM-SPR、MUA/NPAM-SPR 和 MUA/NPAM/ZnO-SPR 传感器对 Cr^{3+} 响应对比。由此,MUA/NPAM/ZnO-SPR 传感器对铬离子的响应比 MUA-SPR、NPAM-SPR 和 MUA/NPAM-SPR 传感器的好。后续将探讨 MUA/NPAM/ZnO-SPR 传感器的稳定性以及选择性。

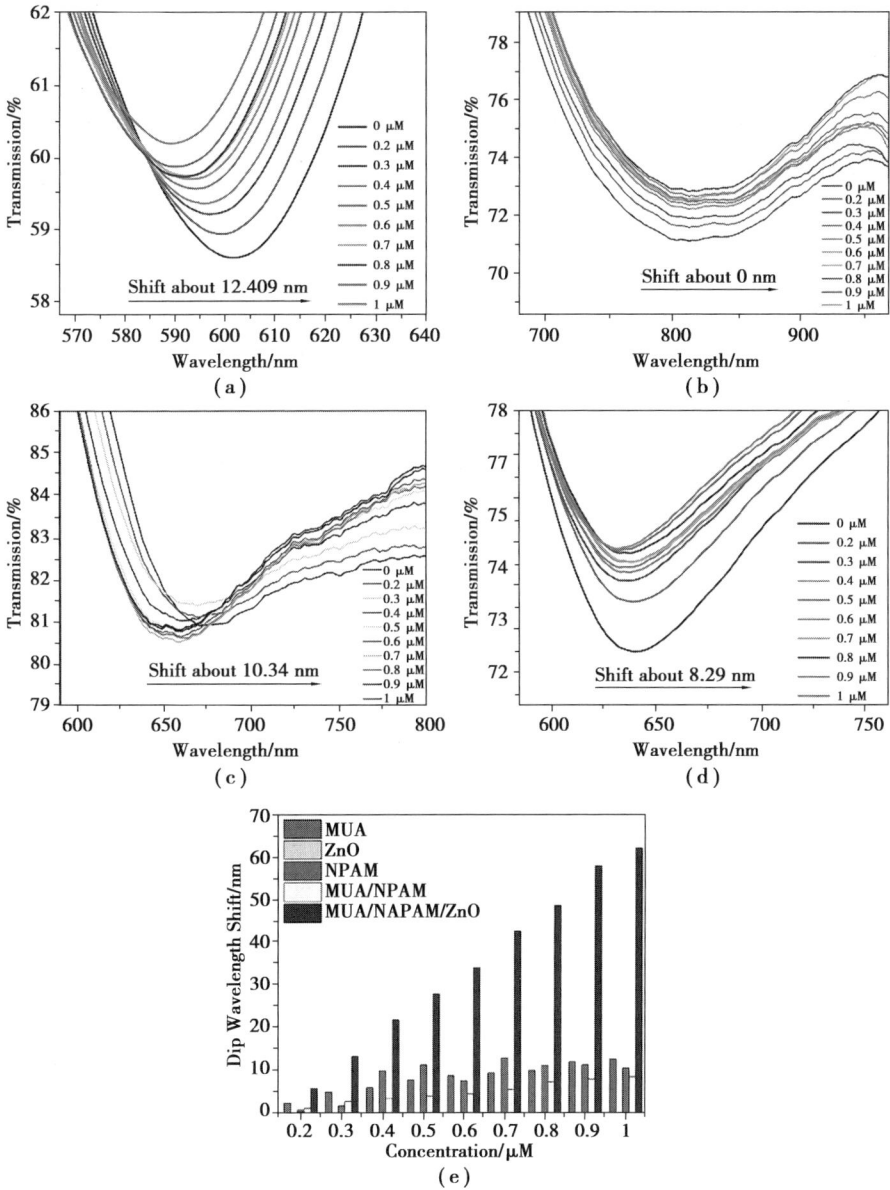

图 3.78 传感器对不同浓度 Cr³⁺的响应光谱

（a）MUA-SPR；（b）ZnO-SPR；（c）NPAM-SPR；（d）MUA/NPAM-SPR；（e）不同涂覆材料随

Cr³⁺浓度的波长变化量对比图

（2）Ag-MUA/NPAM/ZnO 传感器的选择性分析

如图 3.79 所示,该传感器对 Cr^{3+} 具有更明显的响应漂移量,添加其他重金属离子后 SPR 共振波长漂移量均低于传感器对漂移量的 10% ,说明该传感器只对 Cr^{3+} 敏感,展现了该传感器的高选择性。

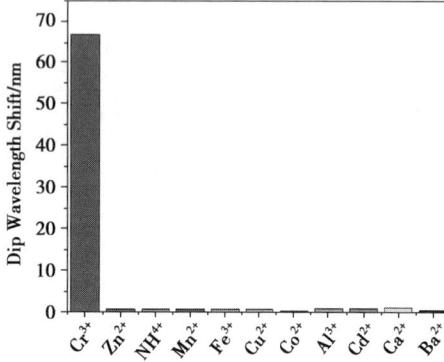

图 3.79　Ag-MUA/NPAM/ZnO 光纤 SPR 传感器的选择性

（3）Ag-MUA/NPAM/ZnO 传感器的稳定性分析

在 pH 值为 2 ～ 11 的环境下,对传感器进行性能的评估。如图 3.80(a)所示显示了不同 pH 环境对传感器的影响。波长偏移程度随着酸性或碱性的增加而增加。pH 值为 2 ～ 11 的情况下,波长偏移均在 2 nm 以下;pH 值为 3 ～ 10 的情况下,波长偏移均低于 1 nm。表明不同 pH 环境对传感器的性能影响可以忽略不计。当 pH 值为 3 ～ 10 时为合适的传感条件。

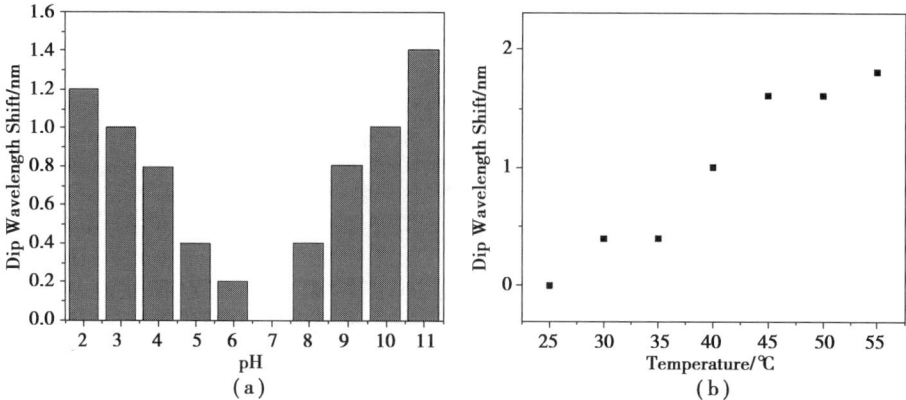

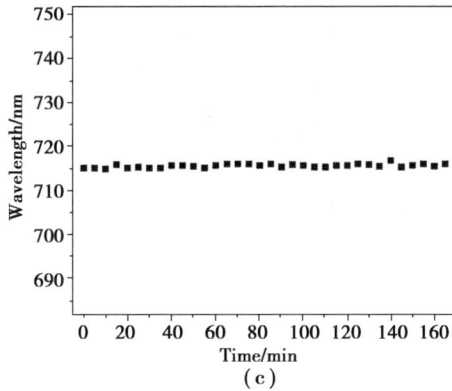

图 3.80　Ag-MUA/NPAM/ZnO 光纤 SPR 传感器的稳定性

(a)pH;(b)温度;(c)时间

通过温度稳定性来判断传感器性能。将超纯水加热滴入传感器液室中,监测共振波长漂移。热稳定性如图 3.81(b)所示。在 25 ~ 55 ℃温度范围内,共振波长位移随温度的升高而增大。在 55 ℃时,共振波长的最大位移约为 1.9 nm,远低于传感器对 Cr^{3+} 响应的位移,表明该传感器具有良好的热稳定性。

时间稳定性是传感器性能的重要标志之一,通过监测传感器在超纯水中 160 min 来判断时间稳定性。如图 3.80(c)所示,在检测时间范围内,传感器的共振波长偏移量为 715.038 ~ 716.76 nm,共振波长偏移量极少,约为 1.5 nm,表明传感器可在较长时间内监测待测物质。

(4)Ag-MUA/NPAM/ZnO 传感器的重复性分析

为了评估传感器的重复性能,通过对比 3 次重复测试传感器的漂移量,传感器进行了重复测试。测试结果如图 3.81(a)—(c)所示,随着 Cr^{3+} 浓度的增加,重复 3 次测试传感器的共振波长的红移分别为 60.027 nm、69.514 nm 和 72.36 nm,重复测量传感器的漂移量与图 3.81(a)所示的漂移量相比,误差低于 10 nm,表明传感结构具有良好的再现性能。

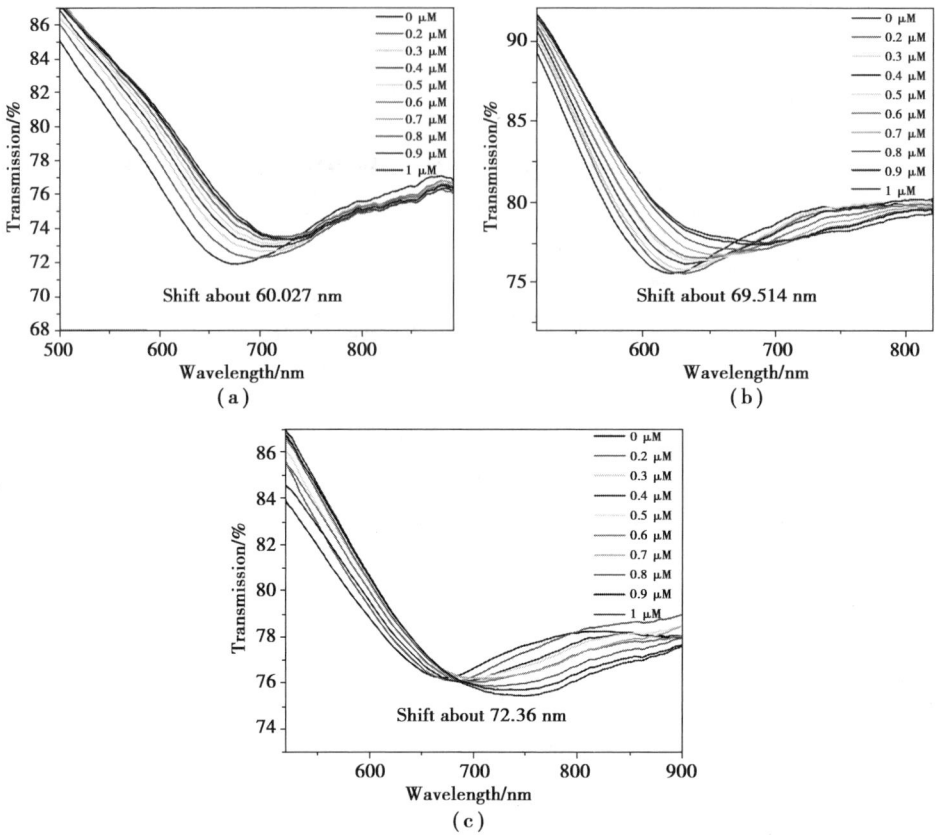

图 3.81 Ag-MUA/NPAM/ZnO 光纤 SPR 传感器的重复性

3)小结

本小节提出了 Ag-MUA/NPAM/ZnO 光纤 SPR 的 Cr^{3+} 传感器,以 Ag-MUA/NPAM/ZnO 为传感膜,设计并制备了用于 Cr^{3+} 检测的光纤 SPR 传感器。通过比较发现 Ag-MUA/NPAM/ZnO 传感器的响应性能较好以及具有更高的灵敏度,共振峰向长波数移动约 62 nm,线性为 0.98,灵敏度为 66.96 nm/μM,检测限为 0.029 μM。本研究表明,光纤 SPR 传感器对 Cr^{3+} 的选择性优于水中其他常见的重金属离子。该传感器还具有出色的温度、pH 值、时间稳定性和良好的重复性。

3.4　本章小结

　　本章深入探讨了光纤液体传感技术的研究现状,对模式干涉光纤传感器以及布拉格光栅传感器的原理进行了介绍。着重分析了光纤液位传感器、液体折射率传感器以及折射率与液位传感器在实际应用中存在的普适性缺陷。随后,介绍了温度传感器以及折射率与温度双参数测定传感器的设计与原理。这些研究表明,基于干涉型光纤传感技术的设备在常规液体测试中具有重要意义。本课题组还着眼于金属离子检测,如镉离子和铜离子。同时,水溶液中的阴离子对水质产生影响,对氟离子的检测也引起了关注。光纤传感技术的进步促使了光纤表面等离子体共振传感器的涌现。通过在光纤表面蒸镀金属膜,激发SPR 效应,并在银膜表面涂覆敏感膜,实现对水溶液中重金属离子的检测。同时,采用光纤 SPR 传感器,实现了对重金属镉离子和铬离子的在线实时检测,并实现了对重金属离子的选择性检测。这些研究成果具有重要的应用意义,为水质检测领域的发展提供了新的技术手段。

　　光纤液体传感器是一种基于光纤技术的高精度、高灵敏度的液体测量传感器,通过利用光纤的特殊性质来实现对液体中物理量的测量。随着科技的不断进步,光纤液体传感器技术也在不断发展,未来有望实现更加精确、实用的应用。其未来发展趋势主要有以下 5 个方面:

　　①智能化。随着人工智能技术的不断发展,光纤液体传感器也将走向智能化。传感器可以通过连接到互联网的方式,实现远程监控和控制,同时还可以通过数据分析和处理,实现更加精确的测量和预警。

　　②多功能化。未来的光纤液体传感器将不仅用于单一的液位、流量等测量,还将具备多种测量功能。例如,可以通过光纤传感器实现液体温度、压力等多种参数的测量,从而实现更加全面的液体监测。

　　③微型化。随着微纳技术的不断进步,光纤液体传感器将变得越来越小

巧、精致。未来的光纤液体传感器将可以制造成微型化的芯片,可以广泛应用于各种小型设备和系统中,如微型流量计、生物传感器等。

④高灵敏度。未来的光纤液体传感器将实现更加高灵敏度的测量,可以实现对微小变化的检测。例如,可以通过检测液体中微小的振动和波动,实现对液体中微小粒子的检测和分析。

⑤环保性。未来的光纤液体传感器将注重环保性。例如,可以采用可降解材料制造传感器,从而减少对环境的污染。

综上,未来的光纤液体传感器将具有更加智能化、多功能化、微型化、高灵敏度和环保性的特点,可以广泛应用于工业、医疗、环保等领域,为社会发展作出更大的贡献。

参考文献

[1] 刘宝珺,廖声萍.水资源的现状、利用与保护[J].西南石油大学学报,2007,29(6):1-11,197,203.

[2] 陈益新,赵春柳,刘星,等.基于光子晶体光纤环镜的光纤传感器的研究及进展[J].激光与光电子学进展,2012,49(1):10005.

[3] 张乐琪,赵燕杰,刘浩东,等.基于光纤感知技术的生物监测系统研究[J].山东建筑大学学报,2021,36(3):89-94.

[4] GOLDSHLEGER N, GRINBERG A, HARPAZ S, et al. Real-time advanced spectroscopic monitoring of Ammonia concentration in water[J]. Aquacultural Engineering,2018,83:103-108.

[5] RADY A,FISCHER J,REEVES S, et al. The effect of light intensity, sensor height, and spectral pre-processing methods when using NIR spectroscopy to identify different allergen-containing powdered foods[J]. Sensors, 2019, 20(1):230.

［6］GUZOWSKI B，LAKOMSKI M. Realization of fiber optic displacement sensors ［J］. Optical Fiber Technology，2018，41：34-39.

［7］XU Y L，FENG W L. MUA/NPAM/ZnO-coated Fiber-Optic surface plasmon resonance sensor for trace Chromium-Ion detection［J］. Optics & Laser Technology，2024，169：110184.

［8］RAJAMANI A S，M D，SAI V V R. Plastic fiber optic sensor for continuous liquid level monitoring［J］. Sensors and Actuators A：Physical，2019，296：192-199.

［9］AL NOMAN A，DASH J N，CHENG X，et al. Fiber optic lead ion（Pb^{2+}）sensor using chitosan diaphragm based Fabry-Pérot interferometer［C］//2021 Opto-Electronics and Communications Conference（OECC）. Hong Kong，China. IEEE，2021：1-3.

［10］YI X R，ZHAO K H，CHEN K P. Multiplexable fiber pH sensors enabled by intrinsic fabry-peìrot interferometer array［J］. IEEE Sensors Journal，2022，22（3）：2167-2171.

［11］LIU M F，WANG J W，HWANG S J. In-fiber Mach-Zehnder interferometer based on hollow optic fiber for metal ion detection［J］. Optics Express，2022，30（15）：26006-26017.

［12］NOMAN A A，DASH J N，CHENG X，et al. Mach-Zehnder interferometer based fiber-optic nitrate sensor［J］. Optics Express，2022，30（21）：38966-38974.

［13］YUE Z Z，FENG L Q，FENG W L. UiO-66 metal-organic framework integrated Michelson interferometer for fluoride-ion detection［J］. Optical Fiber Technology，2022，70：102885.

［14］SUN L P，LI J，JIN L，et al. High-birefringence microfiber Sagnac interferometer based humidity sensor［J］. Sensors and Actuators B：Chemical，2016，231：696-700.

[15] YAP S H K, CHAN K K, ZHANG G, et al. Carbon dot-functionalized interferometric optical fiber sensor for detection of ferric ions in biological samples [J]. ACS Applied Materials & Interfaces, 2019, 11 (31): 28546-28553.

[16] HE Y, DU E H, ZHOU X, et al. Wet-spinning of fluorescent fibers based on gold nanoclusters-loaded alginate for sensing of heavy metal ions and anti-counterfeiting[J]. Spectrochimica Acta Part A: Molecular and Biomolecular Spectroscopy, 2020, 230: 118031.

[17] YANG J Y, CHEN L H, ZHENG Y Z, et al. Heavy metal ions probe with relative measurement of fiber Bragg grating [J]. Sensors and Actuators B: Chemical, 2016, 230: 353-358.

[18] OOI C W, LOW M L, UDOS W, et al. Novel Schiff base functionalized 80-μm tilted fiber Bragg grating chemosensor for copper(II) ion detection[J]. Optical Fiber Technology, 2022, 71: 102920.

[19] KISHORE P V N, SAI SHANKAR M, SATYANARAYANA M. Detection of trace amounts of chromium (VI) using hydrogel coated Fiber Bragg grating [J]. Sensors and Actuators B: Chemical, 2017, 243: 626-633.

[20] IBRAHIM S A, RIDZWAN A H, MANSOOR A, et al. Tapered optical fibre coated with chitosan for lead (II) ion sensing[J]. Electronics Letters, 2016, 52(12): 1049-1050.

[21] TABASSUM R, GUPTA B D. Fiber optic manganese ions sensor using SPR and nanocomposite of ZnO-polypyrrole [J]. Sensors and Actuators B: Chemical, 2015, 220: 903-909.

[22] WEI Y, RAN Z, LIU C L, et al. Twisted fiber SPR sensor for copper ion detection[J]. Optik, 2022, 271: 170208.

[23] YUAN H Z, SUN G Y, PENG W, et al. Thymine-functionalized gold

nanoparticles（Au NPs）for a highly sensitive fiber-optic surface plasmon resonance mercury ion nanosensor［J］. Nanomaterials,2021,11(2):397.

［24］孙家程,王婷婷,戴洋,等. 基于无芯光纤的多参数测量传感器［J］. 物理学报,2021,70(6):107-114.

［25］程君妮. 基于光纤锥和纤芯失配的 Mach-Zehnder 干涉湿度传感器［J］. 物理学报,2018,67(2):173-179.

［26］叶玉堂,肖峻,饶建珍,等. 光学教程［M］. 2 版. 北京:清华大学出版社,2011.

［27］KEDENBURG S, VIEWEG M, GISSIBL T, et al. Linear refractive index and absorption measurements of nonlinear optical liquids in the visible and near-infrared spectral region［J］. Optical Materials Express,2012,2(11):1588.

［28］DAIMON M, MASUMURA A. Measurement of the refractive index of distilled water from the near-infrared region to the ultraviolet region［J］. Applied Optics,2007,46(18):3811-3820.

［29］Qasem A, Hassaan M Y, Moustafa M G, et al. Optical and electronic properties for As-60 at. % S uniform thickness of thin films:Influence of Se content［J］. Optical Materials,2020,109:110257.

［30］ASCORBE J, CORRES J M, ARREGUI F J, et al. Recent developments in fiber optics humidity sensors［J］. Sensors,2017,17(4):893.

［31］RIZA M A, GO Y I, HARUN S W, et al. FBG sensors for environmental and biochemical applications:A review［J］. IEEE Sensors Journal,2020,20(14):7614-7627.

［32］HILL K O, MELTZ G. Fiber Bragg grating technology fundamentals and overview［J］. Journal of Lightwave Technology,1997,15(8):1263-1276.

［33］LI Z Y, WANG Y P, LIAO C R, et al. Temperature-insensitive refractive index sensor based on in-fiber Michelson interferometer［J］. Sensors and Actuators

B:Chemical,2014,199:31-35.

[34] LI C, NING T G, ZHANG C, et al. All-fiber multipath Mach Zehnder interferometer based on a four-core fiber for sensing applications[J]. Sensors and Actuators A:Physical,2016,248:148-154.

[35] LI L C, XIA L, XIE Z H, et al. All-fiber Mach-Zehnder interferometers for sensing applications[J]. Optics Express,2012,20(10):11109-11120.

[36] ZHAO J F, WANG J, ZHANG C, et al. Refractive index fiber laser sensor by using tunable filter based on No-core fiber[J]. IEEE Photonics Journal,2016, 8(5):6805008.

[37] LIU Y, ZHOU A, YUAN L B. Gelatin-coated Michelson interferometric humidity sensor based on a multicore fiber with helical structure[J]. Journal of Lightwave Technology,2019,37(10):2452-2457.

[38] KEDENBURG S, VIEWEG M, GISSIBL T, et al. Linear refractive index and absorption measurements of nonlinear optical liquids in the visible and near-infrared spectral region[J]. Optical Materials Express,2012,2(11):1588.

[39] LIAO J, FENG W L, YANG X Z. Fiber optic Fabry-Perot interferometer constructed by quartz capillary and titanium wire for temperature measurement [J]. Measurement Science and Technology,2021,32(1):015102.

[40] RAN Z L, RAO Y J, LIU W J, et al. Laser-micromachined Fabry-Perot optical fiber tip sensor for high-resolution temperature-independent measurement of refractive index[J]. Optics Express,2008,16(3):2252-2263.

[41] YANG Y Q, WANG Y G, JIANG J X, et al. High-sensitive all-fiber Fabry-Perot interferometer gas refractive index sensor based on lateral offset splicing and Vernier effect[J]. Optik,2019,196:163181.

[42] XU B, YANG Y, JIA Z B, et al. Hybrid Fabry-Perot interferometer for simultaneous liquid refractive index and temperature measurement[J]. Optics

Express,2017,25(13):14483-14493.

[43] LI X F,SHAO Y J,YU Y, et al. A highly sensitive fiber-optic Fabry-Perot interferometer based on internal reflection mirrors for refractive index measurement[J]. Sensors,2016,16(6):794.

[44] 朱京平.光电子技术基础[M].2版.北京:科学出版社,2009.

[45] LIU T Q,WANG J,LIAO Y P,et al. All-fiber Mach-Zehnder interferometer for tunable two quasi-continuous points´ temperature sensing in seawater[J]. Optics Express,2018,26(9):12277-12290.

[46] 周孟晖.基于细芯光纤的干涉传感器研究及应用[D].杭州:中国计量大学,2017.

[47] 周孟晖,董新永,杨菁怡,等.细芯光纤 M-Z 干涉传感器多参数测量研究[J].光电子·激光,2016,27(6):587-592.

[48] ZHAO X L,DONG M L,ZHANG Y M,et al. Simultaneous measurement of strain,temperature and refractive index based on a fiber Bragg grating and an in-line Mach-Zehnder interferometer[J]. Optics Communications,2019,435:61-67.

[49] 王薇薇.光纤锥的倏逝波特性及传感应用研究[D].北京:北京交通大学,2017.

[50] LUO X S,CAO Y L,SONG J F,et al. High-throughput multiple dies-to-wafer bonding technology and III/V-on-Si hybrid lasers for heterogeneous integration of optoelectronic integrated circuits[J]. Frontiers in Materials,2015,2:28.

[51] TIAN K,ZHANG M,FARRELL G,et al. Highly sensitive strain sensor based on composite interference established within S-tapered multimode fiber structure[J]. Optics Express,2018,26(26):33982-33992.

[52] LIU S D,YANG X Z,FENG W L. Hydrogen sulfide gas sensor based on copper/graphene oxide coated multi-node thin-core fiber interferometer[J].

Applied Optics,2019,58(9):2152-2157.

[53] FENG X,FENG W L,TAO C Y,et al. Hydrogen sulfide gas sensor based on graphene-coated tapered photonic crystal fiber interferometer[J]. Sensors and Actuators B:Chemical,2017,247:540-545.

[54] SAMAVATI Z,SAMAVATI A,ISMAIL A F,et al. Comprehensive investigation of evanescent wave optical fiber refractive index sensor coated with ZnO nanoparticles[J]. Optical Fiber Technology,2019,52:101976.

4 光纤生物传感技术

4.1 光纤生物传感概述

光纤技术是 20 世纪发展起来的一种重要的通信和传感技术,其具有信号传输速度快、抗干扰能力强和传输距离远等优点,作为一种高度灵敏和实时性强的传感技术,光纤传感技术在生物传感领域发挥着越来越重要的作用。本章首先介绍光纤生物传感器研究的背景与意义、国内外研究现状;其次介绍光纤干涉型、表面等离子共振型等光纤生物传感器传感原理;最后结合光纤 SPR 传感器与抗原抗体的结合、光纤 SPR 与分子印迹的结合、干涉式结构光纤与抗原抗体的结合 3 个典型案例,介绍光纤生物传感器的应用。

4.1.1 研究背景与意义

随着光学技术和纳米技术的不断发展,光纤生物传感器将迎来更加广阔的发展空间。在高速远程通信、医疗保健、环境监测、气体检测和生物医学等领域发挥更大的作用。在医学诊断方面,光纤免疫传感器利用免疫反应来识别目标生物分子或细胞。通常,这些传感器使用抗体或抗原作为生物识别元件。抗体与特定抗原结合后,产生一种测量信号,可以应用于临床诊断、癌症标志物检测和药物筛选等方面。光纤 DNA 生物传感器利用 DNA 或 RNA 序列的特异性配对来识别目标 DNA、RNA 分子或基因序列,通常使用 DNA 探针或引物作为生物识别元件,在基因检测、病毒检测和环境污染监测等方面具有广泛的应用。光纤酶传感器利用酶与底物之间的特异性反应来识别目标分子或细胞。这些传感器使用酶作为生物识别元件,并测量酶与底物反应产生的信号。在葡萄糖检测、生物反应监测和环境污染检测中应用较为广泛。光纤细胞传感器使用活体细胞或细胞膜作为生物识别元件,通过细胞与外部刺激的相互作用来识别生物分子或细胞,在毒性检测、药物筛选和细胞研究中发挥着重要作用。光纤生物传感器的不断发展和创新将为医学诊断、生物学研究和环境监测等领域带来更多的机遇和挑战。通过不断改进传感器设计、提高灵敏度和选择性,以及扩大应用领域,生物传感器将成为生命科学和医学领域中不可或缺的重要工具。光纤传感技术在生物传感领域具有重要的意义和应用价值,主要体现在以下几个方面:

①高灵敏度和实时性。光纤传感技术具有高灵敏度和实时性强的特点,能够实现对生物分子、细胞和生物过程的实时监测和高灵敏检测。这使得光纤传感技术在生物医学研究、药物研发和疾病诊断等方面发挥着重要作用。

②非侵入性和可重复性。光纤传感技术具有非侵入性和可重复性好的特点,能够实现对生物样品的非破坏性检测和多次重复测量。这使得光纤传感技术在生物实验室、临床诊断和环境监测等领域得到了广泛应用。

③多功能性和多样化。光纤传感技术具有多功能性和多样化的特点,能够实现对多种生物参数的检测和分析,包括温度、压力、pH 值、生物分子浓度、细胞活性等,可应用于各种领域。未来,可以期待光纤生物传感器为人类社会的可持续发展做出更多的贡献。

4.1.2　国内外研究现状

光纤生物传感基于直接(光谱)或间接(基于识别)检测方案。首先,测量分析物的固有光学性质(如其颜色、荧光、折射率的变化或拉曼发射)。其次监测固定的指示探针、金属膜或(纳米)材料或光学可检测标记的颜色或荧光。基于光子晶体的传感技术发展迅速,将其与分子印迹聚合物相结合作为分析物识别材料的趋势相当热门。另一个活跃的研究领域包括如时间分辨或空间分辨光谱、倏逝波和激光辅助光谱、(局部)表面等离子体共振(SPR 和 LSPR)、漏模光谱和多维数据采集。同时光纤被用于成像、传感器阵列(以及编码)或非特异性传感器阵列,其单个信号可以通过人工神经网络处理。

光纤在生物传感中有广泛的应用。虽然光纤表面没有特定的生物识别层或功能化表面,但其优异的光学特性使其成为许多生物传感应用的理想选择。其中研究较为广泛的是干涉型光纤生物传感器以及表面等离子体共振光纤生物传感器。光纤干涉型生物传感是一种基于光纤干涉效应的生物传感技术,通过利用光纤的干涉原理来测量和监测生物分子的相互作用或环境参数的变化。常见的光纤干涉型生物传感器主要包括马赫-曾德尔干涉型光纤生物传感器、迈克尔逊干涉型光纤生物传感器、光纤光栅生物传感器。

1)马赫-曾德尔干涉型光纤生物传感器

马赫-曾德尔干涉(MZI)是一种常用的干涉,由 Ludwig Mach 和 Ernst Zehnder 于 19 世纪末提出。该干涉仪利用光的干涉现象来测量样品的折射率、厚度、位移等参数。其基本原理可以概括为光源发出的光波通过光纤进行传输,经过 3 dB 耦合器后,光波一分为二,其中一束光波经过参考臂,另一束光波进入传感臂,传感臂与外界物质发生反应,导致传感臂内光信号特性发生改变,而参考臂内光信号特性不变,从而两束光产生光程差。两束光在靠近探测器处的耦合器相遇,由于光程差的产生,两束光产生干涉现象,通过观察干涉信号的改变从而实现对待测物质的检测。马赫-曾德尔干涉仪的优点在于它对光源的相干性要求较低,可适用于不同波长范围的光源。此外,通过调整光路长度差或使用相移技术,可以进一步提高测量的灵敏度和分辨率。该干涉仪在光学传感、光学通信、光学计量等领域有广泛应用。

2020 年 Lokendra Singh 等人开发了一种基于光纤的 MZI 结构,以检测人体中Ⅳ型胶原的存在,如图 4.1 所示。MZI 的结构是通过在两条 45 cm 长的 MMF 之间拼接一段 2.3 cm 长的 SMF 来制造的。为了增加 EWs 与外部介质的相互作用,使用 40% 的 HF 酸对 SMF 区域的包层进行部分蚀刻。此后,为了利用 EWs,用基于 LMR 原理的 CuO NPs 固定一组探针。在另一组探针中,在纤维表面和 CuO NPs 之间夹有一层 AuNPs,这是根据 LSPR 和 LMR 的组合原理工作的。为了增强探针对Ⅳ型胶原的特异性,在它们上面功能化了一层胶原酶。所开发探针的性能测量是在 2 ~ 40 μg/mL 范围内的不同浓度Ⅳ型胶原溶液的存在下进行的。AuNPs/CuO NPs 探针显示出 0.991 的良好线性自相关。该探针的灵敏度和检测限分别为 0.063 8 nm/(μg · mL) 和 1.6 μg/mL。

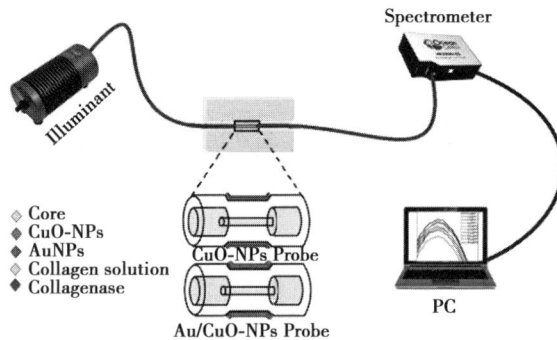

图 4.1　用于检测Ⅳ型胶原溶液的测量装置

2020 年 Tinko Eftimov 等人介绍了两个高 RI 敏感平台的工作原理,即在色散转折点附近工作的长周期光栅(DTP-LPG)和微腔在线马赫-曾德尔干涉仪(μIMZI),如图 4.2 所示。DTP-LPG 作为直接和间接检测大肠杆菌和金黄色葡萄球菌的基于纤维的传感平台,已经得到深入的探索。已经测试具有不同受体的各种表面功能化,如噬菌体、黏附素、抗体、碳水化合物和 DNA 适体。金黄色葡萄球菌检测的范围超过了 4 个数量级(10^2 ~ 10^6 CFU/mL 和 10^4 ~ 10^8 CFU/mL),大肠杆菌检测的范围则超过了 6 个数量级,103 ~ 109 CFU/mL。到目前为止,只有一份报告证明使用 μIMZI 可以检测到 6 个数量级(10^2 ~ 10^6 CFU/mL)的大肠杆菌。考虑 μMZI 的更高灵敏度以及在光纤尖端以反射模式制造它们的可能性,有望用于安装在医用针头中的高灵敏度亚纳米和皮升浸渍生物传感器。

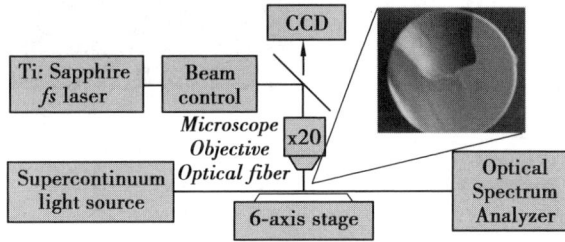

图 4.2　使用飞秒激光在光纤中制造微腔的实验装置的示意图,
微腔横截面的 SEM 视图

　　2022 年,Li 等人应用新型双锥微纤维马赫-曾德尔干涉仪(MZI)生物传感器检测金黄色葡萄球菌,如图 4.3 所示。微纤维 MZI 结构是通过沿着传统单模光纤(SMF)形成两个锥形,并将夹在两个锥形之间的 SMF 锥形化为非常小的直径来制造的。当锥腰直径为 10.2 μm 时,微纤维 MZI 的折射率灵敏度在 1.34 的折射率范围内达到 2 731.1 nm/RIU,这与光束传播法的数值模拟结果非常吻合。用猪免疫球蛋白(猪 IgG)功能化的微纤维 MZI 可用于特异性结合金黄色葡萄球菌。在实验中,当微纤维生物传感器浸入浓度为 7×101 CFU/mL 的金黄色葡萄球菌中时,最大波长偏移达到 1.408 nm。经计算,微纤维生物传感器对金黄色葡萄球菌的检测极限低至 11 CFU/mL。所提出的微纤维 MZI 生物传感器具有结构简单、灵敏度高、重复性和特异性好、检测范围宽、检测响应时间快等优点,在食品安全检测、生物化学传感、疾病和医学诊断等领域具有良好的应用前景。

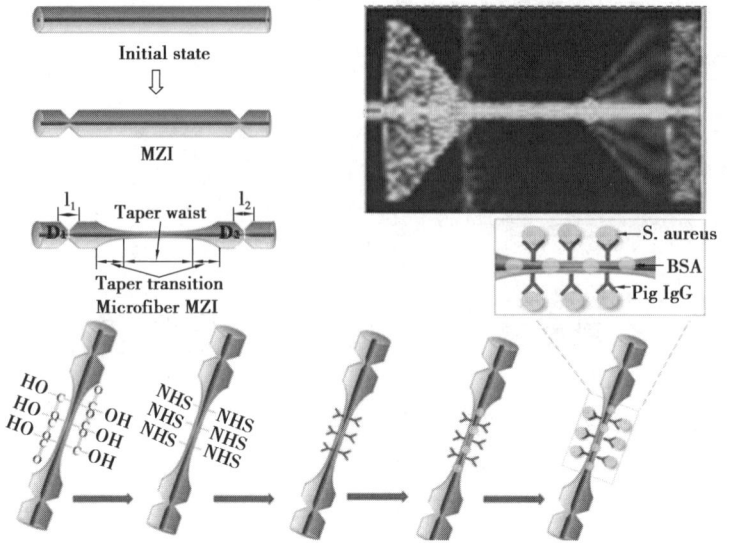

图 4.3　新型双锥微纤维马赫-曾德尔干涉仪(MZI)生物传感器示意图

2023 年,深圳大学 Wang 等人采用横向偏移的 SMF-TNCF-MMF-SMF 结构组成。此外,它还用黑磷(BP)的纳米界面进行了功能化,以增强光与物质的相互作用,最终提高传感性能,如图 4.4 所示。基于这种纳米界面敏化传感器,成功地实现了在 1 pM ~ 1 μM 浓度范围内原位检测 cDNA,灵敏度为 0.719 nm/lgM。检测限低至 0.24 pM,比现有方法至少低两个数量级。该传感器具有操作简单、响应快、测量无标记、重复性好、选择性高的优点。耳聋基因 DNA 检测提供了一种方便的方法,并可扩展到一般的超低浓度 DNA 检测应用。

2)迈克尔逊干涉型光纤生物传感器

光纤迈克尔逊干涉(MI)生物传感是一种基于光学干涉原理的生物传感技术。它利用光纤构成的 MI 干涉仪来检测生物分子的浓度或其他相关参数。在光纤 MI 干涉型生物传感中,光源发出的光经过光纤传播,经过耦合器后一分为二:一束光沿参考臂传播到反射镜 1,接着由于反射作用按原路返回;另一束光沿传感臂传播到可移动反射镜 2。受外界环境的影响,沿传感臂传输的光信号特性发生改变,两束光之间产生相位差,干涉信号发生改变,导致光探测器上波

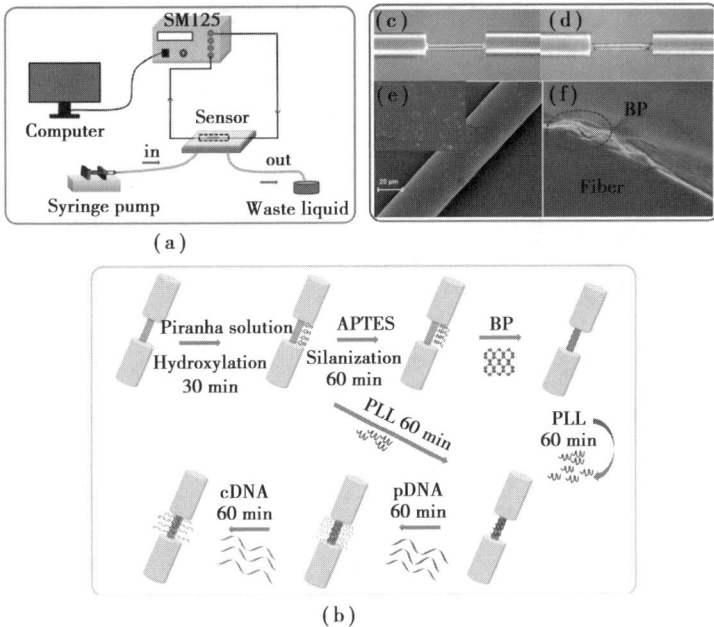

图 4.4　结合黑磷的传感器

(a)实验设置系统示意图;(b)纤维表面功能化和生物结合的示意图;(c)裸传感器;

(d)通过光学显微镜结合 BP 的传感器;(e)结合 BP 的传感器的俯视图;(f)横截面图

形的改变,以此实现对待测物质的测量。例如,当生物分子浓度发生变化时,干涉光的相位差也会相应变化。通过精确测量干涉光的相位变化,可以定量地分析生物样品中的分子浓度或其他相关参数。

2018 年,Karol Wysokiński 等人设计了一种用于检测特定蛋白质的光纤干涉微探针。微探针是一种基于迈克尔逊干涉仪配置的全光纤设备,由于固定在传感器表面的抗体,该设备允许检测分析溶液中的蛋白质抗原,如图 4.5 所示。干涉仪由双芯光纤制成,通过将一段保偏光纤拼接到其中一个芯上,可以精确形成臂长差。与其他光纤干涉仪相比,传感器的全光纤配置显著降低了对温度和变形的交叉灵敏度。所设计的传感器在干涉仪的尖端具有感测区域,可以用于医学中的点测量。免疫传感器和光学测量系统设计用于使用最常见的宽带光源,这些光源的中心波长为 1.55 μm。结果表明,通过使用涂有特异性抗体的全光纤干涉仪可以检测溶液中存在的蛋白质抗原。由此产生的峰值偏移可以达到 0.6 nm,足以通过光谱分析仪或光谱仪测量。已经详细阐述允许估计这种传感器的检测下限值的模型。精心设计的检测系统可以作为检测各种抗原的框架,其可以在医学诊断上有一定的应用价值。

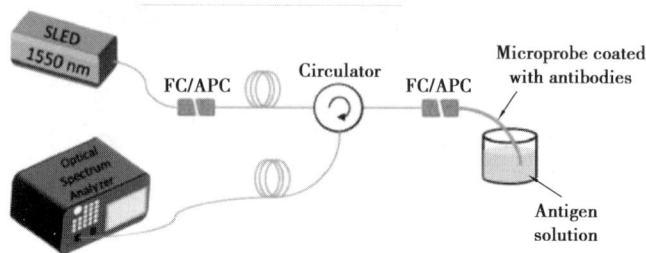

图 4.5　检测系统检测结合到具有生物活化表面的微探针上的抗原

2020 年,Lu 等人报道了一种用纯、稳定、无标记的酶功能化光纤检测器检测三酰甘油酯的新方法,如图 4.6 所示。该方法是通过将沸石咪唑酸酯骨架-8(ZIF-8)包装的脂肪酶固定在锥形光纤上来实现的。倏逝场是通过锥形光纤双折射干涉仪(BFI)产生的。ZIF-8/脂肪酶作为光纤上的生物传感膜的用途以前没有报道。4-硝基苯基棕榈酸酯(4-NP)用于测定包封在 ZIF-8 中的脂肪酶的稳定性。锥形 BFI 以折射率工作,该折射率与转折点匹配以提供高灵敏度。波长偏移与三酰甘油的浓度呈二次多项式响应关系,显示出增强的灵敏度和生物选择性。直径分别为 10 μM 和 7 μM 时,检测限分别为 0.17 μM 和 0.23 nM。这种传感器可以应用于三酰甘油酯的检测,每个样本需要低体积的血液。

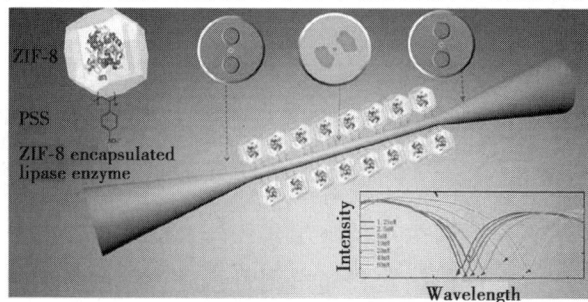

图 4.6　传感系统示意图

2022 年,Hu X 等人提出了一种光纤内光微流 MI 干涉仪,该干涉仪通过飞秒加工技术制备而成,结构由图 4.7 所示。该激光传感器具有高的线性响应,RI 灵敏度为 1 039.77 nm/RIU,计算得到的检测限低至 1.675×10^{-5}RIU。同时,传感器实现了不同浓度范围内(0 ~ 10 mg/mL)维生素 C 的检测,检测限为 0.06 mg/mL。此外,该传感器通过表面功能化实现了对 1 μM 的目标 DNA 的高特异性检测。该传感装置在生化领域小体积、低浓度样品检测方面具有很大的潜力。

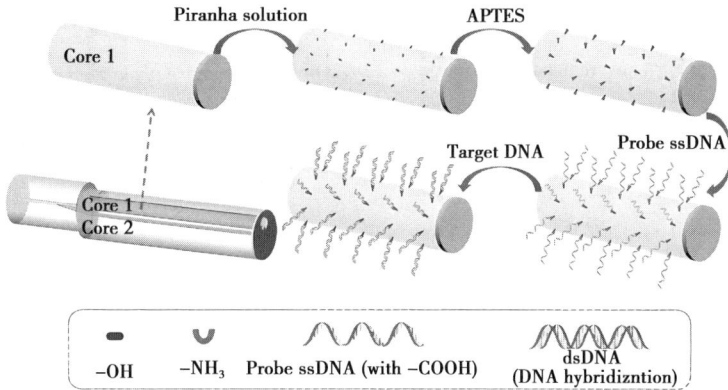

图 4.7　双芯光纤 MI 结构检测 DNA 溶液原理图

3)光纤光栅生物传感器

光纤光栅生物传感器是一种基于光纤布拉格光栅(FBG)技术的生物传感技术。FBG 是在光纤芯部引入周期性折射率变化而形成的,当光线通过 FBG 时,特定波长的光会发生布拉格反射,形成一个反射谱峰。当生物分子与 FBG 相互作用时,FBG 的折射率分布会发生改变,从而导致反射谱峰的波长偏移。这种偏移与生物分子的浓度或性质成正比,可以通过监测反射谱峰的波长变化来检测生物分子。

2020 年,Xu 等人提出了一种基于氧化石墨烯(GO)-葡萄糖氧化酶(GOD)功能化的长周期光纤光栅(LPFG),如图 4.8 所示。通过化学交联方法成功构建了无标记葡萄糖生物传感器。涂覆在 LPFG 表面的 GO 可以通过大量的结合位点固定 GOD,因为它具有极高的表体积比。GOD 和葡萄糖之间的反应产生葡萄糖酸和 H_2O_2,周围折射率变化较大,这将导致 LPFG 透射光谱的明显偏移。GOD-GO 修饰的 LPFG 传感器显示出线性响应,响应系数为 0.77 nm/(mg/mL)。该生物传感器具有良好的选择性,可用于实际样品的检测。GOD-GO 修饰的 LPFG 生物传感器在药物研究和医学诊断领域具有广阔的应用前景。

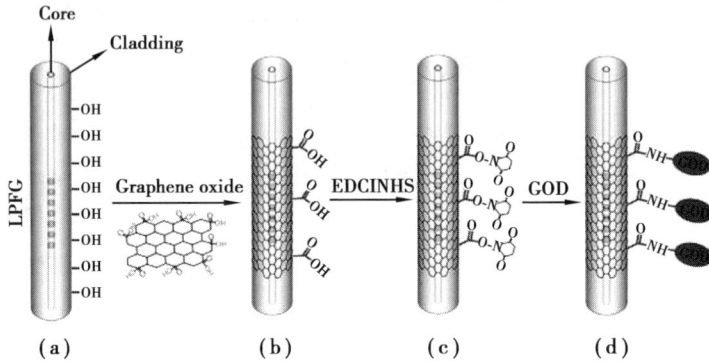

图 4.8 基于 GO 涂覆的 LPFG 的光纤生物传感器的示意图

(a)经过羟基化处理的 FPLG 表面;(b)GO 沉积;

(c)EDC/NHS 修饰;(d)GOD 固定的 LPFG

2021 年,Waldo Udos 等人构建了一种基于 SPR-TFBG 的 EV-A71 病毒免疫传感器,如图 4.9 所示。在光栅器件的生物功能化中,使用 10-羧基癸基膦酸($C11H23O5P$)对传感器的金表面进行 SAM 活化,然后与 Mab 结合,通过使用 NHS/WSC 试剂的胺偶联,用具有不同病毒浓度的测试分析物对生物传感器进行表征,并将结果与使用具有病毒溶液的非生物功能化 SPR-FBG 和具有 NaCl 盐水溶液的生物功能化的 SPR-TFG 的两个对照组进行比较。这些发现证实了关于来自测试分析物的 RI 噪声及其对生物传感器的输出信号的影响的所述假设。已经对所提出的生物传感器针对其他手足口病病毒株(CV-A6 和 CV-A16)进行了特异性测试。结果表明,该生物传感器仅对 EV-A71 具有反应性,对其他两种病毒没有反应性。所提出的程序已被证明是区分可能导致假阳性信号和错误诊断的 RI 噪声简单有效的方法。

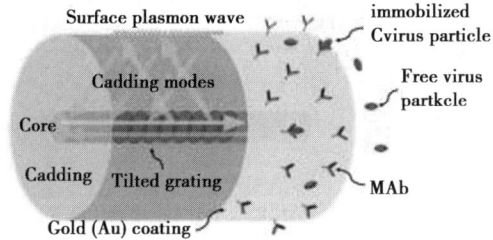

图 4.9　通过 MAb 在 SPR-FBG 生物传感器的金表面上固定病毒颗粒的说明

2021 年,Esposito 等人提出了一种用于维生素 D 无标签检测的光纤生物传感器,如图 4.10 所示。该传感平台是在双包层光纤内写入长周期光栅实现,双包层光纤结构具有将高灵敏度与良好可见性的光栅谐振带结合起来的特性。此外,长周期光栅上涂有一层纳米级的氧化石墨烯,以提供羧基官能团,用于锚定维生素 D3 的生物识别元素,即 25(OH)D3 特异性抗体。通过抗体与维生素 D3 的特异性结合实现维生素 D3 的检测。在 1 ~ 1 000 ng/mL 的浓度范围内开展临床试验,检测限达 1.0 ng/mL,与目前的技术水平相当。

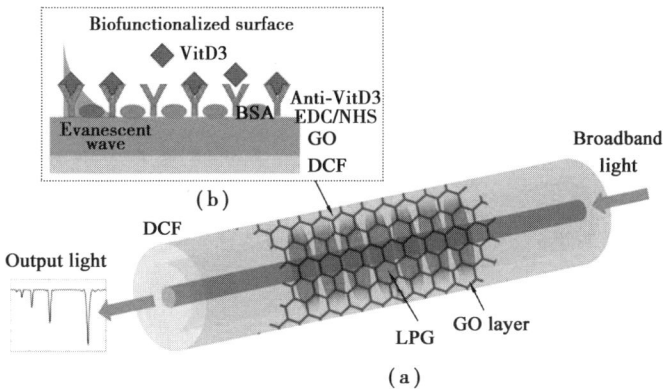

图 4.10　双包层光纤中长周期光栅和氧化石墨烯层的光纤生物传感器检测维生素 D

(a)设备总体原理图;(b)关于生物功能化光纤表面和传感机制的细节

2022 年,Zhang 等人介绍了一种用于超灵敏葡萄糖检测的基于倾斜光纤光栅的局域表面等离子体共振(LSPR)生物传感器,如图 4.11 所示。通过将 Au

纳米颗粒(AuNPs)固定在过度倾斜的光纤光栅(Ex-TFG)上,然后通过将聚多巴胺和刀豆球蛋白 A 涂覆在 AuNPs/Ex-TFG 表面进行生物功能化,制备了葡萄糖生物传感器。该生物传感器具有覆盖低、中和高葡萄糖浓度的响应区域。共振峰表明,在 1.0 nM ~ 1.0 μM、1.0 μM ~ 50.0μM 和 50.0 μM ~ 5.0 mM 的浓度范围内,红移分别为 0.24 nm、0.06 nm 和 0.48 nm,生物传感器在纯磷酸盐缓冲盐水中的检测限为 2.5 nM。基于 Ex-TFG 和生物功能化 AuNPs 的葡萄糖生物传感器已被证明在检测人工尿液中的葡萄糖方面具有实用性,在无创血糖监测中具有潜在的应用前景,可用于糖尿病的早期诊断和更好的管理。

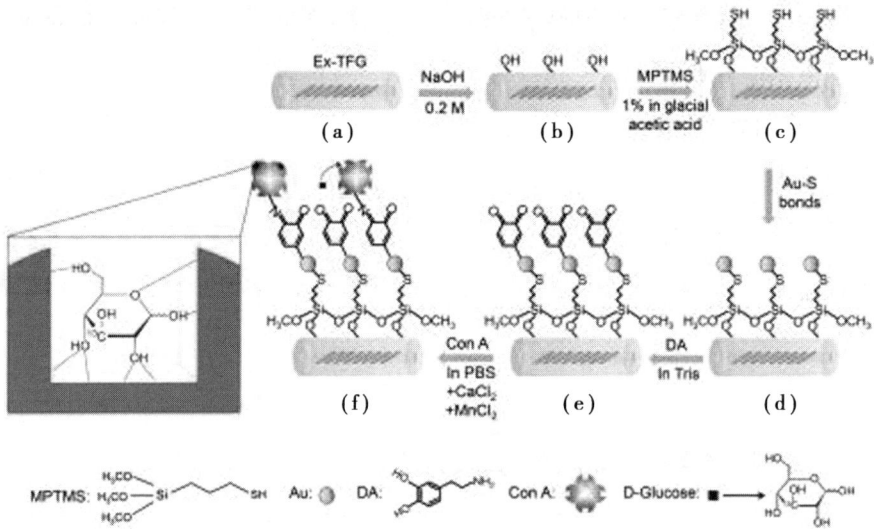

图 4.11　使用 Ex-TFG 与生物功能化 AuNPs 偶联的葡萄糖生物传感器的制造示意图

(a)Ex-TFG(81°倾斜角度);(b)将 Ex-TFG 浸入 NaOH 溶液中,将−OH 基团改性到 Ex-TFG 上;(c)将 Ex-TFG 浸入 MPTMS 溶液中,将巯基("−SH")连接到−OH 基团,进行硅烷化;(d)硅烷化的 Ex-TFG 浸入 AuNPs 溶液中,AuNPs 通过 Au−S 键固定在 Ex-TFG 上;(e)将 AuNPs/Ex-TFG 表面浸入 DA 前体的 Tris 缓冲溶液中以涂覆聚多巴胺(PDA)层来实现 AuNPs 的生物功能化;(f)将刀豆蛋白 A(Con A)涂覆到 PDA 层上,用于特异性结合葡萄糖以形成葡萄糖生物传感器

4）表面等离子体共振光纤生物传感器

表面等离子体共振传感器是利用金属表面的等离子共振现象来检测环境参数的变化。当外界环境参数发生变化时,会导致金属表面的等离子共振频率、吸收率等发生变化,从而引起光的吸收或散射信号发生变化。通过检测光的吸收或散射信号变化,可以实现对环境参数的测量和监测。2020 年,Wang 等人提出了一种基于表面等离子体共振(SPR)和局域表面等离子体共振(LSPR)之间的电子场耦合的双通道光纤生物传感器。两个通道均为长度 1 cm 的光子晶体光纤(PCF),其中一个传感通道通过磁控溅射包覆 50 nm 厚的金膜,并在金膜表面修饰氧化石墨烯,接着修饰抗人免疫球蛋白 G(IgG),用于检测金纳米颗粒(AuNPs)标记的人 IgG;另一个传感通道仅镀 Ag 膜作为参考通道,以消除非特异性结合和温度交叉敏感引起的测量误差。所制备的传感器灵敏度为 13 592 nm/RIU,实现了对人 IgG 的检测,检测限低至 15 ng/mL,比传统 SPR 传感器降低了 93.5%,如图 4.12 所示。

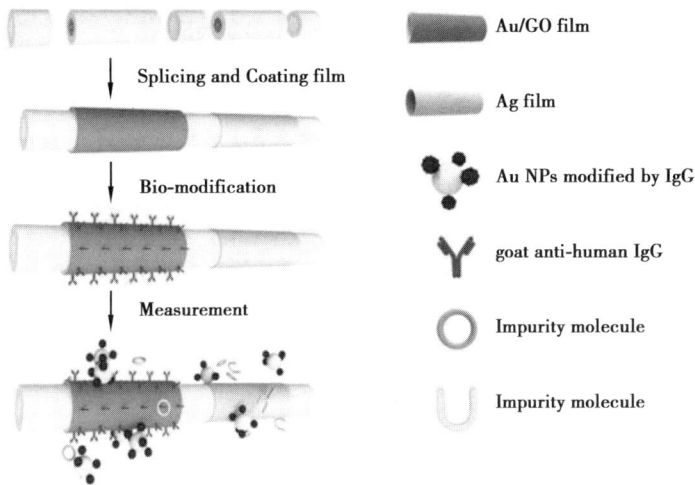

图 4.12　双通道 SPR 光纤制作示意图

2021 年,Chen 等人制备了一种新型磁性分子印迹聚合物(MGO/MIPs),用于在生理 pH 下选择性提取糖蛋白。在制备过程中,以 2,4-二氟-3-甲酰基苯硼酸(DFFPBA)修饰的磁性氧化石墨烯(MGO/DFFPBA)作为糖蛋白(辣根过氧化物酶,HRP)固定化的载体基质,选择丙烯酰胺(AAm)作为功能单体用于制备印迹层,考察了 MGO/MIPs 的聚合条件和结合性能,如图 4.13 所示。实验结果表明,MGO/MIPs 具有优异的结合能力(200.88 mg/g)、快速捕获动力学(35min)和良好的 HRP 再生能力。由于 DFFPBA 具有较低的酸度值(pKa),可以在生理pH 较低的环境下进行结合实验,成功地从人血清样品中提取了 HRP。此外,制备的材料可以通过磁铁轻松分离。

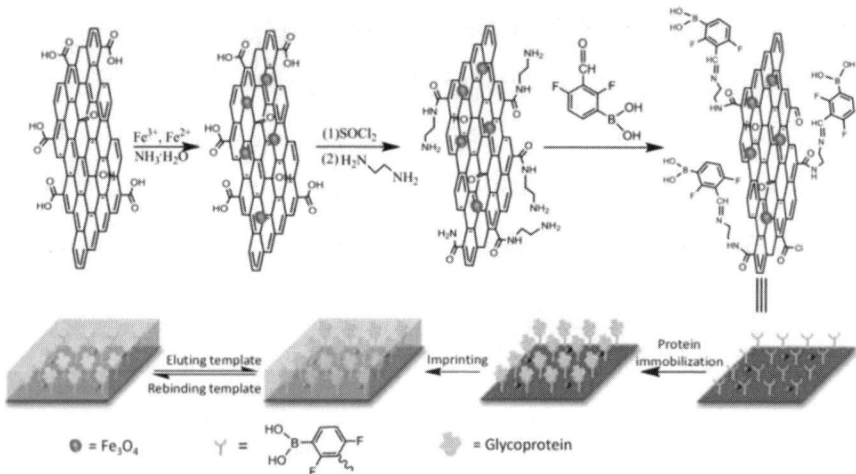

图 4.13　MGO/MIPs 的制备示意图

2021 年,Chaudhary 等人提出了基于光子晶体光纤(PCF)的表面等离子体共振(SPR)生物传感器,如图 4.14 所示。通过测量红细胞(RBC)的变化来实现人类疟疾疾病的早期检测。所提出的 PCF 的两层气孔是以六边形晶格结构排列,并在 PCF 上蒸镀了金薄膜用于激发 SPR 现象。将疟疾感染的红细胞样品填充到 PCF 中,感染的红细胞和正常红细胞样本的折射率(RI)不同,疟疾感染红细胞样本与正常红细胞样本所激发 SPR 响应的共振波长不同,通过测量共振波长的偏移来检测疟疾感染红细胞的不同阶段,如环相、滋养体相和裂子期。所提出的传感器在环相、滋养体相和裂殖子相 RBC 的波长灵敏度分别为13 714.29 nm/RIU、9 789.47 nm/RIU 和 8 068.97 nm/RIU,在 y 偏振方向分别为 14 285.71 nm/RIU、10 000 nm/RIU 和 8 206.9 nm/RIU，最大检测限为 0.029。

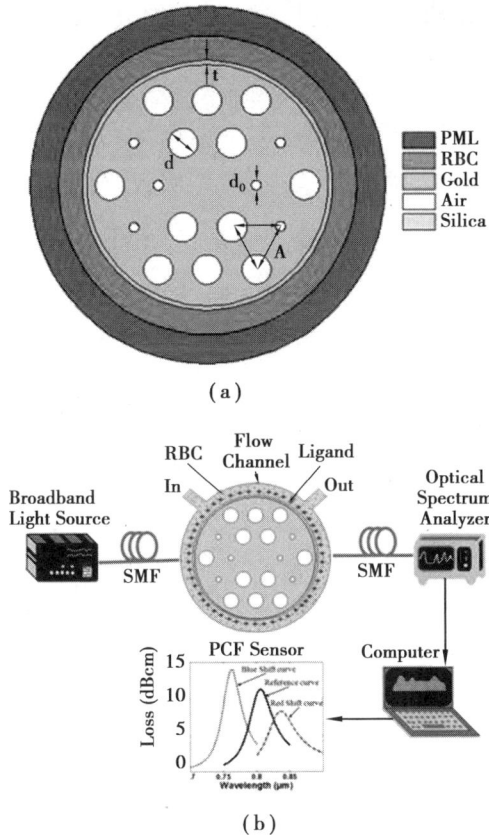

（a）

（b）

图 4.14　PCF 生物传感器及 SPR 传感器测量装置

（a）所提出的 PCF 生物传感器的截面图；（b）基于 PCF 的 SPR 传感器检测疟疾的测量装置

4.2　光纤生物传感原理

　　光纤生物传感器是一种利用光纤作为传感器载体，通过光学信号的变化来检测生物分子、细胞或生物体内外的化学或生物学信息的传感器。其工作原理基于生物识别元件与目标生物分子或细胞的特异性相互作用，通过测量光学信号的变化来实现对目标生物物质的检测。通常包括以下步骤：

①生物识别元件固定。将具有特异性的生物识别元件（如抗体、DNA探针等）固定在光纤表面或端面上，使其与目标生物分子或细胞发生特异性相互作用。

②生物识别反应。当目标生物分子或细胞与生物识别元件发生特异性相互作用时，会引起光学信号的变化，如折射率、吸收、荧光或拉曼散射等。

③光学信号检测。使用光学系统（如光源、光纤、探测器等）来检测目标生物分子或细胞引起的光学信号变化，通常通过测量光学信号的强度、频率或相位来实现。

④信号处理和分析。对检测到的光学信号进行信号处理和分析，以获取目标生物分子或细胞的信息，如浓度、活性或结构等。

光在光纤中传输时遇到外界环境参数发生变化，会导致光在光纤中的传播特性发生变化，如光的折射率、光的散射、光的吸收等发生变化，从而引起光的特性参数发生变化，如光的强度、相位、频率等发生变化。通过检测这些变化信号，可以实现对环境参数的测量和监测。

根据光纤传感器的工作原理和传感特性的不同，光纤传感器可以分为多种类型，常见的光纤传感器萨格纳克干涉型（见2.2.1节）、马赫-曾德尔干涉型（见2.2.2节）、迈克尔逊干涉型（见2.2.3节）、光纤F-P干涉型（见2.2.4节）、光纤光栅型（见3.2.2节）。

4.3 光纤生物传感应用

4.3.1 光纤SPR传感器与抗原抗体的结合

目前，光纤SPR传感器在生物传感领域的应用通常是在传感区蒸镀一层几十纳米厚的贵金属膜(如金、银、铜、铝等)用于激发 SPR 效应,然后在金属膜表面修饰对待测物具有特异性识别功能的生物活性物质,这些生物活性物质可以与待测物结合形成复合物,如抗原-抗体的结合。当待测物成功结合上后会引起金属膜外环境折射率的变化,进而引起 SPR 响应共振峰的变化,通过监测共振峰的变化即可检测待测物的浓度。

例如,何娟提出了一种探针式光纤 SPR 传感器用于狂犬病毒的高灵敏检测,其传感器的制作过程如图 4.15 所示,传感探头是一段长 1 cm 的大芯径光纤,首先通过蒸镀银膜用于激发 SPR 响应;其次将光纤浸入 10% 的巯基十一烷酸(11-MUA)溶液,用于将银膜表面进行羧基化处理;再次将羧基化的光纤浸入1-(3-二甲基氨基丙基)-3-乙基碳二亚胺(EDC)和 N-羟基琥珀酰亚胺(NHS)按照体积比 2∶1 混合均匀形成的缓冲液中用于活化羧基;最后将光纤浸入狂犬病毒抗原溶液中使抗原与光纤表面的羧基形成稳定的共价键结合,再使用脱脂奶粉作为封闭液用于封闭多余的活性位点。

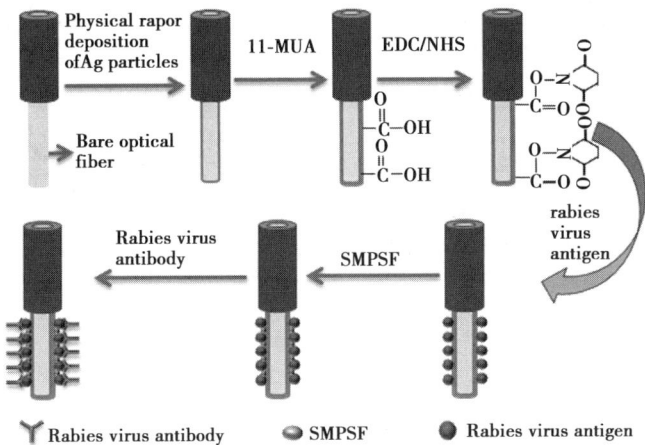

图 4.15 Ag/11-MUA 传感器检测狂犬病毒抗体的示意图

利用白光干涉仪对制备的传感器各个步骤后的表面形貌进行表征测试,如图 4.16 所示,可以观察到各个阶段的材料是否成功附着。图 4.16(a)展示了镀完银膜后的光纤表面,此时的表面粗糙度为 2.225 μm。银膜表面附着 11-MUA

材料层后的表面粗糙度达到了 12.115 μm,如图 4.16(b)所示。接着对敏感膜进行 EDC/NHS 化学活化,在敏感材料层上连接 RV 抗体后的表面形貌特征如图 4.16(c)所示,表面粗糙度变化较小为 12.097 μm。蛋白脱脂高钙奶粉封闭多余位点后完成最后一步 RV 抗原抗体特异性结合,表面粗糙度变化较大,如图 4.16(d)所示,为 114.767 μm。4 个步骤后敏感膜表面粗糙度的变化说明了 Ag、11-MUA、RV 抗体在光纤表面的成功附着,同时说明了 RV 抗原抗体在敏感膜表面的成功特异性结合。

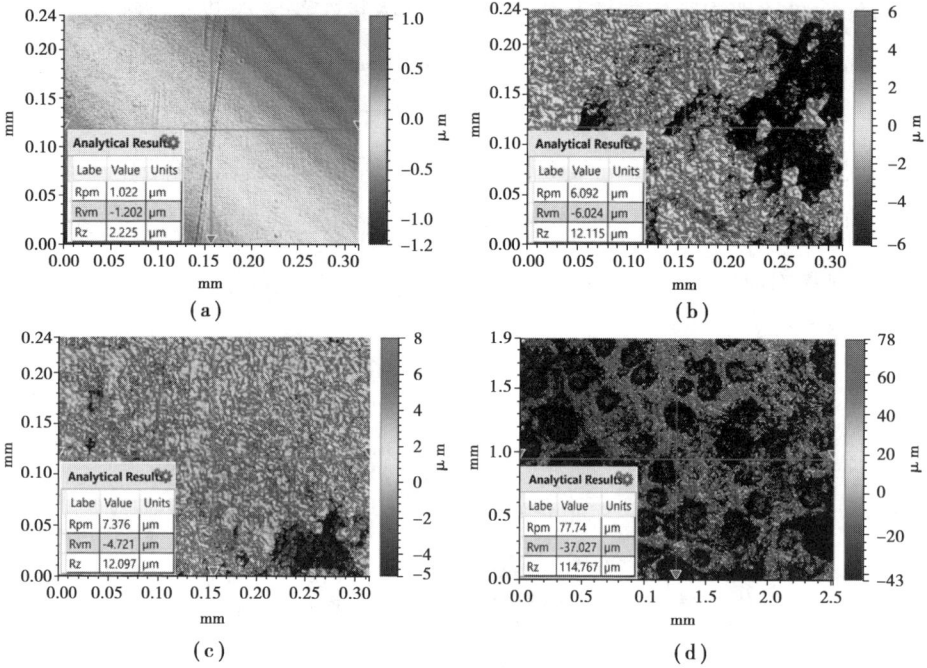

图 4.16 Ag/11-MUA 传感器的形貌特征

(a)银膜;(b)功能化后;(c)绑定 RV 抗原后;(d)RV 抗原抗体结合后

为探究 RV 抗原在传感器表面的绑定时间,将活化步骤完成后的传感器浸泡于 1 ng/mL 的 RV 抗原溶液中,每隔 10 min 记录一次光谱,总共记录 80 min,得到结果如图 4.17(a)所示。当绑定时间到 1h 后,光谱共振波长无明显漂移,实验中 RV 抗原的绑定时间为 1 h。

　　为探究 RV 抗原抗体的结合响应时间,将 RV 抗原绑定完成后的传感器浸泡于 1 ng/mL 的 RV 抗体溶液中,每隔 3 min 记录一次光谱,总共记录 30 min,得到结果如图 4.17(b)所示。当结合时间达到 25 min 后,共振波长基本稳定在一个值,无明显漂移,实验室 RV 抗原抗体结合时间为 25 min。

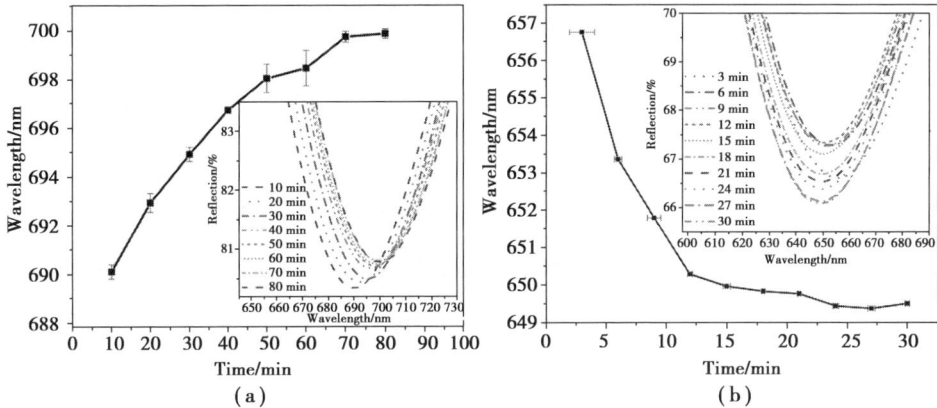

图 4.17　时间光谱图

(a)RV 抗原绑定响应时间光谱图;(b)RV 抗原抗体结合响应时间光谱图

　　做 RV 抗体免疫检测实验时,RV 抗体溶液均由 PBS 配制,浓度设置为 100 fg/mL、1 pg/mL、10 pg/mL、50 pg/mL、100 pg/mL、1 ng/mL。接下来,用该传感器对不同浓度的 RV 抗体溶液进行免疫检测实验,实验中的检测顺序是从低浓度依次检测到高浓度,将传感器的传感区域完全浸泡于待测溶液中等待抗原抗体特异性结合 25 min,用 PBS 冲洗光纤,再将光纤浸泡入 PBS 溶液中并记录此时的光谱图,然后进行下一个浓度的测试。当 RV 抗体浓度逐渐增大时,传感器表面的未结合位点随之减少,当浓度增大到一定程度,可结合位点已全部结合完成,则会导致共振波长无明显漂移。传感器随抗体浓度变化的波长漂移图如图 4.18 所示,可以观察到,随着 RV 抗体浓度的增加,共振波长从 621.873 nm 红移至 629.994 nm,产生了红移现象,整个过程波长的变化量为 8.121 nm。

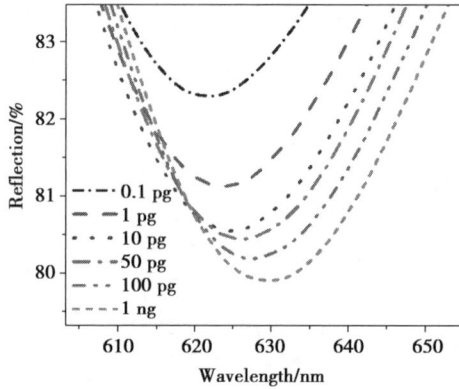

图 4.18 RV 抗体免疫检中溶液浓度的波长漂移量

对不同浓度取对数后与共振波长线性拟合曲线如图 4.19 所示,该传感器线性度为 0.99,灵敏度达到 2.106 35 nm/(log(pg/mL))。计算得传感器的检测限为 0.133 6 pg/mL。

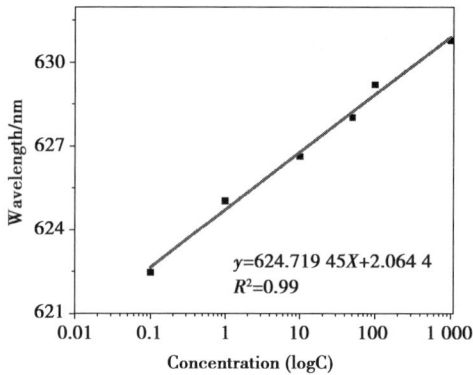

图 4.19 共振波长和不同 RV 抗体浓度的线性拟合曲线

时间稳定性作为传感器的关键性能指标之一,深刻体现了传感器在长时间使用过程中其传感性能是否保持恒定,即能否确保测量结果的长期稳定性和准确性。将传感器的传感部分浸泡于 pH=7.4 的 PBS 溶液环境中,对传感器进行 12 h 的时间稳定性测试,结果如图 4.20 所示。在 12 h 内,该传感器共振波长漂移的上下浮动量为 1.652 7 nm,说明了该传感器的时间稳定性优良。

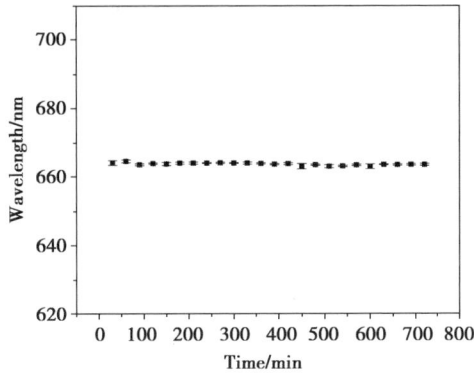

图 4.20　传感器的时间稳定性

实验用 PBS 溶液配制了浓度均为 1 ng/mL 的 CDV 抗体溶液、AIV 抗体溶液和 TG 抗体溶液进行对传感器的选择性能测试实验。如图 4.21 所示为传感器的选择性光谱图,由图可知,RV 抗体溶液引起的共振波长漂移量明显远大于另外 3 种病毒抗体溶液引起的波长漂移量。

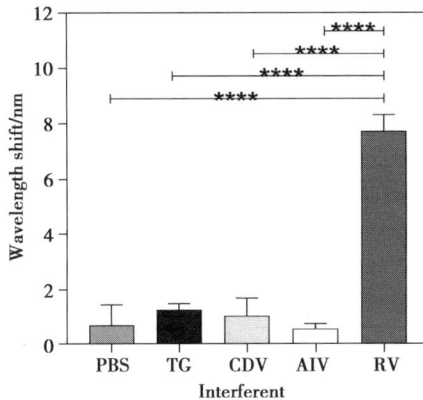

图 4.21　传感器的选择性光谱图

为在统计学意义上进一步验证选择性,同样采用普通单因素方差分析作为数据的分析方法,使用软件为 GraphPad Prism 8.0.1。通过计算不同组之间的 p 值,p 值均小于 0.001,p 值结果见表 4.1。RV 的波长漂移量与 PBS、TG、CDV 和 AIV 的波长漂移量均具有显著差异,而 PBS、TG、CDV 和 AIV 的波长漂移量之间不存在差异,进一步验证了该传感器具有良好的选择性能。

表4.1　选择性的多重比较

Tukey's multiple comparisons test	Significant?	Summary	Adjusted P value
PBS vs TG	No	ns	0.708 5
PBS vs CDV	No	ns	0.927 6
PBS vs AIV	No	ns	0.997 1
PBS vs RV	Yes	* * * *	<0.000 1
TGvs CDV	No	ns	0.986 7
TG vs AIV	No	ns	0.525 8
TG vs RV	Yes	* * * *	<0.000 1
CDV vs AIV	No	ns	0.794 8
CDV vs RV	Yes	* * * *	<0.000 1
AIV vs RV	Yes	* * * *	<0.000 1

　　能否在临床上的成功应用,对于生物传感器来说是非常重要的传感性能指标,实验中选取了6组RV临床样本来测试,其中,1—3号为阳性样本,4—5号为阴性样本,6号为空白样本PBS溶液。临床样本测试光谱图如图4.22所示,1—3号有明显的波长漂移量,且远大于5—6号的波长漂移量,而4号阴性样本也发生了波长漂移现象。

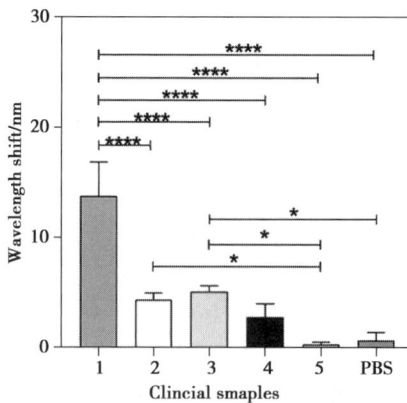

图4.22　传感器的临床样本光谱图

本案例提出了一种基于 SPR 的光纤 RV 检测生物传感器,该传感器采用反射式结构,利用银膜来激发 SPR 效应,以 11-MUA 为功能化材料提供羧基基团,并达到成功修饰 RV 抗原的目的。通过 RV 抗原和抗体的特异性结合,成功实现对低浓度 RV 抗体的检测。修饰 Ag/11-MUA 的光纤传感器在 0.1～103 pg/mL 抗体浓度范围内,线性度为 0.99,传感器灵敏度达到 2.160 35 nm/(log(pg/mL)),检测限为 0.133 6 pg/mL。同时,该传感器在 RV 临床样本测试中表现出良好的性能,且具有结构比较简单、比较高的灵敏度、良好的选择性和稳定性等优点。该传感器在低浓度 RV 临床医学检测方面具有很好的发展潜力和应用前景。

4.3.2　光纤 SPR 传感器与分子印迹的结合

分子印迹技术(Molecular imprinting technology, MIT)是一种合成人工受体以在材料水平上模拟酶和抗体的实用方法。该技术以模板分子、功能单体和交联剂为主要元素,通过三者间的相互作用形成三维聚合物网络,通过移除模板分子形成与模板分子相匹配结合位点,从而制备了可特异性识别目标模板的分子印迹聚合物用于模拟抗原-抗体间的相互作用。硼酸亲和分子印迹技术是在分子印迹的基础上,将硼酸作为功能单体,利用硼酸可以与含顺式二醇的化合物进行可逆共价结合的特点,同时结合分子印迹技术的特异性,制备出对含顺式二醇化合物特异性识别的聚合物,弥补了硼酸亲和材料对顺式二醇具有优越的选择性,但无法识别特定的顺式二醇化合物的缺点。将硼酸亲和分子印迹技术与 SPR 传感器相结合,可以发挥分子印迹和光纤 SPR 的双重优势。

例如,陈滨将光纤 SPR 传感器与硼酸亲和分子印迹技术相结合,实现了对糖和糖蛋白的检测。如图 4.23(a)所示,使用塑料包层多模光纤(Plastic cladding multimode fiber, PCMF)的裸芯作为传感探头,在 PCMF 表面蒸镀银膜用于激发 SPR 响应,在银膜表面涂覆 SiO_2-MIPs 用于葡萄糖的检测,如图 4.23(b)所示。

对葡萄糖进行检测,SiO_2-MIPs 材料的制备如图 4.23(c)所示,将制备的 SiO_2 纳米颗粒进行硼酸功能化改性,然后通过硼酸与葡萄糖的共价结合,将葡萄糖固

定在 SiO_2 纳米颗粒表面,接着使用多巴胺的聚合反应在 SiO_2 纳米颗粒表面制备印迹层,最后使用提拉镀膜法将制备的 SiO_2-MIPs 材料涂覆在光纤表面。

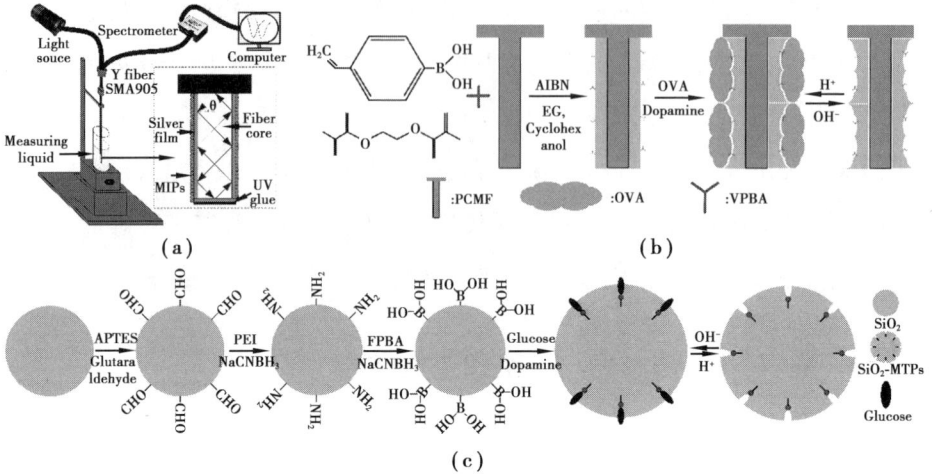

图 4.23

(a)实验装置示意图;(b)VPBA-EGDMA-MIPs 的制备过程;(c)SiO_2-MIPs 的制备过程

通过 XPS 研究了 SiO_2 和 SiO_2-MIPs 的化学成分。如图 4.24(a)所示,SiO_2 的全范围 XPS 测量光谱显示 Si 2 p 峰值在 103 eV 附近,O 1 s 峰值在 533 eV 附近。在 SiO_2 表面形成印迹层后,189 eV、285 eV 和 399 eV 处的新峰分别与 B 1 s、C 1 s 和 N 1 s 相关。如图 4.24(b)所示,高分辨率 C 1 s 光谱分别呈现 288.2 eV 处的 C=O 键、285.7 eV 处的 C-N 键、284.9 eV 处的 C-C 键和 284.2 eV 处的 C-B 键。如图 4.24(c)所示,在高分辨率 B 1 s 光谱中,188.9 eV 和 190.3 eV 的峰被分配给 B-C 键和 B-O 键,证明硼酸基团的成功固定。此外,高分辨率 Si 2 p 光谱显示在图 4.24(d)中,其中 Si-C 和 Si-O 键明显存在。这些结果证实了 SiO_2-MIPs 的成功制备。

通过扫描电子显微镜(SEM)对包覆 PCMF 的 SiO_2-MIPs 的形貌进行表征。如图 4.25(a)所示为 PCMF 表面银膜的 SEM 照片,银膜均匀致密。如图 4.25(b)所示为 PCMF 表面银膜和 SiO_2-MIPs 膜的 SEM 照片,SiO_2-MIPs 成功沉积为多孔结构。如图 4.25(c)和图 4.25(d)所示分别为 PCMF 吸附葡萄糖前后表面

4 光纤生物传感技术 / 209

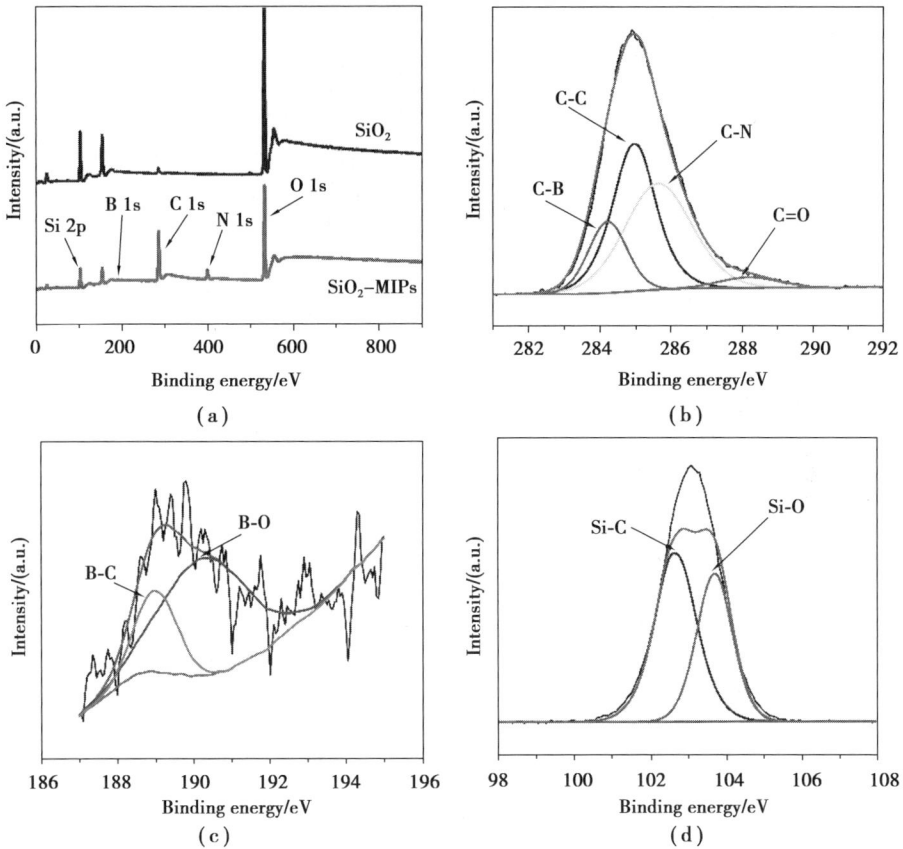

图 4.24 XPS 图

(a)SiO₂ 和 SiO₂-MIPs 的 XPS 全谱图;

(b)—(d)分别为 SiO₂-MIPs 的 C 1s、B 1s 和 Si 2p 峰的 XPS 光谱

的放大图像。明显的变化证明了葡萄糖的成功吸附。如图 4.25(e)所示为银膜和 SiO₂-MIPs 膜的端面图像,银膜的厚度约为 67 nm,SiO₂-MIPs 的直径约为 300 nm。如图 4.25(f)和图 4.25(g)所示为 SiO₂ 及其局部放大的透射电子显微镜(TEM)照片。如图 4.25(h)和图 4.25(i)所示为 SiO₂-MIPs 的 TEM 照片及其局部放大图。SiO₂ 颗粒边缘光滑,SiO₂-MIPs 边缘粗糙,表明印迹层制备成功,印迹层厚度约为 3.8 nm。如图 4.25(j)—(l)所示分别为 SiO₂-MIPs 中 Si、C、N 元素的能谱图。如图 4.25(m)所示为 SiO₂-MIPs 中 Si、C、N 元素的总能谱图。

C、N 元素在 SiO_2-MIPs 表面的分布进一步证明了印迹层的成功制备。

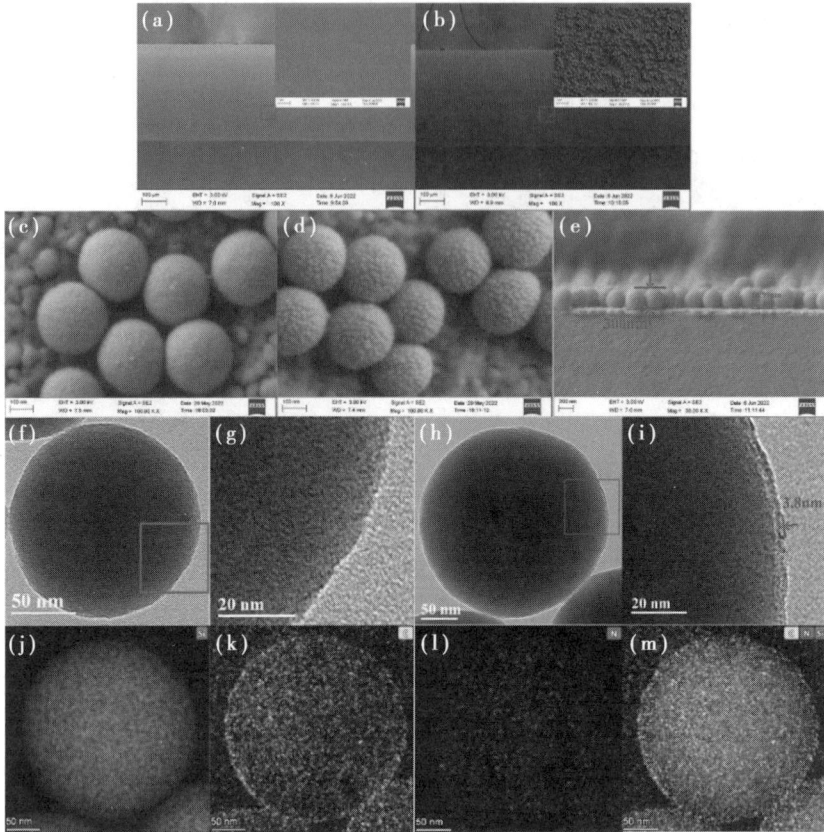

图 4.25 SEM 照片及 TEM 照片

（a）PCMF 表面银膜的 SEM 照片，插图为局部放大照片；（b）PCMF 表面银膜和 SiO_2-MIPs 的 SEM 照片，插图为局部放大照片；（c）吸附葡萄糖前 SiO_2-MIPs 的 SEM 照片；（d）吸附葡萄糖后 SiO_2-MIPs 的 SEM 照片；（e）银膜和 SiO_2-MIPs 的断面照片；（f）SiO_2 的 TEM 照片；（g）SiO_2 的局部放大照片；（h）SiO_2-MIPs 的 TEM 照片；（i）SiO_2-MIPs 的局部放大照片；（j）—（l）SiO_2-MIPs 中 Si、C、N 元素的能谱；（m）SiO_2-MIPs 中 C、N、Si 元素的总能谱

　　对 0 ~ 0.1 ng/mL 浓度范围的葡萄糖溶液的传感性能进行测试分析,结果
如图 4.26(a)所示,随着葡萄糖浓度的增加,SPR 光谱的共振波长发生了蓝移,
共移动了约 46.8 nm。如图 4.26(b)所示为传感区域沉积 SiO_2-MIPs 的条件下,
共振波长和不同葡萄糖浓度的拟合曲线,在 0 ~ 0.1 ng/mL 的范围内,传感器的
灵敏度为 482.323 nm/(ng/mL),线性度为 0.991,检测限为 3.94 pg/mL。

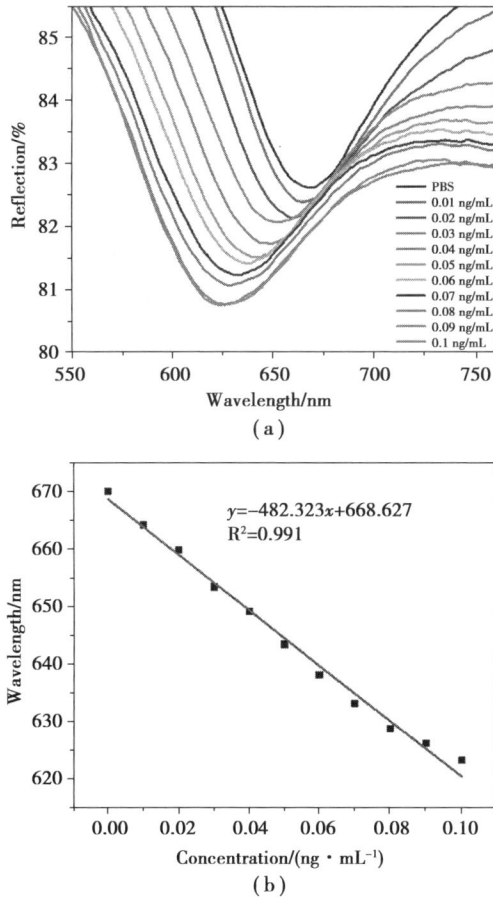

(a)

(b)

图 4.26　光谱响应图及线性拟合曲线图

(a)传感器对不同浓度葡萄糖的光谱响应图;

(b)共振波长和不同浓度葡萄糖的线性拟合曲线图

传感器的选择性和稳定性如图 4.27 所示,选择浓度为 0.1 ng/m L 的其他 5 种糖(果糖、麦芽糖、半乳糖、甘露糖、蔗糖)来检测传感器的波长漂移,如图 4.27(a)所示,传感器对葡萄糖的波长漂移远高于其他糖,这是因为传感器上具有与葡萄糖相应的印迹腔造成的。在使用 SiO_2-NIPs 的情况下,葡萄糖与其他糖的光谱漂移未见明显差异,结果证实了传感器对葡萄糖表现出了良好的特异性。如图 4.27(b)所示,传感器在 pH 为 8.5 时的共振波长漂移量最多,因为 FPBA 可以在 pH 约为 8.5 时从三方形式转化为四方形式,以捕获顺式二醇,所

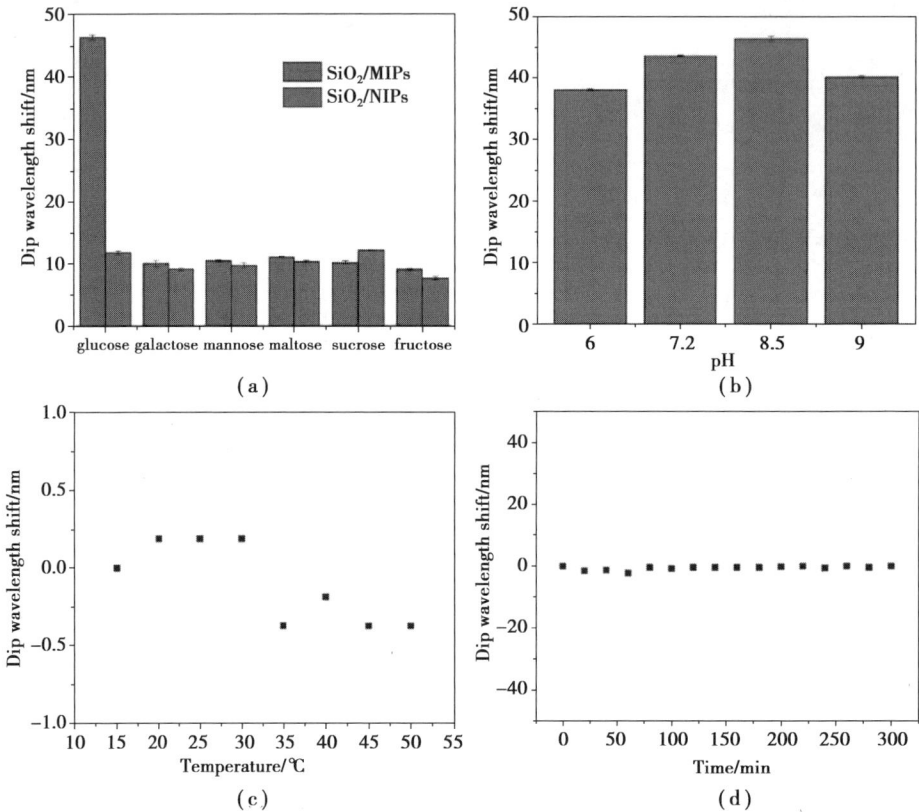

图 4.27 传感器的选择性和稳定性

(a)传感器对不同糖的选择性;(b)不同 pH 环境对传感器的影响;

(c)不同温度环境对传感器的影响;(d)传感器的时间稳定性

以传感器检测的最佳环境 pH 值为 8.5。温度对传感器的影响如图 4.27(c) 所示,在 15 ~ 50 ℃ 的温度范围内,传感器的波长移动范围为 -0.373 ~ 0.187 nm。对比传感器检测葡萄糖溶液时的漂移量,温度所导致的波长移动非常小,这有利于传感器在不同温度环境下对葡萄糖的检测,从而避免温度交叉敏感。传感器的时间稳定性如图 4.27(d) 所示,在 300 min 的时间稳定性测试中,传感器的共振波长位置基本没有偏差,表明该传感器具有良好的时间稳定性。

本案例提出了一种基于硼酸亲和分子印迹的光纤 SPR 传感器来检测葡萄糖浓度,工作方式采用反射式,在光纤侧面蒸镀 Ag 膜用于激发 SPR 现象,利用提拉镀膜机将 SiO_2-MIPs 材料涂覆在银膜上用于检测葡萄糖浓度。实验表明,该传感器可以检测 0 ~ 0.1 ng/mL 的葡萄糖溶液,随着葡萄糖浓度的增加,SPR 峰出现蓝移,其波长漂移量为 46.8 nm,灵敏度为 482.323 nm/(ng/mL),线性度为 0.991,检测限为 3.94 pg/mL,而涂覆了 SiO_2-NIPs 材料的传感器仅蓝移了 12 nm,表明涂覆 SiO_2-MIPs 材料的传感器对葡萄糖的响应更好。同时通过对 5 种不同糖类进行检测用以研究其特异性,结果表明该传感器对葡萄糖具有良好的选择性。最后对传感器的稳定性进行了一系列测试,结果表明该传感器在 pH 为 8.5 左右时的检测效果最佳,在 15 ~ 50 ℃ 范围具有良好的温度稳定性,具有良好的时间稳定性,并且能够重复使用。

除了普通糖蛋白的检测,陈滨还结合光纤 SPR 传感技术与硼酸亲和分子印迹技术实现了甲胎蛋白(AFP)的检测,甲胎蛋白不仅是一种糖蛋白,它还是一种肝癌标志物,同样使用 PCMF 作为传感探头,在 PCMF 表面蒸镀银膜用于激发 SPR 响应。传感器的制作过程如图 4.28 所示,通过多巴胺的聚合反应在银膜表面进行羟基化改性,接着使用 APTES 进行氨基化改性,然后使用 FPBA 进行硼酸化改性使光纤表面布满硼酸位点,最后利用正硅酸乙酯的脱水缩合反应在光纤表面制备 MIPs。

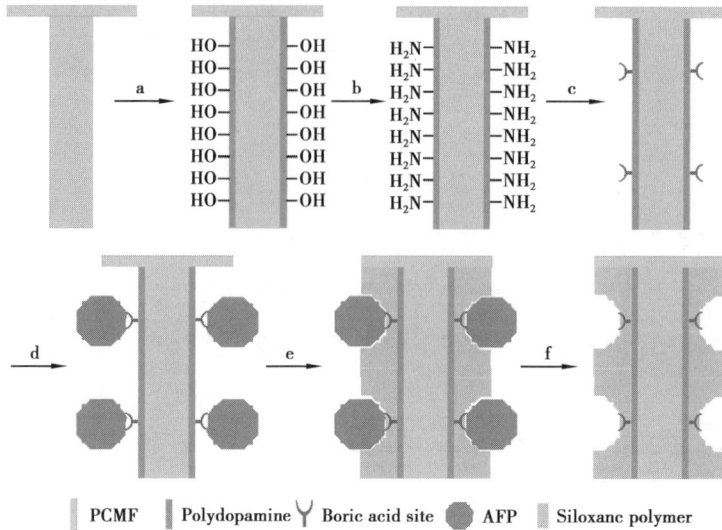

图 4.28　传感器的制作流程图

对制备的 MIPs 进行 XPS 和 SEM 表征，MIPs 的 XPS 全谱图如图 4.29(a)所示，位于 285 eV、532 eV、191 eV、400 eV 和 102 eV 的峰分别归属于 C 1s、O 1s、B 1s、N 1s 和 Si 2p。该结果证实了 MIPs 中存在 C、O、B、N 和 Si 元素。在图 4.29(b)的高分辨 B1s 谱中，位于 190.7 eV 和 191.2 eV 的峰分别归属于 B-C 和 B-O 键，从而证明了硼酸基团的成功固定。N 1s 峰的出现主要是由于多巴胺的聚合。此外，高分辨 Si 2p 谱图[图 4.29(c)]中 Si-C 和 Si-O 键明显，表明 MIPs 层的成功制备。

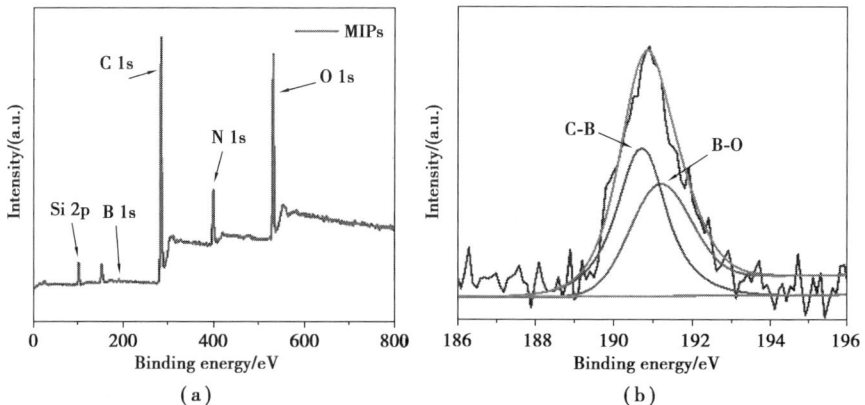

(a)

(b)

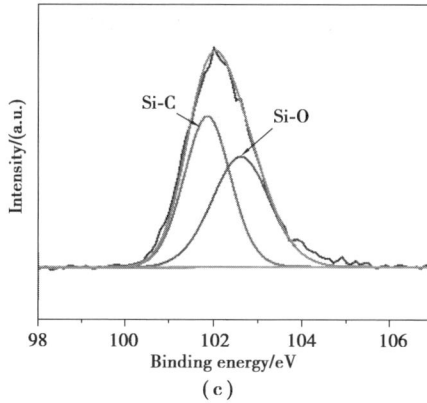

图 4.29　XPS 图

(a)MIPs 的 XPS 全谱图;(b)MIPs 的 B 1s 的 XPS 谱图;(c)MIPs 的 Si 2p 的 XPS 谱图

如图 4.30(a)所示为 PCMF 表面蒸镀银膜的 SEM 照片,银膜均匀致密。如图 4.30(b)所示为利用多巴胺的聚合对 PCMF 表面进行羟基化改性的 SEM 照片,PCMF 表面粗糙度增加。具有 MIPs 薄膜图像的 PCMF 表面如图 4.30(c)所示,经过正硅酸乙酯脱水缩合后得到较为粗糙的表面。如图 4.30(d)所示为镀有银和 MIPs 薄膜的 PCMF 的端面图像,制备的 MIPs 厚度约为 670.3 nm。

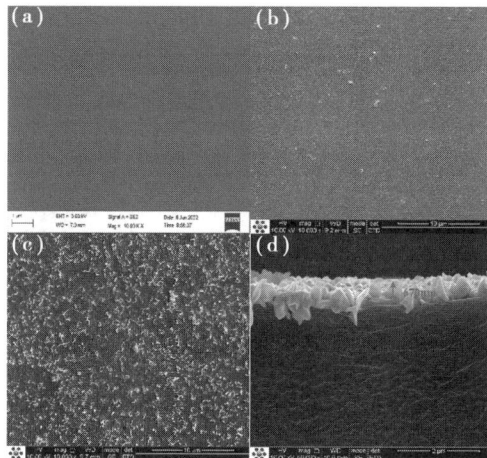

图 4.30　SEM 图

(a)PCMF 表面银膜的 SEM 图;(b)多巴胺聚合后银膜表面的 SEM 图;

(c)PCMF 表面制备 MIPs 的 SEM 图;(d)PCMF 表面制备 MIPs 的端面照片

如图 4.31(a)所示为 AFP 浓度范围为 0 ~ 1 ng/mL 时传感器的 SPR 光谱图。随着 AFP 浓度的增加,SPR 光谱的共振波长红移约 18.2 nm。如图 4.31(b)所示为共振波长与 AFP 浓度的拟合曲线。在 1 fg/mL ~ 1ng mL 范围内,传感器的灵敏度为 2.717 82 nm/(log(fg/mL)),线性度为 0.997。

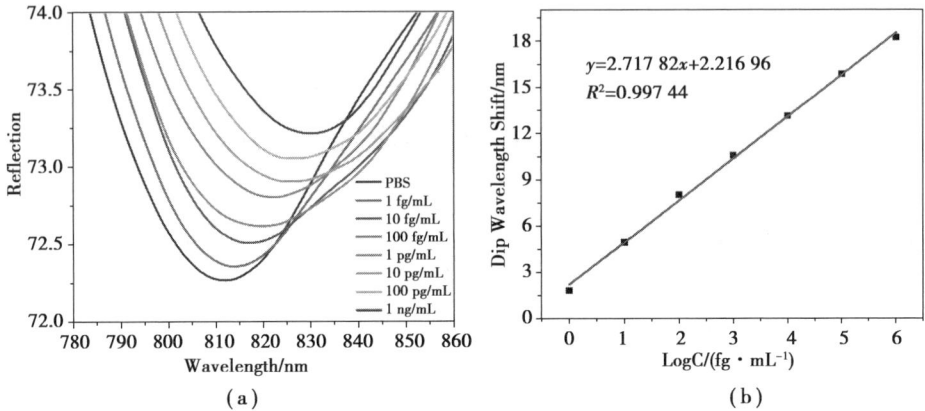

图 4.31　传感器的传感性能

(a)传感器对不同浓度 AFP 溶液的 SPR 光谱;

(b)AFP 浓度对数与共振波长漂移的线性拟合曲线

传感器的选择性如图 4.32(a)所示,对比浓度为 1 ng/mL 的其他 4 种蛋白(卵清蛋白、牛血清白蛋白、牛血红蛋白、溶菌酶)的波长漂移量。传感器对 AFP 的波长偏移远高于其他蛋白质,这是由于传感器上与 AFP 匹配的印迹腔。对具有 NIPs 薄膜的传感器,AFP 与其他蛋白之间没有明显的位移差异,表明该传感器具有良好的选择性。如图 4.32(b)所示显示了温度对传感器的影响。与 AFP 溶液引起的波长漂移相比,在 25 ~ 50 ℃的温度范围内,温度引起的波长漂移很小,表明传感器具有优异的温度稳定性。时间稳定性结果如图 4.32(c)所示,在 300 min 内谐振波长无明显漂移,表明了传感器具有良好的时间稳定性。传感器的重复性如图 4.32(d)所示,5 次吸附-洗脱循环后传感器还具有 85% 的传感性能,表明传感器能够重复使用。如图 4.32(e)所示,pH 为 8.5 时,传感器的漂移量最多,传感器的最佳 pH 环境为 8.5。

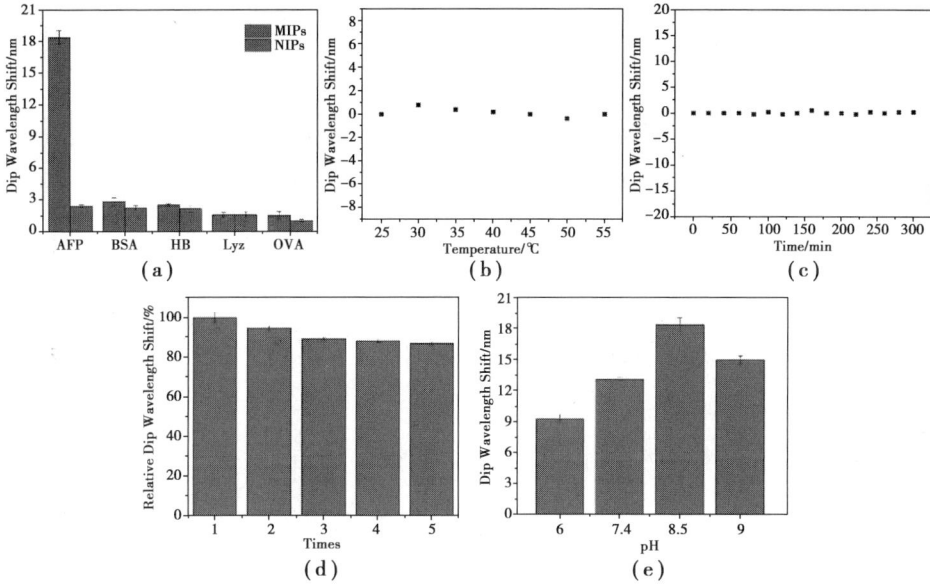

图 4.32

（a）选择性和比较；（b）温度稳定性；（c）时间稳定性；（d）重复性；（e）pH 稳定性

本案例制作了一种反射式光纤 SPR 传感器用于检测 AFP，传感区是一段端面沉积了 Ag 膜，长 1cm 的塑料包层多模光纤（PCMF）的裸芯。在裸芯侧面蒸镀 Ag 膜用于激发 SPR 现象，通过硼酸功能化改性以及正硅酸乙酯的脱水缩合制备了印迹层。实验表明，该传感器可以检测 0 ~ 1 ng/mL 的甲胎蛋白溶液，随着甲胎蛋白浓度的增加，共振峰的波长发生红移，波长漂移 18.2 nm 左右，灵敏度为 2.718 nm/（log（fg/mL）），线性度为 0.997，最低检测浓度为 1 fg/mL。而在传感器侧面制备了 NIPs 材料的传感器仅蓝移 2.4 nm 左右，说明在光纤侧面制备了 MIPs 后对甲胎蛋白具有更好的响应。同时检测了传感器的选择性与稳定性，结果表明该传感器在 pH 为 8.5 时检测效果最佳，在 25 ~ 55 ℃范围内具有良好的温度稳定性。该传感器具有结构简单、选择性优异、稳定性好、可重复使用等优点。

4.3.3　干涉式光纤与抗原抗体的结合

　　LBL 组装技术是一种在带电固体基底表面制备纳米薄膜的方法。该方法基于静电相互作用,通过交替吸附两种带相反电荷的纳米材料,在带电固体基底表面制备纳米薄膜。与弱聚电解质相比,强聚电解质薄膜在酸性和碱性溶液中更加稳定。在这项工作中使用的聚电解质薄膜是 PDDA 和 PSS。PDDA 和 PSS 具有较高的绝对 zeta 电位,这两种聚合物在 LBL 组装中得到了广泛的应用。

　　例如,张心雨提出了一种 SMF-MMF-TCF 的 MI 干涉式光纤传感器,并在 TCF 光纤侧面用 PDDA 和 PSS 交替进行 LBL 组装,最后修饰 CDV 抗体以实现对 CDV 抗原的高效特异性检测。使用解离液对传感器表面进行解离,以实现传感器的重复性使用。最终对传感器的重复性、灵敏度、检测限及稳定性等性能进行讨论研究。为了找到影响传感器灵敏度的最佳 PDDA/PSS 膜层数,对此进行了探究。如图 4.33 所示为不同镀膜层数下的反射光谱图,可以看出当镀膜层数为 1、2 层时,反射光谱基本没有变化,如图 4.33(a)—(b)所示。由图 4.33(c)—(d)可知,当镀膜层数为 3、4 层时变化较为明显。但是当镀膜层数为 4 层时,可以观察到一些干涉峰出现了畸变,当膜层数逐渐增多时,光纤表面粗糙度增大,端面会越发不平整,直接导致反射光强的减弱,OSA 能够探测的光功率减小,从而导致波形的失真。后续实验中镀膜层数均为 3 层。

　　采用的聚阳离子溶液和聚阴离子溶液分别是用 PDDA 和 PSS 进行配置,将其分散于去离子水中,浓度均为 2 mg/mL(NaCl 0.5M)。用 PBS 缓冲液配置 100 ng/mL 的 CDV 抗体溶液和待测 CDV 抗原溶液(0.1、1、10、50、100、1 000、10 000 pg/mL)备用。将 PDDA 聚阳离子溶液和 PSS 聚阴离子溶液超声 20 min 使其均匀分散,再对光纤表面进行洁净化处理,用去离子水和乙醇分别清洗 2～3 遍用 N$_2$ 吹干。首先将光纤传感探头浸入 PDDA 聚阳离子溶液中,浸泡 8 min,由于光纤表面本身就带有一定的负电荷,所以阳离子可以直接吸附在其表面,

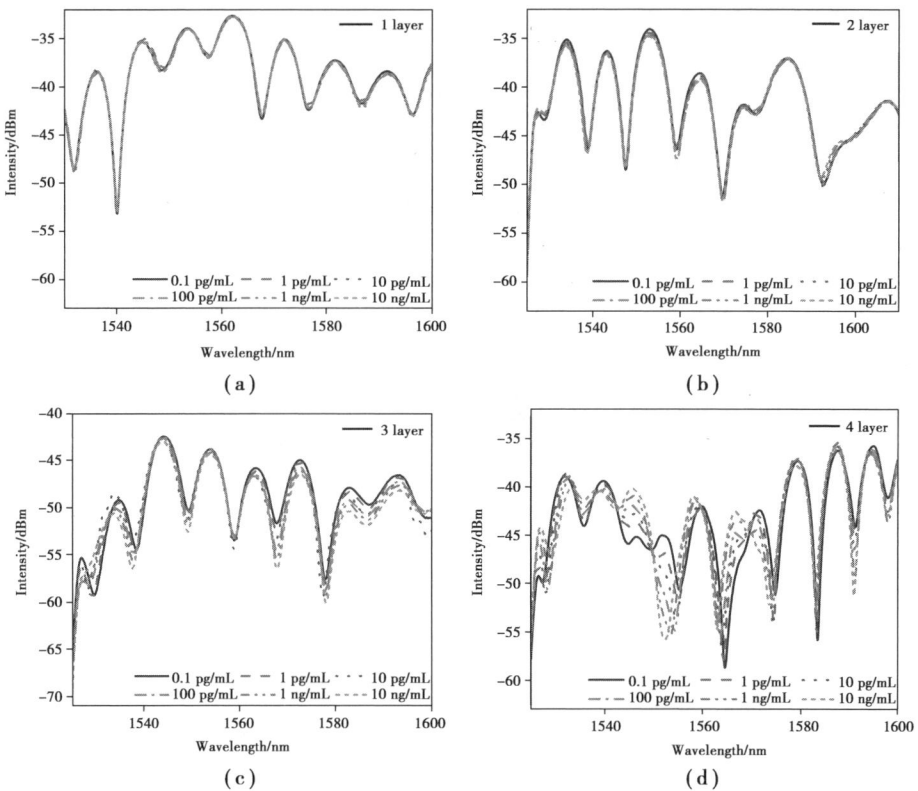

图 4.33　不同镀膜层数下的反射光谱图

(a)1 层；(b)2 层；(c)3 层；(d)4 层

取出后再浸入去离子水中 3 min,以除去表面游离的 PDDA 分子,经 N_2 吹干后将传感探头浸入 PSS 聚阴离子溶液中浸泡 8 min,取出后再浸入去离子水中 3 min,以除去表面游离的 PSS 分子,再用 N_2 吹干。由于静电作用,TCF 表面附着了一层 PDDA/PSS 薄膜。重复上述步骤 3 次,得到修饰有(PDDA/PSS)3 的光纤传感探针。将传感探头浸没于 CDV 抗体溶液中 1 h,经静电力作用使 CDV 抗体成功修饰在光纤表面。取出用 PBS 缓冲液进行冲洗后再浸泡于 10% 的奶粉封闭液中以封闭光纤表面多余的位点。光纤表面改性修饰 CDV 抗体流程如图 4.34 所示。

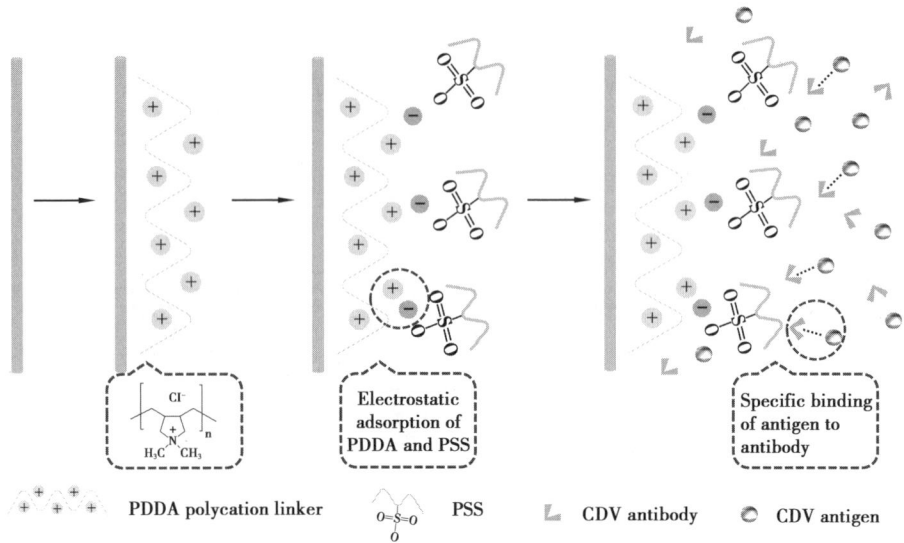

图4.34 光纤表面改性修饰 CDV 抗体流程图

(PDDA/PSS)₃复合膜的微观形貌和元素组成可以通过扫描电子显微镜(SEM)和能量色散 X 射线能谱(EDS)得到,如图4.35所示。图4.35(a)为放大 5 万倍下的(PDDA/PSS)₃复合膜包覆在光纤侧面时的微观形貌,可以看到经 LBL 组装后光纤表面黏附了一层致密均匀的薄膜。图4.35(b)为多层膜的截面图,可以得到此多层膜的厚度约为 39.34 nm,从而推断一层 PDDA/PSS 复合膜的厚度约为 13 nm。图4.35(c)为光纤表面复合膜的 EDS 能谱,Na 和 Cl 元素的存在可以证明(PDDA/PSS)₃复合膜已成功组装在光纤表面。

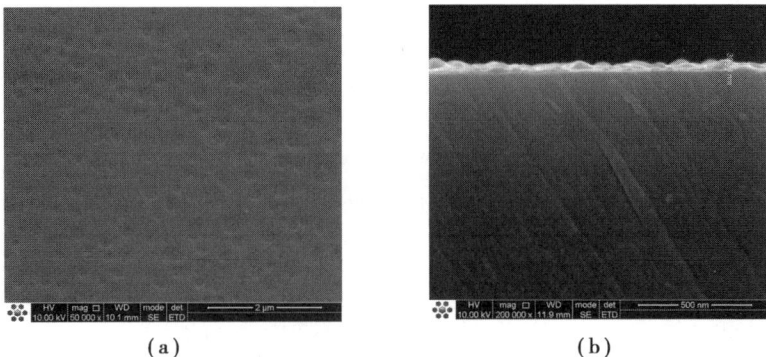

(a)

(b)

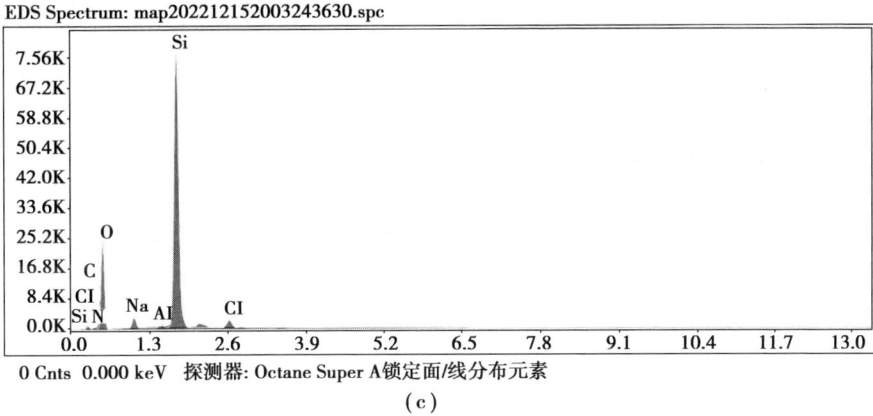

EDS Spectrum: map202212152003243630.spc

0 Cnts 0.000 keV 探测器: Octane Super A锁定面/线分布元素

（c）

图4.35 （PDDA/PSS）$_3$复合膜的微观形貌和元素组成

（a）5万倍下的光纤侧面图；（b）（PDDA/PSS）$_3$SEM截面图；

（c）（PDDA/PSS）$_3$EDS能谱图

如图4.36（a）所示为（PDDA/PSS）$_3$多层膜的AFM图及相图,由左侧三维图像可知,光纤表面粗糙度在7.87 nm左右,相图中颜色均一,表明PDDA/PSS两种聚合物黏附力相同,且成膜较为均匀。当表面修饰CDV抗体后,对应形貌如图4.36（b）所示,光纤表面粗糙度略有减小,约为7.05 nm,可能是由于CDV抗体的吸附填补了PDDA/PSS复合膜表面的空缺。右侧相图呈现两种颜色,表明CDV抗体的黏附力与PDDA/PSS复合膜不同。如图4.36（c）—（d）所示分别是CDV抗体与10 pg/mL和10 ng/mL CDV抗原结合时的AFM图像,此时光纤表面粗糙度明显增大,分别为21.1 nm和23.0 nm,可能是因为抗原抗体结合后形成了生物大分子。右侧相图颜色较为均一,表明复合材料表面吸附有同种物质,CDV抗原与抗体发生特异性结合从而引起光纤表面有效折射率差变化,干涉谱发生移动。可以通过检测光谱变化实现对CDV抗原浓度的检测。

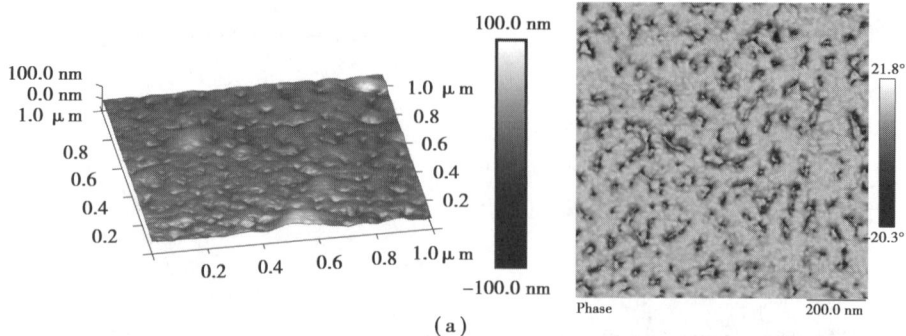

（a）

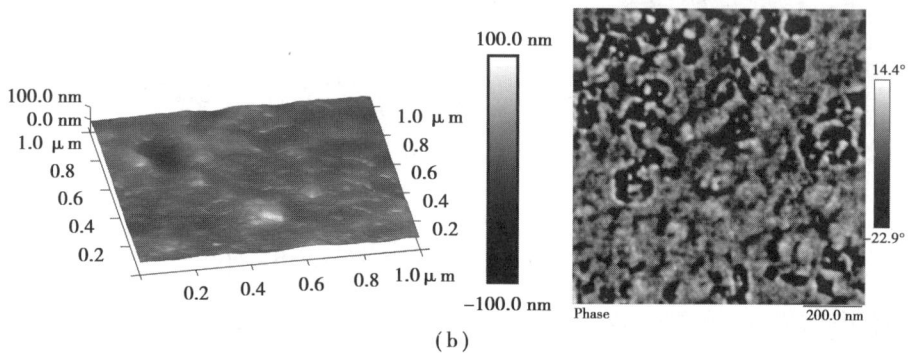

（b）

（c）

图 4.36　AFM 图

(a)(PDDA/PSS)₃ 多层膜;(b)CDV 抗体修饰后;

(c)CDV 抗体与 10 pg/mL 抗原结合;(d)CDV 抗体与 10 ng/mL 抗原结合

将所制备的 CDV 光纤传感探针依次浸入不同浓度的 CDV 抗原溶液中 (0.1、1、10、50、100、1 000、10 000 pg/mL),用 OSA 记录干涉光谱的变化,直至反射谱趋于稳定。此时先用 PBS 缓冲液冲洗光纤 3 次,洗去游离在光纤表面的 CDV 抗原分子,然后将光纤传感探针浸入 PBS 中,记录此时的反射光谱。如图 4.37(a)所示,随着 CDV 抗原浓度的不断增大,1 570 nm 附近的反射光谱强度逐渐减小,最大强度变化量为 5.459 dB,拟合系数为 0.989,如图 4.37(b)所示。通过式(4.1)计算检测限:

$$LOD = \frac{3\sigma}{K} \tag{4.1}$$

其中,K 为线性拟合斜率(1.177 6);σ 为斜率的标准差(0.048 5),计算得传感器检测限为 0.123 6 pg/mL,灵敏度为 1.177 6 dB/(pg/mL)。

考虑传感器的可用性,对其重复性进行探究。CDV 抗原从光纤表面洗脱是基于低 pH 值可以改变结合物表面电荷的分布,使其带有相同电荷后相互排斥直至分离的化学机制。在 HCl 缓冲体系中,抗原更容易聚集沉淀,从而达到解离的目的。在此探究了 pH 为 1~4 范围下的 HCl 缓冲溶液对传感器恢复性能的影响,结果图 4.38 所示。当用 pH 值为 1 或 2 的 HCl 解离时,恢复率仅为

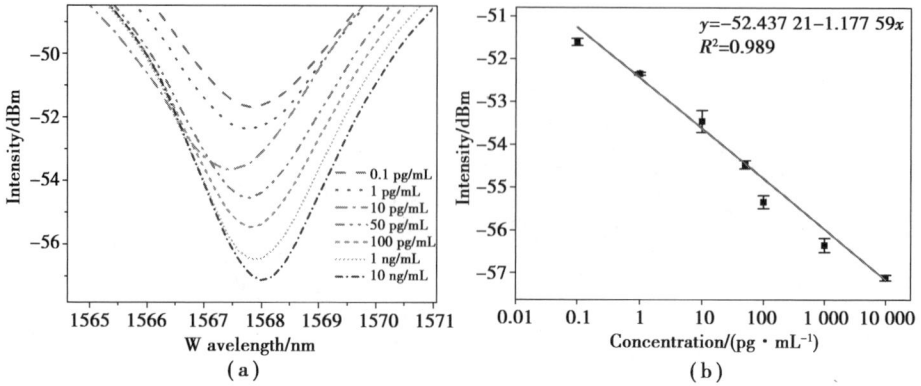

图 4.37　CDV 抗原浓度梯度检测及线性拟合图

(a)不同 CDV 抗原浓度下的反射光谱图;(b)CDV 抗原浓度与强度的线性拟合

6.53% 和 5.67%,解离效果较差,可能是由于 HCl 浓度过高导致 CDV 抗体大面积死亡,恢复率较低。当用 pH=3 的 HCl 解离时,恢复率较高,达到 91.04%。使用 pH=4 的 HCl 解离时,HCl 浓度过低,部分抗原没有解离成功,恢复率仅为 30.67%。后续实验选用 pH=3 的 HCl 作为解离剂。

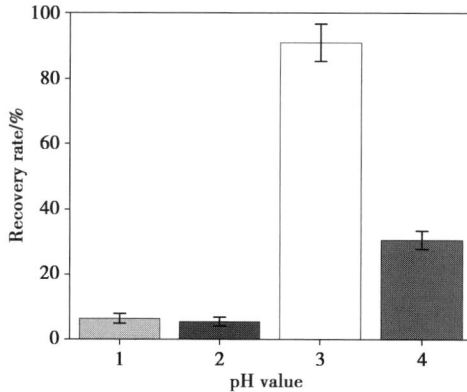

图 4.38　不同 pH 下的传感器恢复率

对 CDV 光纤传感器进行 5 次响应/恢复测试,评估其可重复性。将传感器浸入 10 ng/mL 的 CDV 抗原溶液中,每 3 min 记录一次光谱数据,直至波形不再变化,得到传感器响应曲线如图 4.39 所示,响应时间约为 25 min。在进行传感器恢复测试时,将光纤传感探头浸入 0.01M 的 HCl 溶液中,每隔 3 min 记录一次数据直至波形不再发生变化。重复 5 次上述吸附、解离过程,结果显示,在第 2、3 个循环后光纤传感器的重复率较高,分别为 91.04% 和 77.90%。在第 4、5 个循环后重复率有所下降,分别为 63.8% 和 48.9%,这可能是因为多次吸附/解离过程导致光纤表面修饰抗体的活性降低,吸附时可供特异性结合 CDV 抗原的活性位点减少。

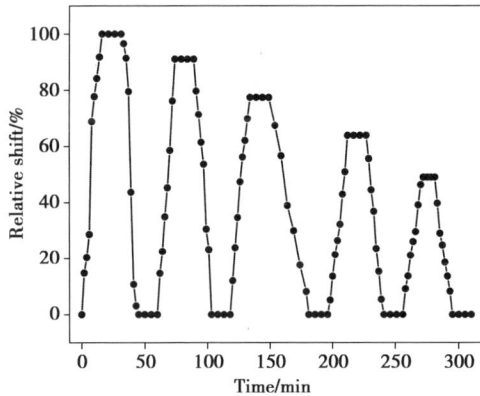

图 4.39 抗原抗体的解离与再响应

将 CDV 抗体修饰的光纤传感探针分别浸入相同浓度的 CDV、BSA、AFP、H9N2、HGB、OVA、SAG1 抗原溶液中,监测传感器响应光谱,生物样本均由重庆理工大学药学与生物工程学院实验室提供。对应的光强变化量如图 4.40 所示,CDV 引起的波长偏移量为其他抗原引起偏移量的 10 倍左右,表明传感器对 CDV 抗原表现出高特异性。

将传感器置于恒温恒湿箱中,测试 20 ~ 65 ℃ 范围内传感器的温度稳定性,每隔 5 ℃ 记录一次光谱数据,得到如图 4.41(a)所示的散点图,温度引起的最大强度变化量仅为 0.385 dB,对传感器的影响可以忽略。控制恒温恒湿箱温度为 37 ℃,湿度为 40% 不变,对传感器进行时间稳定性测试,每隔 15 min 记录一次光谱数据,结果如图 4.41(b)所示。可以看出 180 min 内传感器处于动态平衡状态,最大强度变化量为 0.28 dB,说明该传感器有良好的时间稳定性。

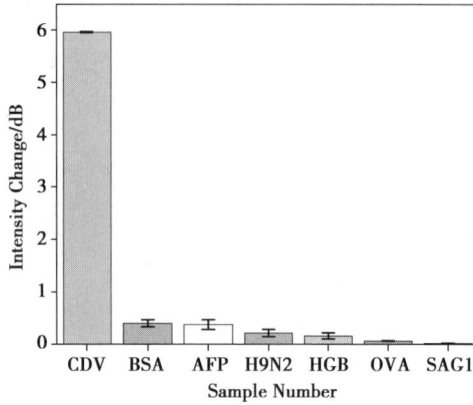

图 4.40　传感器的选择性

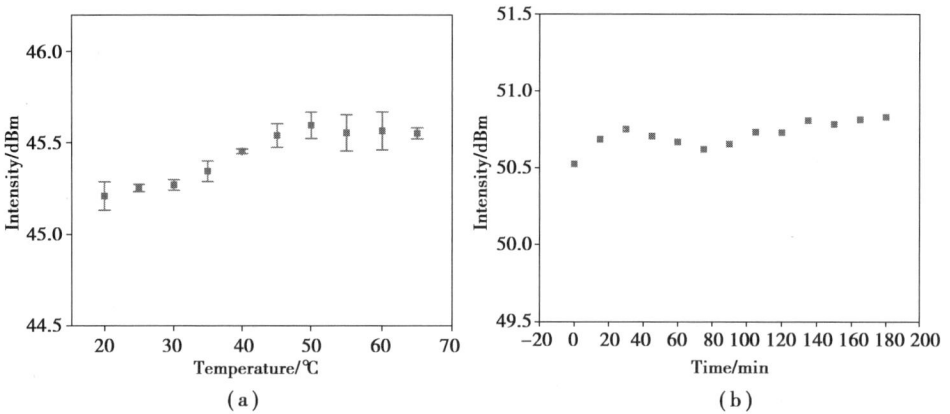

（a）　　　　　　　　　　　　（b）

图 4.41　稳定性

（a）温度稳定性；（b）时间稳定性

对 CDV 光纤生物传感器进行如图 4.42 所示的临床样本测试，CDV 阴性临床样本和阳性临床样本均由重庆市动物疫病预防控制中心提供。结果显示 CDV 阴性样本（4—5）引起的最大光谱强度变化量仅为 0.432 7 dB，不足阳性样本（1—3）的 20%。表明所制备的 CDV 光纤传感器可以实现对 CDV 临床样本的有效检出，具有潜在的应用价值。本实验涉及的临床样本检测工作均已得到重庆理工大学医学伦理委员会批准。

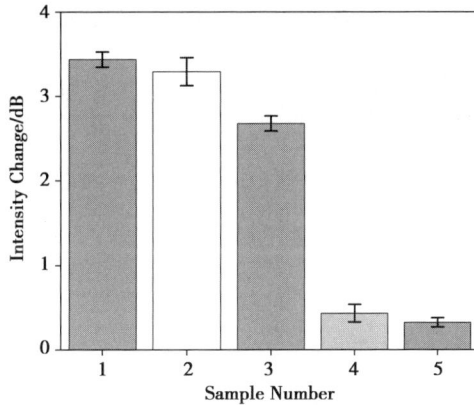

图 4.42 临床样本检测

1—3 为 CDV 阳性样本;4—5 为阴性样本

本案例设计了一种 MI 反射式结构的可重复使用的 CDV 光纤生物传感器,采用 LBL 组装,在光纤表面修饰(PDDA/PSS)₃多层膜作为聚电解质结合剂来固定 CDV 抗体,形成(PDDA/PSS)₃/CDV 抗体复合膜,用于特异性检测 CDV 抗原。实验结果表明,该光纤传感器对 CDV 抗原的灵敏度为 1.177 6 dB/(pg/mL),检测限为 0.123 6 pg/mL,线性拟合度达 0.989 9;采用解离剂对传感器进行解离处理,发现其在第 2、3 个循环后光纤传感器的重复率较高,分别为 91.04% 和 77.90%,验证其可重复性。同时,对传感器进行了选择性和临床样本的检测,验证了传感器的实用性。

4.4 本章小结

光纤生物传感器是一种利用光学原理和光纤技术,在生物医学、环境监测和食品安全等领域具有广泛应用的高灵敏度、实时性强的传感技术。主要应用领域包括医学诊断、药物研发、环境监测和食品安全等。其中,光纤免疫传感器通过免疫反应识别目标生物分子或细胞,光纤光栅生物传感器通过监测光的波长变化检测生物分子,光纤 SPR 传感器则通过表面等离子共振效应实现生物分子的检测。但是光纤生物传感器仍然存在着一定的技术限制,如光纤生物传感器的制造和维护成本较高,限制了其在实际应用中的推广和应用范围。光纤生物传感器的应用范围有限,可能不能适用于所有生物的检测场景,另外需要考虑复杂生物样品中的应用和实际场景中的稳定性等问题。

　　未来光纤生物传感器有望通过材料和工艺的改进,进一步提高其灵敏度和特异性,降低成本,实现对更广泛生物信息的监测和检测。同时,光纤生物传感器还有望与微流控技术、人工智能等结合,实现更高效、快速、自动化的生物信息检测。随着生物监测需求的不断增加,光纤生物传感器有望成为生物传感器领域的重要发展方向。

参考文献

[1] LU P,LALAM N,BADAR M,et al. Distributed optical fiber sensing:Review and perspective[J]. Applied Physics Reviews,2019,6(4):041302.

[2] HUANG M F,SALEMI M,CHEN Y H,et al. First field trial of distributed fiber optical sensing and high-speed communication over an operational telecom network[J]. Journal of Lightwave Technology,2020,38(1):75-81.

[3] LEAL-JUNIOR A G,DIAZ C A R,AVELLAR L M,et al. Polymer optical fiber sensors in healthcare applications:A comprehensive review[J]. Sensors,2019, 19(14):3156.

[4] GUO J J,ZHOU B Q,ZONG R,et al. Stretchable and highly sensitive optical strain sensors for human-activity monitoring and healthcare[J]. ACS Applied Materials & Interfaces,2019,11(37):33589-33598.

[5] MIN R,LIU Z Y,PEREIRA L, et al. Optical fiber sensing for marine environment and marine structural health monitoring:A review[J]. Optics & Laser Technology,2021,140:107082.

［6］JOE H E, YUN H, JO S H, et al. A review on optical fiber sensors for environmental monitoring［J］. International Journal of Precision Engineering and Manufacturing-Green Technology, 2018, 5(1):173-191.

［7］PAWAR D, KALE S N. A review on nanomaterial-modified optical fiber sensors for gases, vapors and ions［J］. Mikrochimica Acta, 2019, 186(4):253.

［8］ZHAO P C, ZHAO Y, BAO H H, et al. Mode-phase-difference photothermal spectroscopy for gas detection with an anti-resonant hollow-core optical fiber ［J］. Nature Communications, 2020, 11(1):847.

［9］GONG P Q, WANG Y M, ZHOU X, et al. *In situ* temperature-compensated DNA hybridization detection using a dual-channel optical fiber sensor［J］. Analytical Chemistry, 2021, 93(30):10561-10567.

［10］RORIZ P, SILVA S, FRAZÃO O, et al. Optical fiber temperature sensors and their biomedical applications［J］. Sensors, 2020, 20(7):2113.

［11］RIVERO D S, URRUTIA A, RUIZ-ZAMARREÑO C, et al. Advances in fiber optic DNA-based sensors: A review［J］. IEEE Sensors Journal, 2021, 21(11): 12679-12691.

［12］CHEN C, WANG J S. Optical biosensors: An exhaustive and comprehensive review［J］. Analyst, 2020, 145(5):1605-1628.

［13］WEN X Y, YANG X H, GE Z X, et al. Self-powered optical fiber biosensor integrated with enzymes for non-invasive glucose sensing［J］. Biosensors and Bioelectronics, 2024, 253:116191.

［14］LI J Z, LIU X, SUN H, et al. A new type of optical fiber glucose biosensor with enzyme immobilized by electrospinning［J］. IEEE Sensors Journal, 2021, 21 (14):16078-16085.

［15］LOYEZ M, HASSAN E M, LOBRY M, et al. Rapid detection of circulating breast cancer cells using a multiresonant optical fiber aptasensor with plasmonic amplification[J]. ACS Sensors,2020,5(2):454-463.

[16] MISHRA G P,KUMAR D,CHAUDHARY V S,et al. Cancer cell detection by a heart-shaped dual-core photonic crystal fiber sensor[J]. Applied Optics, 2020,59(33):10321-10329.

[17] CHIAPPINI A,PASQUARDINI L,BOSSI A M. Molecular imprinted polymers coupled to photonic structures in biosensors:The state of art[J]. Sensors, 2020,20(18):5069.

[18] FAN J,QIU L L,QIAO Y,et al. Recent advances in sensing applications of molecularly imprinted photonic crystals [J]. Frontiers in Chemistry,2021, 9:665119.

[19] CAUCHETEUR C,VILLATORO J,LIU F,et al. Mode-division and spatial-division optical fiber sensors[J]. Advances in Optics and Photonics,2022,14 (1):1-86.

[20] ZHAO P C,HO H L,FAN S C,et al. Evanescent wave lab-on-fiber for high sensitivity gas spectroscopy with wide dynamic range and long-term stability [J]. Laser & Photonics Reviews,2023,17(5):2200972.

[21] LIU Y, PENG W. Fiber-optic surface plasmon resonance sensors and biochemical applications:A review [J]. Journal of Lightwave Technology, 2021,39(12):3781-3791.

[22] CEN Q Q,PIAN S J,LIU X H,et al. Microtaper leaky-mode spectrometer with picometer resolution[J]. eLight,2023,3(1):9.

[23] GAU Y A,HSU E T,CHA R J,et al. Multicore fiber optic imaging reveals that astrocyte calcium activity in the mouse cerebral cortex is modulated by internal motivational state[J]. Nature Communications,2024,15(1):3039.

[24] PENDÃO C,SILVA I. Optical fiber sensors and sensing networks:Overview of the main principles and applications[J]. Sensors,2022,22(19):7554.

[25] BHARDWAJ V, KISHOR K, SHARMA A C. Tapered optical fiber geometries and sensing applications based on Mach-Zehnder Interferometer: A review[J]. Optical Fiber Technology, 2020, 58: 102302.

[26] LU C X, DONG X P, WU C. Characteristics of critical-wavelength-existed fiber-optic Mach-Zehnder interferometers and their sensing applications[J]. Photonics, 2022, 9(6): 378.

[27] SINGH L, SINGH R, KUMAR S, et al. Development of collagen-IV sensor using optical fiber-based Mach-Zehnder interferometer structure[J]. IEEE Journal of Quantum Electronics, 2020, 56(4): 7700208.

[28] EFTIMOV T, JANIK M, KOBA M, et al. Long-period gratings and microcavity in-line Mach Zehnder interferometers as highly sensitive optical fiber platforms for bacteria sensing[J]. Sensors, 2020, 20(13): 3772.

[29] LI H C, LENG Y K, LIAO Y C, et al. Tapered microfiber MZI biosensor for highly sensitive detection of *Staphylococcus aureus*[J]. IEEE Sensors Journal, 2022, 22(6): 5531-5539.

[30] WANG L N, YI D, GENG Y F, et al. Ultrasensitive deafness gene DNA hybridization detection employing a fiber optic Mach-Zehnder interferometer: Enabled by a black phosphorus nanointerface[J]. Biosensors and Bioelectronics, 2023, 222: 114952.

[31] GUO J H, LIAN S P, ZHANG Y, et al. High-temperature measurement of a fiber probe sensor based on the Michelson interferometer[J]. Sensors, 2021, 22(1): 289.

[32] WYSOKIŃSKI K, BUDNICKI D, FIDELUS J, et al. Dual-core all-fiber integrated immunosensor for detection of protein antigens[J]. Biosensors and Bioelectronics, 2018, 114: 22-29.

[33] LU L D, ZHU L Q, ZHU G X, et al. ZIF-8/lipase coated tapered optical fiber

biosensor for the detection of triacylglycerides[J]. IEEE Sensors Journal, 2020,20(23):14173-14180.

[34] HU X G, ZHAO Y, PENG Y, et al. In-fiber optofluidic Michelson interferometer for detecting small volume and low concentration chemicals with a fiber ring cavity laser[J]. Sensors and Actuators B: Chemical, 2022, 370:132467.

[35] ESPOSITO F, SRIVASTAVA A, SANSONE L, et al. Label-free biosensors based on long period fiber gratings: A review[J]. IEEE Sensors Journal, 2021, 21(11):12692-12705.

[36] DU C, WANG Q Y, ZHAO S, et al. Biological sensors based on long period fiber grating[J]. Optics & Laser Technology, 2023,158:108936.

[37] XU B, HUANG J, DING L Y, et al. Graphene oxide-functionalized long period fiber grating for ultrafast label-free glucose biosensor[J]. Materials Science and Engineering: C, 2020,107:110329.

[38] UDOS W, OOI C W, TAN S H, et al. Label-free surface-plasmon resonance fiber grating biosensor for Hand-foot-mouth disease (EV-A71) detection[J]. Optik, 2021,228:166221.

[39] ESPOSITO F, SANSONE L, SRIVASTAVA A, et al. Label-free detection of vitamin D by optical biosensing based on long period fiber grating[J]. Sensors and Actuators B: Chemical, 2021,347:130637.

[40] ZHANG J X, LIANG T M, WANG H Y, et al. Ultrasensitive glucose biosensor using micro-nano interface of tilted fiber grating coupled with biofunctionalized Au nanoparticles[J]. IEEE Sensors Journal, 2022,22(5):4122-4134.

[41] KAMAL EDDIN F B, FEN Y W. The principle of nanomaterials based surface plasmon resonance biosensors and its potential for dopamine detection[J]. Molecules, 2020,25(12):2769.

［42］YESUDASU V, PRADHAN H S, PANDYA R J. Recent progress in surface plasmon resonance based sensors: A comprehensive review［J］. Heliyon, 2021, 7(3): e06321.

［43］WANG Q, WANG X Z, SONG H, et al. A dual channel self-compensation optical fiber biosensor based on coupling of surface plasmon polariton［J］. Optics & Laser Technology, 2020, 124: 106002.

［44］CHEN W, GUO Z Y, DING Q, et al. Magnetic-graphene oxide based molecular imprinted polymers for selective extraction of glycoprotein at physiological pH ［J］. Polymer, 2021, 215: 123384.

［45］CHAUDHARY V S, KUMAR D, KUMAR S. Gold-immobilized photonic crystal fiber-based SPR biosensor for detection of malaria disease in human body［J］. IEEE Sensors Journal, 2021, 21(16): 17800-17807.

［46］PU J L, WANG H W, HUANG C, et al. Progress of molecular imprinting technique for enantioseparation of chiral drugs in recent ten years［J］. Journal of Chromatography A, 2022, 1668: 462914.

［47］TARANNUM N, KHATOON S, DZANTIEV B B. Perspective and application of molecular imprinting approach for antibiotic detection in food and environmental samples: A critical review ［J］. Food Control, 2020, 118: 107381.

［48］WANG B J, DUAN A H, XIE S M, et al. The molecular imprinting of magnetic nanoparticles with boric acid affinity for the selective recognition and isolation of glycoproteins［J］. RSC Advances, 2021, 11(41): 25524-25529.

［49］HUMAIRAH N A, NURIJAL I, AINUS SOFA S, et al. Molecularly imprinted polyvinyl acetate doped with boric acid for sensitivity and selectivity of ammonia sensing by QCM ［J］. Biosensors and Bioelectronics: X, 2023, 13: 100320.

[50] DECHER G. Fuzzy nanoassemblies:Toward layered polymeric multicomposites [J]. Science,1997,277(5330):1232-1237.

[51] DUBAS S T,SCHLENOFF J B. Polyelectrolyte multilayers containing a weak polyacid:construction and deconstruction[J]. Macromolecules,2001,34(11): 3736-3740.

[52] JOUNG Y S,BUIE C R. Antiwetting fabric produced by a combination of layer-by-layer assembly and electrophoretic deposition of hydrophobic nanoparticles [J]. ACS Applied Materials & Interfaces,2015,7(36):20100-20110.

[53] SONG Y J,LÜ J H,LIU B X,et al. Temperature responsive polymer brushes grafted from graphene oxide:An efficient fluorescent sensing platform for 2,4, 6-trinitrophenol [J]. Journal of Materials Chemistry C, 2016, 4 (29): 7083-7092.

5 结构健康监测光纤声发射传感技术

5.1 光纤声发射传感概述

设备在受到撞击时内部结构会产生一种声发射信号,对该声发射信号进行检测与运算能够得到撞击点位置或设备内部结构状况等信息。提出一种能够对来自外界的撞击信号进行检测的传感系统是很有必要的,光纤传感器其质量轻,易复用,抗电磁干扰等优点被广泛应用于结构健康监测领域。本章介绍基于光纤 F-P 滤波器的环形声发射传感系统,首先就结构健康监测的研究背景与研究意义进行讨论并介绍光纤传感器作为声发射传感器的应用现状。随后阐述基于光纤 F-P 滤波器的环形光纤声发射传感系统的解调原理。最后介绍基于光纤 F-P 滤波器的环形声发射复用解调应用,以及利用三角定位法和椭圆定位法在声发射源定位中的应用。

5.1.1 研究背景与意义

随着全球工业进程及科技进展的逐年加快,各种工业设备的应用随之广泛,为延长它们的服役寿命,对这些设备的监测是相关领域研究人员长期以来十分关注的。这项技术对工业设备、航空航天以及桥梁建筑等领域的日常管理维护至关重要,当这些设备遭受外界撞击、人为的意外损伤等时,都可能会导致设备内部材料的力学参数(硬度、刚度、脆性、抗冲击性能等)发生改变,在经历外部环境变化、结构内部应力等影响下,极其微小的缺陷都会积累发展成较大的缺陷。若不能及时发现并修缮,带来后续更严重的安全事故,则会导致经济损失甚至人员损伤。在这些领域进行无损检测从而预先检测到较小的缺陷有十分关键的工程意义。

目前,传统的无损检测技术依然广泛应用于设备结构检测中,常见的无损检测技术有磁粉检测、超声波检测、射线检测、涡流检测等。这些检测技术虽然有一些优势,但存在很多问题,如磁粉检测无法确定检测物体内部缺陷的深度而且还不能用于检测非铁磁类的材料;超声波检测对结构偏小或者含有粗细粒的材料时会发生散射,很难检测;射线检测只能检测体积类的缺陷,而且检测成本很大,同时由于射线的特殊性,需要对人员进行专门的培训以及需要在特定场合检测使用;涡流检测不能检测非金属物体及大型物件。

结构健康监测(Structural Health Monitoring,SHM)是指对结构材料中的状况实施损伤监测和识别,通过传感器阵列获取损伤信号,在不损坏被测物体结构的情况下,对获取的损伤信号进行分析和处理,从而对物体结构进行实时在线监测,确定其健康状况。该技术可以在物体结构受损初期就能提前监测,从而及时对设备出现的问题进行处理以及节省工程中停机检测的时间,提高工作效率。

声发射(Acoustic Emission,AE)检测就是一项具有代表性的结构健康监测技术,当被测物件受到来自外界的撞击或环境变化导致的内部应力变化时,结构本身会产生一定的应变,这种应变会导致内部产生弹性应力波,这种应力波即为声发射信号。通过预设的传感器系统对这种信号进行采集处理,并计算分析从而得出缺陷或撞击位置的技术即为声发射检测技术。声发射技术相比传统的无损检测具有更多优势:一是对物体的动态应力变化敏感,在产生应力变化之初就可以监测到;二是声发射的信号来自物体应力变化产生而非外部,信号中包含了大量的物体损伤、异常等有关的信息;三是对结构件的几何形状不敏感,可用于检测结构复杂的构件。通过声发射系统实现对结构设备的监测具有较好的应用前景。

普遍认为,声发射检测技术的发展始于 Kaiser 效应的发现。Kaiser 于 1950 年进行了金属板拉伸实验对声发射信号进行研究,他发现当材料所受应力小于之前所受的最大应力时,不会有明显的声发射信号;当材料所受应力超过之前所受最大应力时,声发射信号显著增加,这种现象就是声发射 Kaiser 效应。尽管对声发射现象的研究由来已久,但"声发射"的定义其实一直以来都饱受争议,严格从定义上来说,"声音"指的是人耳检测到的压力波。然而固体中的弹性波并不仅局限于压力波,且所有类型的振动模式都是由声发射源产生的。即便这样,"声发射"在如今已被普遍用于描述由物件内部事件而发生的弹性波现象。声发射是由材料内局部应力快速改变而产生的弹性波,这种变化通常是材料受到外部载荷而产生。

声发射检测系统主要分为滤波器、信号处理系统、定位系统、传感器 4 个部分。滤波器采用由电容、电感、电阻组成的电子滤波器,将特定频率的信号进行滤除使得有效的声发射信号传入信号处理系统中。信号处理系统主要对声发射信号中特征信息进行处理收集,得出相应的时差信息、声发射源位置信息等。定位系统主要采用特定的算法,如三角定位算法、空间定位算法、随机森林算法等,将采集的时差信息、声发射源信息进行分析运算,得出设备结构中异常或者撞击位置。目前大多数的声发射检测研究采用的是压电陶瓷传感器(Piezoelectric Transducer,PZT),压电传感器核心部件为压电陶瓷,当压电陶瓷受到外部应力影响时,其内部正负电荷会发生极化从而可将压力信号转化为电信号,具有灵敏度高的优点,可以探测微小的应变,但是压电传感器易受电磁干扰、无法检测过高频率信号并且不便于复用。开发一种不被电磁干扰、检测信号频率范围大且易于复用解调的声发射解调系统,对结构健康监测领域的进展十分有必要。

工业设备或建筑桥梁如航空航天器、大型风机、储油罐等,在它们的服役环境中极易受到来自外界的应变,如地震、海啸以及台风等,并且它们的服役环境普遍极其恶劣,如潜艇这样的设备还需始终潜行在深海极大的压强下(图5.1)。尽管构成这些设备的材料经历了人类长期的优化与发展,在受到外界应变压力足够大或者积累到一定程度后,设备表面和内部难免都会产生相应的缺陷如裂纹、孔隙等,这些缺陷损伤都会使设备的完整性受到破坏,若不能及时检测到这些设备情况变化会引发后续更严重的后果。建立一个可靠的结构健康监测系统,实时检测这些来自外界应变产生的声发射信号,能更早地发现问题并进行检修。

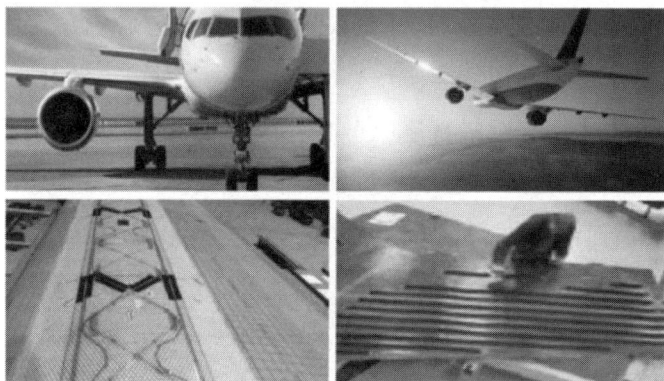

图 5.1　结构健康监测应用场景图

国内外近年来对结构健康监测展开了大量研究工作,无论在学术领域还是在工业领域都包含了许多对该技术研究和探索的项目,而作为代表性技术之一且极具优势的声发射检测技术更是一直被许多科研学者所探讨与研究,目前实验环境广泛应用的声发射传感器采用的是压电陶瓷传感器,但压电式传感器具有易受电磁干扰、体积较大且不易复用等缺点,不适用于许多复杂环境。光纤光栅传感器就是近年来能够克服这些缺点的一项技术,随着光纤光栅传感器技术的长期发展,它具有了许多传统压电式传感器不具备的优良特性,如抗电磁干扰、体积轻便、易于复用、损耗小等。光纤光栅传感器这些优良特性,以及具有感知表面应力、温度和判断损伤等能力已经应用于诸多领域,尤其是在结构健康监测领域有着重要的实用价值。

光纤光栅传感器作为一种波长解调传感器,它的原理是当光纤光栅受到外界应变或温度变化时会发生一定的形变,光谱会发生波长的漂移,这样的原理能够容易地实现对应变的检测,但并不适用于大多数情况。在很多实际情况中,由外界带来的应变特别细微,要想由波长解调原理检测这样的情况是难以实现的,并且需要布置高精度的光谱仪来进行分析,这就使得使用成本较高且复杂。而基于强度解调的光纤光栅传感系统更适用于这样的情况,强度解调的原理是将波长的变化经过一定的方式转换为强度的变化,更易于解调,且对设备的要求相对较低,在结构健康监测系统的构建上更有实用价值。

5.1.2 国内外研究现状

声发射传感自提出以来就一直被广泛研究,而其中有关声发射传感所采用的传感器更是备受关注。传统的声发射传感实验采用压电陶瓷传感器,这类传感器能将应变转化为强度信号,有较好的灵敏度,但只能用于单点检测不能适用于多点的复用情况,再加上压电式传感器易受电磁干扰,且往往压电式传感器与其接触面之间需要涂敷声发射耦合剂,在实际应用中布置压电式声发射传感器有不宜搭建、成本较高等缺陷,不能胜任实际情况下的各种恶劣条件。而光纤传感器能对许多物理变量如应变、温度等进行检测,且与传统声发射传感器相比有体积轻便、检测动态范围大、灵敏度高及不受电磁干扰等优势,大量的声发射检测的研究便转向了光纤声发射传感器。

光纤传感器在用于声发射传感领域时,根据被测对象的应变情况或实际实验条件不同,光纤传感器的解调方法有强度解调、相位解调和偏振态解调等方法。光纤传感器本身也有许多类型,根据光受到被测目标的调制类型分类有强度调制型、相位调制型和频率调制型等,还可根据光是否发生干涉分为干涉型和非干涉型。其中干涉型光纤传感器可分为基于多种干涉仪制成的类型,如Michelson 干涉仪、Mach-Zehnder 干涉仪、Sagnac 干涉仪及 Fabry-Pérot 干涉仪等。

早在 1968 年,Schol 利用 6 个传感器组成的传感器阵列,采用了 lamb 波 S 波到达的相对时差以及最小二乘法的定位算法,测量了花岗岩在破裂的过程中声发射源的空间位置。Shang Xueyi 等人根据铅笔断芯实验结果提出了利用贝叶斯算法估计 P 波到达时间系统误差,采用了 8 个压电陶瓷传感器布局在砖块上,通过 VFOM 定位算法,计算相对应的声发射源空间位置,定位平均精度为14.3 mm。Shizeng Lu 等人提出了一种基于光纤光栅传感器和粒子群算法的声发射定位系统,采用 4 个 FBG 传感器组成传感网络,对声发射信号进行检测。根据信号,建立了四边形阵列定位方程。通过分析声发射信号的传播特性,将定位方程的求解转化为优化问题。最后,建立了声发射定位系统,并在铝合金板上进行了验证。实验结果表明,该方法的平均定位误差为 0.01 m。

关于光纤传感器用于声发射的研究中,Bucaro 等人采用单模光纤测量了声发射导致的相位调制,该研究发现,在 100 ~ 1 400 Hz 的范围内涂敷聚合物的光纤提升了一个数量级的灵敏度。Lagakos 和 Bucaro 等人还根据布里渊散射测量确定了两条不同数值孔径的单模光纤对声发射响应的灵敏度。而随着工业制造工艺与科学研究的发展,光纤传感器制造技术随之得到发展,各种光学相关仪器被发明制造或是更加优化,光纤声发射传感器不再局限于初始简单的单模光纤之类的光学器件。

近年来,Fengming Yu 等人研究了光线布拉格传感器在碳纤维增强复合塑料薄板中的线性损伤定位,实验原理图如图 5.2 所示。这项研究发现,当固定光纤波导长度时,一个声发射信号中的 A_0 模式和 S_0 模式到达的时间差,与声发射源和光纤粘贴点之间的距离呈线性关系。

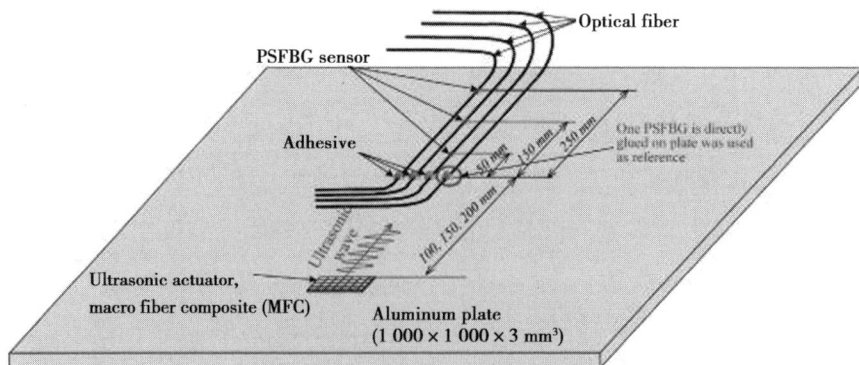

图 5.2 损伤定位实验原理图

　　Wei 等人提出一种 3D 打印法制成并与可调谐光纤环形激光源集成的 Fabry-Pérot 干涉仪解调器,用于超声范围的声发射检测,这种光纤环形系统对声发射信号有很高的灵敏度。Jinachandran 等人发表了一篇关于光纤布拉格光栅在声发射现象中的方向灵敏度的文章,这项研究发现,当施加的应变位置在 0°和 180°(即在传感器轴线上)时的灵敏度最高,而在 90°时应变振幅最小,并且采用金属封装的光纤布拉格光栅传感器比未封装的振幅变化检测范围更大。

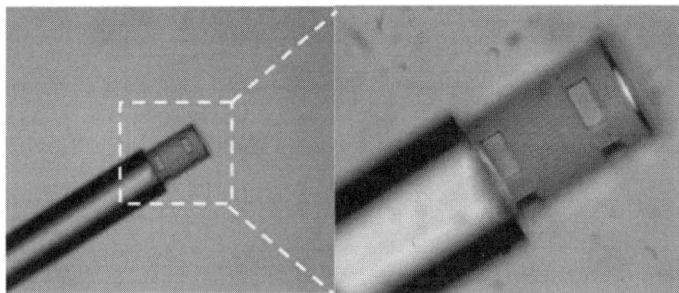

图 5.3　由 3D 打印制成的 Fabry-Pérot 干涉仪实物图

　　Bochkova 等人采用 Fabry-Perot 光纤干涉仪在复合材料上进行声发射实验,如图 5.4 所示,将材料分为网状结构,提出了一种基于时间差的定位冲击声发射源位置的方法。

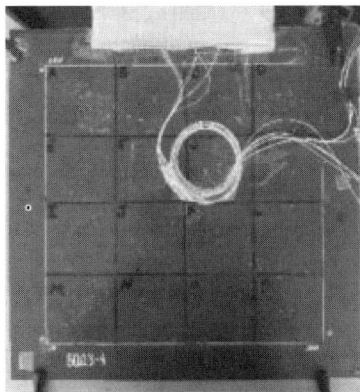

图 5.4　源定位实验装置图

　　张延兵等人提出了基于收敛算法的声发射源定位算法。采用直接阈值法计算声发射信号到达传感器的时间误差,设定不同电压门槛阈值,导致计算的到达时间略有差异。采用 4 个传感器矩形排列,任意 3 个传感器组成一个实验组,假定撞击位置到传感器的时差,通过 4 组传感器组的三角定位算法计算撞击点,以此来修正定位中心,得出修正后的定位中心后,以此来反推定位点到传感器的时差。得到的时差再次利用三角定位算法进行定位并不断修正。通过这样一系列的迭代,最终得出的定位点的平均误差为 7 mm。该方法相较于传统的时差定位方法具有更好的稳定性和精确性,但是最终定位结果受限于迭代次数,且迭代算法较为繁杂。

王高平等人提出了利用 Lamb 波的时间反转理论和四点圆弧定位算法求解铝板上的缺陷位置。Lamb 波的时间反转原理是利用不同的传感器接收到激励信号之后,将时间逆序重新激励发出,且根据时间到达的先后顺序逆序激励,先到后发送,后到先发送,最终同时回到声发射源处形成聚焦。通过该方法计算时差和根据 Lamb 波对应模态的波速求得距离,再利用 4 个传感器分别以距离画圆求得 4 个圆弧交点,以此定位,通过 ABAQUS 软件仿真和实际实验结果证明,检测铝板缺陷的平均误差为 3.6 cm。该方法在检测缺陷方面很有创新性,并且从理论仿真和实际实验验证了该方法的稳定性,但是最终的检测误差有待继续提升。

范志涵等人提出了软阈值法计算 Lamb 波时差和双曲线定位算法应用在航空舱壁结构确定撞击位置。以设置部分无撞击声发射信号的平均值作为无撞击基准,撞击的声发射信号幅值由大到小排列,取 11 ~ 20 个点求其平均值,乘放大系数和无撞击基准求得软阈值,当 Lamb 波 S_0 模态幅值超过设置的软阈值时,以此计算声发射源到达压电陶瓷传感器时间,最终根据双曲线定位算法进行对声发射源计算定位,平均误差为 5.59 mm。该系统采取求平均值阈值的方法计算时差,较大程度地改善了传统直接阈值法导致的较大误差,精确度较高。

随着越来越多科研工作者对声发射技术的不断研究,声发射技术的原理和定位技术都有新的方法,无论是神经网络还是概率定位等,都是以增加声发射系统的定位精度和减少系统成本为前提的。

5.2 光纤声发射传感原理

光纤布拉格光栅能对应变和温度等变化产生相应的波长偏移进行解调,其具有质量轻、不易受电磁干扰、易多路复用等优点,被广泛应用于声发射源定位中。本节从光纤光栅传感器的技术原理出发,介绍光纤光栅传感器与应变和温度的相关理论,法-珀干涉仪的解调原理,并介绍声发射波物理性质,声发射波在介质中传播的性质、声发射检测原理。

5.2.1 应变与温度解调原理

光纤布拉格光栅(fiber Bragg grating,FBG)传感器具有原理结构简单、质量轻、耐腐蚀、易多路复用、抗电磁干扰等优点受到广泛的研究。FBG 是通过特定的方法对光纤纤芯内部的折射率进行周期性的调制而成,从而形成衍射光栅,当受到外界温度、应力、压力变化时,纤芯内部的折射率会发生变化。大部分FBG 内部结构如图 5.5 所示,当入射光沿着 FBG 纤芯内部向前传输时,在每个光栅处发生反射,满足布拉格条件的信号光会被反射回去,而不满足条件的信号光会直接被透射出去。

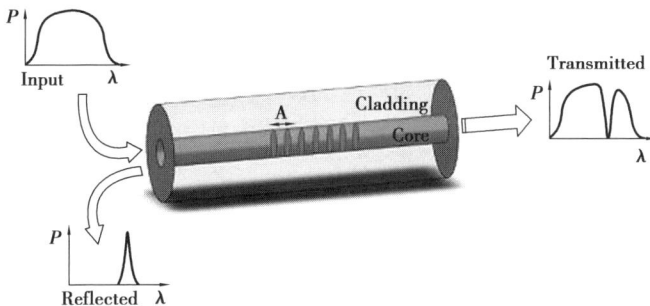

图 5.5 光纤布拉格光栅结构示意图

根据光纤的耦合模理论,反射光的 Bragg 中心波长(自然状态下)由一阶布拉格条件得：

$$\lambda_B = 2n_{eff}\Lambda \tag{5.1}$$

式中，Λ 为 FBG 光栅之间的栅距；n_{eff} 为光纤纤芯的有效折射率。

由式(5.1)可知，光纤纤芯的有效折射率和光栅之间的栅距都会影响 Bragg 中心波长的移动。

外界环境的温度和应力变化会导致光纤纤芯的有效折射率和光栅的栅距发生变化，引起 Bragg 光栅中心波长发生偏移，λ_B 变成了 λ_B'。光纤光栅发生形变导致光栅中心波长发生移动，不仅是由外界应力变化导致的，而且还有可能是外界环境温度变化导致波长移动，将 Bragg 中心波长可以看作外界环境应力和温度(σ, T)变化的函数：

$$\lambda_B = G(\sigma, T) \tag{5.2}$$

令初始的环境应力和温度为(σ_0, T_0)，外界环境应力和温度变化导致的中心波长漂移量为：

$$\Delta\lambda_B = G(\sigma, T) - G(\sigma_0, T_0) \tag{5.3}$$

将式(5.2)在点(σ_0, T_0)作泰勒展开，并代入式(5.3)中得中心波长变化量为：

$$\Delta\lambda_B = \frac{\partial\Delta\lambda_B}{\partial\sigma}\Delta\sigma + \frac{\partial\Delta\lambda_B}{\partial T}\Delta T \tag{5.4}$$

其中，$\Delta\sigma$ 和 ΔT 是环境应力和温度的改变量，并将式(5.1)代入式(5.4)中可得：

$$\Delta\lambda_B = 2\left(n_{eff}\frac{\partial\Lambda}{\partial\sigma} + \Lambda\frac{\partial n_{eff}}{\partial\sigma}\right)\Delta\sigma + 2\left(n_{eff}\frac{\partial\Lambda}{\partial T} + \Lambda\frac{\partial n_{eff}}{\partial T}\right)\Delta T \tag{5.5}$$

光栅栅距的周期性变化是由光纤变形所引起的，再引入形变量：

$$\Delta l = \frac{\partial\Lambda}{\Lambda} \tag{5.6}$$

将式(5.6)代入式(5.5)中得：

$$\Delta\lambda_B = \lambda_B \left[\left(\frac{\partial l}{\partial\sigma} + \frac{1}{n_{eff}}\frac{\partial n_{eff}}{\partial\sigma} \right)\Delta\sigma + \left(\frac{\partial l}{\partial T} + \frac{1}{n_{eff}}\frac{\partial n_{eff}}{\partial T} \right)\Delta T \right] \tag{5.7}$$

在式(5.7)中引入光纤参数后得:

$$\Delta\lambda_B = \lambda_B(\alpha_\Lambda + \alpha_n)\Delta T + \lambda_B(1-P_e)\Delta l \tag{5.8}$$

其中, $\alpha_\Lambda = \partial l/\partial T$ 为热膨胀系数; $\alpha_n = (1/n_{eff})(\partial n_{eff}/\partial T)$ 为热光系数; $P_e = -(1/n_{eff})(\partial n_{eff}/\partial l)$ 为有效弹光系数。在光纤光栅纤芯内部的有效折射率主要是由热光系数和有效弹光系数引起的,而光栅之间栅距的变化主要是由热膨胀效应引起的。由式(5.8)可知,第一项是由温度引起 Bragg 中心波长的漂移,第二项是由应力变化引起 Bragg 中心波长的漂移,先从应力变化来考虑,Bragg 应力变化主要考虑轴向应力变化。

弹光系数可由以下定义为:

$$P_e = \frac{n_{eff}^2}{2}\left[p_{12} - \nu(p_{11} + p_{12}) \right] \tag{5.9}$$

其中, p_{12} 、 p_{11} 为应变张量的组成部分; ν 为光纤泊松比,对于石英光纤而言, $p_{11}=0.113$, $p_{12}=0.252$, $\nu=0.16$, $n_{eff}=1.482$,将这些参数数值代入式(5.9)中得 $P_e=0.213$ 。对 1 550 nm 的光纤布拉格光栅,温度恒定不变的情况下,当受到外界应变为 1 $\mu\varepsilon$ 时,Bragg 中心波长移动量为 1.22 pm。

式(5.8)第一项是考虑温度所引起 Bragg 中心波长的移动,在常温且外界环境无应力变化的情况,对于石英光纤而言,热膨胀系数 $\alpha_\Lambda=6.34\times10^{-6}/℃$,热光系数 $\alpha_n=5.57\times10^{-7}/℃$ 。对 1 550 nm 的光纤布拉格光栅,外界应力恒定不变的情况下,温度变化 1 ℃所引起的 Bragg 中心波长漂移量为 10.69 pm。

将以上常数整理代入式(5.8)可得大部分石英光纤的 Bragg 中心波长漂移量计算式为:

$$\Delta\lambda_B = 6.897\times10^{-6}\lambda_B\Delta T + 0.787\lambda_B\Delta l \tag{5.10}$$

光纤布拉格光栅分为很多种,如普通的布拉格光栅、闪耀布拉格光栅和啁啾布拉格光栅等,这些光纤布拉格光栅之间的不同点是光栅间距和角度变化,间距指的是光栅平面之间的距离,角度指的是光栅平面与光纤光栅轴向之间的夹角。不同的光栅有不同的适用范围,但由理论分析可知,光纤布拉格光栅都有着优异的性能,对声发射现象产生的应变有较好的检测能力。

性能优异的光纤布拉格光栅能对应变和温度变化产生相应的波长偏移,在实际应用中需要对这些波长偏移进行解调才能得到应用所需的应变或温度变化信号,而对波长的偏移的解调技术也分为了许多种,根据其实现原理和方法的不同,大致可以分为干涉解调法、扫描解调法和光谱解调法等。这些方法都有着各自的优缺点,光谱解调法的时频分辨率较低且面对多传感器的情况需始终激活;干涉解调法则对动态应变的解调效果较为理想。

5.2.2　法布里-珀罗标准具解调原理

F-P 标准具透射光谱图如图 5.6 所示,该光谱图的数据由光栅解调仪(型号:sm125)得出,透射光谱形状呈梳状,相邻两峰值之间距离恒定为 0.4 nm。

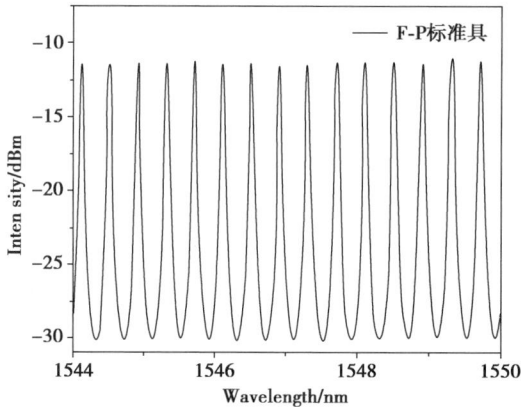

图 5.6　F-P 标准具透射光谱图

F-P 标准具自由光谱范围是恒定的,当 FBG 传感器受到动态应变导致中心波长发生变化,FBG 这种变化的信号光进入 F-P 标准具中,在 F-P 腔中进行光学滤波,只有 FBG 传感器反射光谱与 F-P 标准具透射光谱重合范围内的信号光才能被 F-P 标准具透射出来,当 FBG 传感器反射信号光发生动态漂移时,与

F-P 标准具重合部分发生变化,从而输出光强发生变化,FBG 传感器的反射光谱与 F-P 标准具的透射光谱完全重合时,输出光强最大。如图 5.7 所示,FBG1 为 FBG 传感器在未受到任何应力变化的反射光谱图,FBG2 为 FBG 传感器受到应力时,中心波长发生移动的反射光谱图,中心波长由 1 向 2 移动的过程中,FBG 传感器不断与 F-P 标准具透射光进行光学滤波,从而导致经过 F-P 标准具的透射光光强发生变化,产生信号波,以此计算 FBG 传感器中心波长的漂移变化,F-P 干涉仪透射光谱的形状会影响解调效果,峰值过于尖锐,信号所产生的变化越大,解调出来的信号波越好。

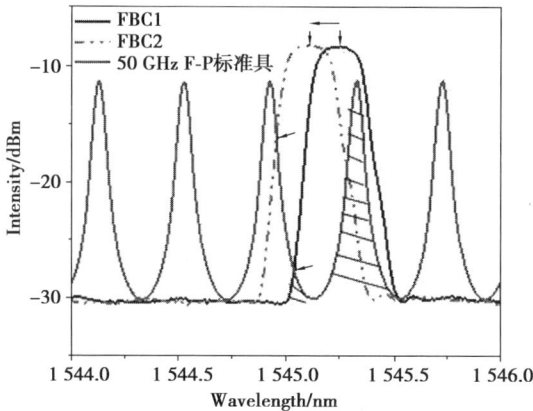

图 5.7 F-P 标准具解调 FBG 传感器原理图

FBG 传感器反射光谱与高斯函数基本类似,设 FBG 传感器反射光谱的函数 $G(\lambda)$ 为:

$$G(\lambda) = G_0 e^{-4\ln 2 \frac{(\lambda - \lambda_B)}{\sigma_0}} \tag{5.11}$$

式中,G_0 为 FBG 反射光的峰值强度;σ_0 为 FBG 传感器的带宽;λ_B 为 FBG 的中心波长。

对 F-P 标准具的透射方程函数和反射方程函数为:

$$T_{FP}(\lambda) = \frac{T^2}{(1+R)^2} \times \frac{1}{1 + \frac{4R}{(1-R)^2}\sin^2\left(\phi + \frac{2n\pi l \cos\theta}{\lambda}\right)} \tag{5.12}$$

$$R_{\mathrm{FP}}(\lambda) = 1 - \frac{T^2}{(1+R)^2} \times \frac{1}{1 + \frac{4R}{(1-R)^2}\sin^2(\phi + \frac{2n\pi l\cos\theta}{\lambda})} \qquad (5.13)$$

式中,T 和 R 分别为 F-P 标准具的透射率和折射率;n 和 l 分别为 F-P 标准具内部腔的折射率和腔长;ϕ 为 F-P 腔表面引起的相位变化;θ 为信号光进入 F-P 标准具的入射夹角。

最终解调之后信号光的函数是 FBG 反射光谱函数和 F-P 标准具透射光谱函数的积分,输出信号光光功率函数为:

$$P(\lambda) \propto \int_0^{+\infty} G(\lambda) T_{\mathrm{FP}}(\lambda) \mathrm{d}\lambda \qquad (5.14)$$

5.2.3 声发射信号的产生

对声发射欧洲标准 NFEN1330-9[NF 17]指出声发射信号是指材料内部或者过程中由变形、断裂、撞击或者损坏,能量释放所产生的瞬态弹性波。美国材料测试协会(SATM)指出声发射是由位于材料中的源的能量耗散产生的瞬态弹性波的一系列现象。声发射也称为应力波发射,声发射源指引起声发射或者产生瞬态弹性波的物理源。相关波的频率都在 50 kHz ~ 1.5 MHz 的超声波范围内。受到应力导致变形的材料通过材料内部的微位移来耗散能量,其中一小部分是弹性波的形式。声发射源可分为两种类型:①瞬态弹性波源与材料变形、断裂等因素直接相关的,称为一次声发射源;②声发射源与材料变形、断裂等因素没有直接关系的,称为二次声发射源。在生活中,金属、复合材料的弯曲变形、断裂等产生的声发射信号都是一次声发射源,二次声发射源如罐体中液体的泄漏、摩擦、燃烧、撞击等产生的声发射信号。一般来讲,典型的声发射源主要是指一次声发射源。

(1)塑性形变

塑性形变是形成声发射信号的主要来源之一。一切物体在受到外界应力变化的时候,物体表面或者内部的形状和体积会发生变化,称为形变。单位体积和单位面积的变化为应变,单位面积上受到的力为应力。对于大部分物体而言,当应力变化在物体弹性范围内时,应力消失,物体形状和体积的变化是可以恢复的,这种去除应力可恢复的形变为弹性形变,弹性形变对于物体而言是一个可逆的过程。而当应力变化超过了物体自身可恢复的限度时,物体内部微观结构会发生错位,撤销应力时导致物体形状或者体积不能完全恢复,形变不能完全消失并且留在物体中,这种性质为塑性,留在物体内不能消除的形变称为塑性形变。

(2)裂纹的形成与扩展

声发射信号主要来源包括材料内部或表面裂纹的形成和扩展。材料裂纹的形成与材料内部塑性形变密切相关,当对材料表面施加应力产生塑性形变时,材料施加应力处微观层面上产生裂纹,同时施加的应力得到释放,产生声发射信号。裂纹的形成到断裂可以分为 3 个阶段:①裂纹成核;②扩展;③断裂。这 3 个阶段,每个阶段都伴随声发射信号的产生。在裂纹产生的初始阶段,裂纹的扩展是间断进行的,裂纹每延长一步,裂纹尖端将应力卸载产生声发射信号。若外加应力持续保持,产生的声发射信号不断持续,从而由微观层面的裂纹逐渐变为宏观层面的裂纹,当裂纹的扩展到了材料的临界值,缓慢的裂纹扩展变成快速的崩裂,最终导致材料的断裂,这时声发射信号最强,如脆性的塑料直尺断裂,产生清脆的声音。

5.2.4 声发射波的传播

在材料中传播的声发射信号包含大量来自材料的信息,如声发射源信息、材料内部缺陷信息、损伤程度信息以及声发射的时间信息等。但传感器接收的声发射信号信息却与实际激发的声发射信息有所欠缺,这是因为声发射信号在材料中传播的时候,材料的传输介质、耦合介质的不均匀,导致声发射信号波在材料中出现了散射、折射、衰减等现象,同时传感器的频感响应、设置的条件参数等因素也导致采集到信号波形与声发射源波形有所区别。在应用过程采集声发射信号数据时,参数条件设置、数据分析是必不可少的环节,以此优化声发射信号波在传播损耗中带来的影响。

声波的类型是由原子的振动运动和这种振动运动的传播之间的关系或波的传播方向决定的,波的传播速度由介质特性决定,相邻原子之间的键强度越大,它们的位移耦合越快。声发射波可根据在材料粒子的振动方向和传播方向不同,可以分为 4 种传播模式,即纵波、横波、表面波、Lamb 波。材料粒子的偏振方向与声波的传播方向平行称为纵波,可以在固体、液体和气体中传播,纵波传播的波速与在传播的介质的特性有关,在均匀介质中传播的波速为:

$$v_l = \sqrt{\frac{E}{\rho} \frac{1-\sigma}{\rho(1+\sigma)(1-2\sigma)}} \tag{5.15}$$

式中,v_l 为纵波波速;E 为杨氏模量;σ 为泊松比;ρ 为均匀介质的材料密度。

横波是材料粒子的偏振方向和声发射波的传播方向垂直,但只能在固体中传播,不能在液体和气体介质中传播,横波在均匀介质中传播的速度为:

$$v_t = \sqrt{\frac{E}{\rho} \frac{1}{2(1+\sigma)}} \tag{5.16}$$

式中,v_t 为横波的波速。

表面波也称为瑞利波,表面波质点的振动轨迹呈椭圆,沿着固体的近表面 1~2 波长深度进行传播,表面波的能量随着在固体介质中传播的深度增加而减弱。Lamb 波是只在固体薄板中传播,由材料两平行的表面所限制,而形成纵波和横波组合的波,它在整个材料内部传播,质点在材料内部做椭圆轨迹运动,根据运动特点,Lamb 波可以分为对称型 Lamb 波(S 型)和非对称性 Lamb 波(A型)。每种 S 型 Lamb 波和 A 型 Lamb 波又分为多种模式,分别以 S_0、S_1、S_2、S_3、$\cdots$,A_0、A_1、A_2、A_3、$\cdots$表示。

5.3　光纤声发射传感应用

特殊设备在受到来自自然环境或人为的意外撞击时,可能会使得设备内部材料参数发生改变,不及时的检修可能会导致设备的损坏或造成更严重的后果。在实际工程应用中,声发射检测系统常常是为了后续的声发射源定位而存在的,只有对声发射源位置进行定位才能起到精确预警的作用。而单个FBG传感器的声发射传感系统注定无法满足源定位计算的硬件要求,为满足实际工程需要,需要对光纤声发射传感系统进一步改良。声发射定位本质上是计算出声发射源与每一个传感器之间的距离,只需要得出信号的传输时间与传输速度即可得出该距离。采用小波变换的方式将一组信号中的不同频率信号分离,然后计算不同频率对应的不同传播速度,避免由平均速度带来的误差。

5.3.1　声发射撞击复用解调

1)系统配置

如图5.8所示为基于法布里-珀罗标准具的环形激光声发射传感系统的示意图,其中半导体光放大器作为系统的宽谱光源,环形器使FBG传感器的反射光在激光腔内循环并有部分输出,标准具则因其梳状光谱起到对声发射信号进行强度解调的作用,隔离器则使得光在腔内按照指定的方向进行传输避免不必要的反射损耗,在信号输出端则添加了掺铒光纤放大器用以中继放大,最终由阵列波导光栅进行波分复用。

FBG传感器阵列作为声发射传感器依次相连,当来自SOA的宽谱光经过第一个FBG传感器时满足其布拉格中心波长的部分光返回激光腔,而其余部分则透射到下一个传感器,以此类推便实现了每一个传感器间单独传感从而达到复用的目的。

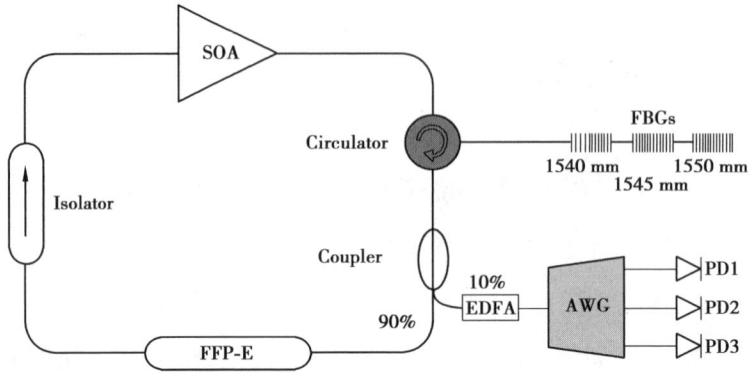

图 5.8　基于标准具的半导体环形激光传感系统

复用解调实验采用了两个超声换能片,将一个中心波长为 1 545 nm 和 1 550 nm 的 FBG 传感器串依次粘贴在换能片上并通过函数发生器产生设定频率的声发射信号,函数发生器只能同时产生两个输出信号,只需通过复用解调验证传感系统的复用能力;声发射撞击实验采用了尺寸为 100 cm×100 cm×0.1 cm 的铝板进行了传感器阵列的布置,将 3 个 FBG 传感器呈正三角形布置于铝板的中心,而压电传感器则紧邻着每一个 FBG 传感器进行布置。如图 5.9 所示为实验中撞击实验铝板上传感器阵列实物图,可以看出 FBG 传感器与压电传感器两两一组呈正三角形排列。

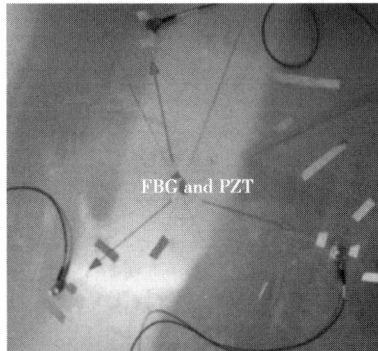

图 5.9　光纤声发射传感系统在铝板上布置的传感器阵列图

2）系统工作原理

图 5.8 中详细给出了光纤复用传感系统的结构图,该系统的工作原理是:由 FBG 传感器阵列作为该系统的传感元件,当外界产生声发射应变后会使 FBG 传感器内的布拉格中心波长发生漂移,进而使得每一个 FBG 的反射光谱与标准具光谱的重叠部分发生变化,这样经过标准具的光信号强度随之发生变化,而这部分变化值经过了激光腔内部的不断循环放大后输出到了掺铒光纤,本章的实验中掺铒光纤放大器的增益大小设定为 8 dBm,光信号经过掺铒光纤的增益放大后被输入阵列波导光栅,再选择与每个 FBG 传感器对应的输出通道连接至数字示波器,即可得到声发射信号。

如图 5.10 所示为 FBG 传感器阵列与标准具的光谱图,光谱图由光栅解调仪测量得出,由图可知,由于标准具梳状光谱的存在,并且标准具的自由光谱范围在 50 GHz,相邻谐振峰之间为 0.4 nm,而 FBG 传感器的线宽为 0.2 nm,那么无论 FBG 传感器在受到外界应变之后发生多大位移量的漂移,每个 FBG 传感器的中心波长总与某一个标准具的谐振峰发生重叠,这样便可分辨出 FBG 传感器阵列中每一个传感器对声发射事件的检测能力。

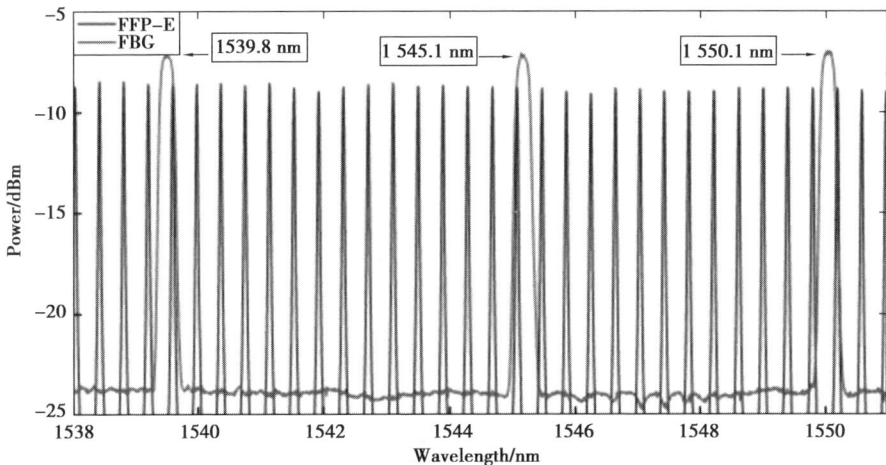

图 5.10　标准具与 FBG 传感器阵列的光谱图

实验中采用的波分复用器件是阵列波导光栅,这种器件具有低插入损耗、多通道复用和覆盖波段范围大等优点,阵列波导光栅由输入波导、输出波导和内部阵列波导组成,输入波导与输出波导部分各含有一个平板波导,这两个平板波导分别位于内部阵列波导的两侧用于连接输入与输出波导。两平板波导与内部阵列波导为罗兰圆结构,阵列波导的相邻波导间长度差相同。阵列波导光栅的工作原理为:当外界的宽带光由输入波导传输至平板波导发生衍射现象,此宽带光由于罗兰圆定理和凹面光栅效应会以相同的相位耦合到阵列波导,之后各自波长的光会产生各自的相位差从而耦合到输出波导的不同通道中进行输出,从而实现对宽带光源的波分复用功能。

由前面所述可知,阵列波导光栅是一种工作波段覆盖波段广且有着数十通道的波分复用器件,需要对实验中所用到的 3 个 FBG 传感器布拉格中心波长所在的通道进行光谱分析。如图 5.11 所示阵列波导光栅在波长 1 550 nm 附近的 3 个通道的光谱图,而实验中用到的 FBG 传感器中心波长为 1 550.1 nm,在 CH34 通道具有理论上的最大输出,其余的 FBG 传感器也需通过此方法找到最大输出功率通道。

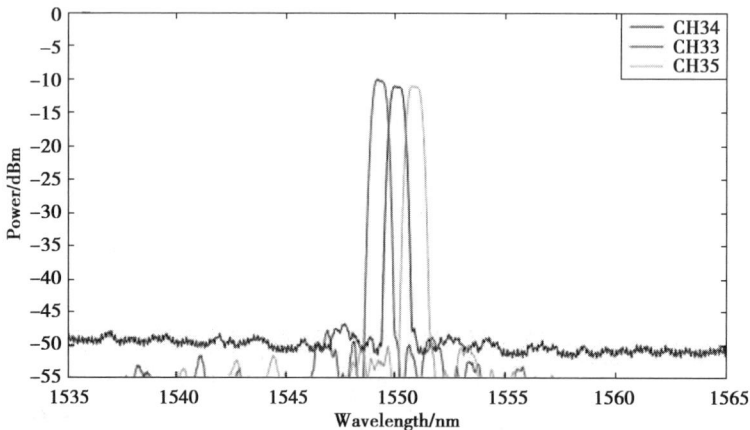

图 5.11　波导阵列光栅的部分通道光谱图

3）复用解调

半导体光放大器其非均匀展宽的特性以及阵列波导光栅的波分复用能力，使得该系统分别在光源与输出端满足了复用解调的条件，本小节对系统的复用能力进行测试。在复用解调实验中，因函数发生器只能同时输出两个通道的驱动信号，故只采用了两个超声换能片。本小节实验只需证明系统的复用解调能力即可，采用布拉格中心波长为 1 545 nm 和 1 550 nm 的两个 FBG 传感器进行解调，使用环氧树脂将 FBG 传感器黏合在两片圆形超声换能片上，并经过超过 24 h 的等待时间即可开始实验。超声换能片由函数发生器进行驱动，此次实验函数发生器的驱动电压信号峰值为 20 V，驱动信号波形设置为正弦波。将系统的信号输出端连接到阵列波导光栅之后，再将阵列波导光栅的输出端里与两 FBG 传感器中心波长所对应的通道连接到数字示波器，开启半导体光放大器输出前需先开启温控开关待温度稳定在 20 ℃ 之后再进行光输出，随后开启掺铒光纤放大器，实验中增益值设定为 8 dBm，最后开启函数发生器，两 FBG 传感器收到的应变信号分别为 50 kHz、2 $\mu\varepsilon$ 和 80 kHz、2 $\mu\varepsilon$，解调实验结果如图 5.12 所示。

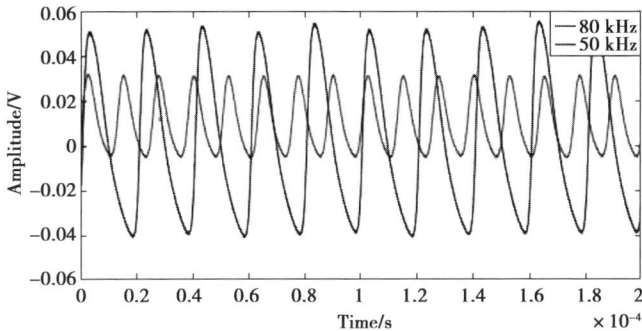

图 5.12　复用解调实验结果

如图 5.12 所示的是光纤传感系统对两个 FBG 传感器接收信号的复用解调结果图，由图可知，该系统可以对外界不同传感器的信号进行复用解调，两个 FBG 传感器的信号没有互相干扰且信噪比高，但其中红色部分频率为 80 kHz

的声发射信号幅度要比蓝色部分的 50 kHz 信号更低,这是因为超声换能片由同一个函数发生器驱动且驱动电压都为 20 V,当驱动信号频率越高时超声换能片产生的应变也就越小,也就导致了高频信号的幅度要小于低频信号。

复用解调实验验证了该光纤声发射传感系统的多路复用能力,后续使用这种方法只要添加更多的 FBG 传感器即可实现对多个外界应变的测量,但要满足各个 FBG 传感器之间的布拉格中心波长间隔不能过小以免各信号通道间发生串扰现象。

4)声发射撞击测试

在前面小节对提出的光纤传感系统进行了复用解调能力的验证,本小节进行实际的撞击声发射信号解调实验,实验中采用了中心波长分别为 1 539.8 nm、1 545.1 nm 以及 1 550.1 nm 的 FBG 传感器光纤阵列作为传感部分,在每一个 FBG 传感器旁都紧邻着设置一个压电声发射传感器用作参考传感器,这 3 对传感器组成传感器阵列呈正三角形设置于一块方形铝质金属板之上,铝板的尺寸为 1 000 mm×1 000 mm×2 mm。因为撞击信号本身比较复杂且易受铝板内部状态影响,在进行传感器放置之前,检查铝板是否无裂痕并采用乙醇对铝板进行擦拭使铝板表面光洁,从而避免铝板的内部结构损坏影响到撞击信号的理想接收。随后采用环氧树脂对 FBG 传感器进行粘贴固定,压电传感器则采用专用的声发射耦合剂在铝板上进行耦合,待 24 h 之后 FBG 传感器阵列彻底稳固即可开始撞击实验。

图 5.13 显示了边长为 1 000 mm 的铝板上 FBG 传感器以及压电传感器的布置方式,三个传感器对以正三角形的方式布置于铝板中央,为了便于描述后续声发射源定位的计算结果,建立了如图所示的坐标轴,以该三角形某一边的中点为原点,平行于铝板两条边且过原点的两个方向为 x 轴与 y 轴所在方向,每两个 FBG 传感器间距离为 500mm,中心波长为 1 539.8 nm、1 540.1 nm 以及 1 550.1 nm 的 FBG 传感器分别对应着坐标:$(-250,0)$、$(250,0)$ $(0,250\sqrt{3})$。图中的灰色小球代表了声发射撞击实验用到的钢质小球,该小球的直径为

6 mm,每一次声发射撞击实验均将小球放置于铝板上方,固定高度为 20 cm,并且每次都将小球表面涂上均匀的颜料以便记录每次小球的精确落点。

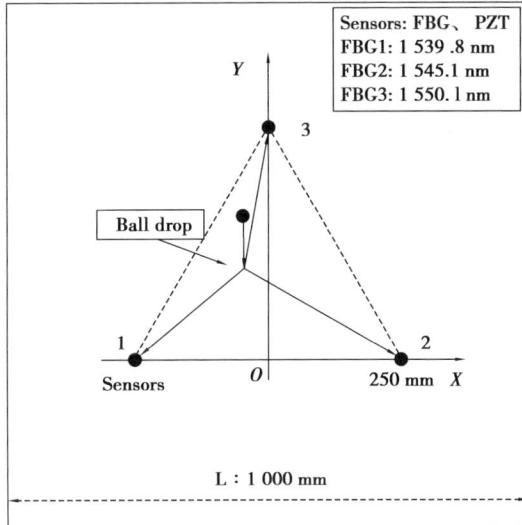

图 5.13　铝板上装置结构图

图 5.14 显示的是钢球由距离铝板高度 20 cm 自由下落于坐标(0, 100)处位置时,压电传感器与 FBG 传感器阵列接收到的来自铝板的声发射信号,可以看出 FBG 传感器间的信号幅度关系与压电传感器的声发射响应信号幅度关系相同:前两个传感器响应信号幅度略大于第三个传感器,这是因为本图中撞击点的位置与前两个传感器的位置距离相同且较近,并且与第三个传感器的位置距离相对较远,可以看出本系统相对于压电传感器信号的信噪比较小,但对于来自外界的声发射解调信号已具有同时复用解调的能力,能够反映出复杂声发射信号的信号细节,由基于标准具的光纤声发射传感系统所得到的信号可以用于声发射源定位计算。

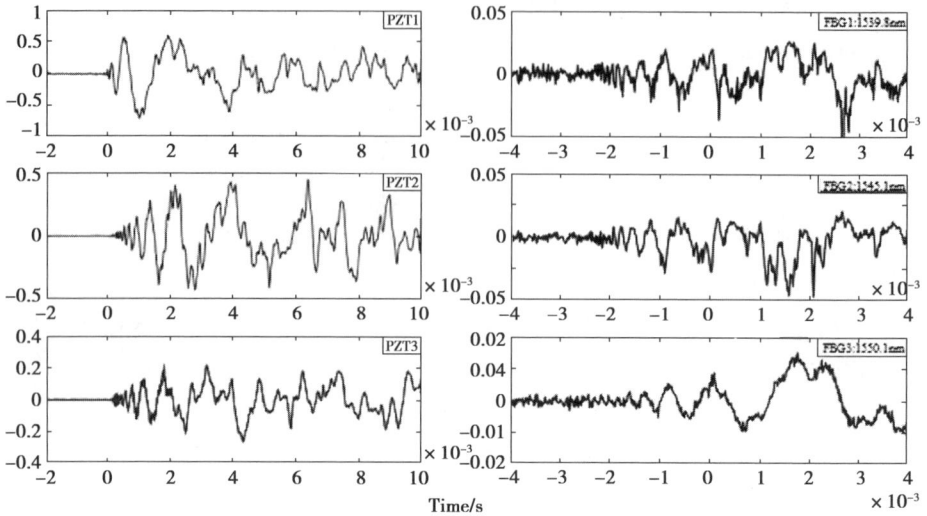

图 5.14 撞击声发射响应信号对比图

5.3.2 光纤声传感发射源定位

1)声发射传感源定位原理

声发射定位本质上是计算出声发射源与每一个传感器之间的距离,只需要得出信号的传输时间与传输速度即可得出该距离。铝板上的撞击声发射信号是一种包含多个频率的复杂信号,且不同频率信号的声波信号在铝板中的传输速度也不同,不能笼统地采用某一个平均速度值进行计算。本节介绍的算法采用的是小波变换的方式将一组信号中的不同频率信号分离,然后计算不同频率对应的不同传播速度,避免由平均速度带来的误差,最后得到理论计算出的源位置与实际位置进行比较分析。

本节将介绍声发射源定位计算方法,该计算方法采用的是三角定位法进行计算,考虑铝板上撞击信号为频率高度分散信号,声发射源与每一个传感器间的距离 d 为:

$$d = t_0(f_0) C_g(f_0) \tag{5.17}$$

　　式中，$t_0(f_0)$ 为频率为 f_0 的信号从声发射源到传感器的传输时间；$C_g(f_0)$ 为声发射信号中频率为 f_0 的信号的群速度值。

　　群速度值可以通过后续群速度曲线的计算得出，而 $t_0(f_0)$ 是绝对时间差值，无法从示波器信号中直接读出声发射事件的开始事件，也就无法直接测量得出该绝对事件差值，可以通过后续的公式计算得出。尽管声发射信号高度分散且不同频率间速度不同，但传感器与声发射位置之间的传输距离相同，有：

$$d = t_0(f_0)C_g(f_0) = t_1(f_1)C_g(f_1) \cdots = t_n(f_n)C_g(f_n) = \cdots t_N(f_N)C_g(f_N) \quad (5.18)$$

　　式中，$t_0(f_0)$ 为某一个频率分量的未知时间差，将式（5.18）改写为：

$$d = t_0(f_0)C_g(f_0) = \left[t_0(f_0) + (t_n(f_n) - t_0(f_0)) \right]C_g(f_n) \quad (5.19)$$

$$d = t_0(f_0)C_g(f_0) = \left[t_0(f_0) + \Delta t_n \right]C_g(f_n) \quad (5.20)$$

　　需要注意的是，式（5.20）为式（5.19）的改写，其中 $\Delta t_n = t_n(f_n) - t_0(f_0)$，此数值与 $t_0(f_0)$ 不同，它指的是声发射信号中两个不同频率分量传输到达传感器的相对时间差值，可以由后续的小波变换得出此数值。再将式（5.20）进行一定的变换便可以得到 $t_0(f_0)$ 的理论计算值为：

$$t_0(f_0) = \frac{\left[\Delta t_n \right]C_g(f_n)}{C_g(f_0) - C_g(f_n)} \quad (5.21)$$

　　式中的多个群速度值均可以由后续的群速度曲线求得，至此算法基础已经完善，在求得了撞击点与传感器间距离 d_1、d_2、d_3 之后即可如图 5.15 所示原理得到撞击点的理论计算位置。本章后面部分将对小波变换原理以及如何通过小波变换结果得出不同频率的时间差值进行阐述，并且还将计算群速度曲线以得出各频率群速度值。

　　采用小波变换的方法对撞击声发射信号进行处理能够将单纯的信号幅度与时间的关系转换为时间与频率的关系，即可得出某一个频率从声发射源出发到传感器之间的传输时间，这对声发射源定位至关重要。

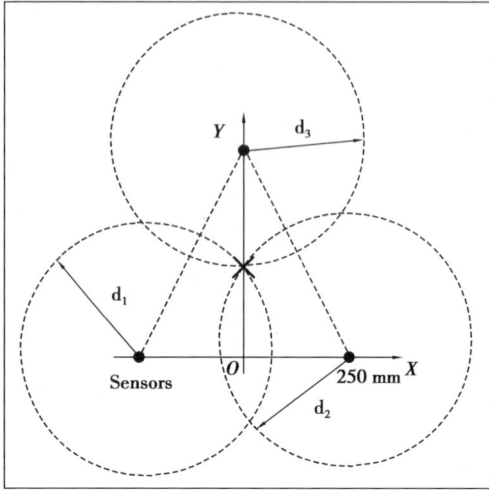

图 5.15　定位原理图

在小波变换中,对瞬态信号在给定时间域与频率域的振幅分布为:

$$CWT(\tau,S) = \frac{1}{\sqrt{S}}\int f(t)\psi^*\left(\frac{t-\tau}{S}\right)\mathrm{d}t \qquad (5.22)$$

其中 $\psi^*(t)$ 是 $\psi(t)$ 的复共轭函数, $\psi(t)$ 表示为:

$$\psi(t) = \pi^{\left(-\frac{1}{4}\right)}\left(\frac{\omega_p}{\gamma}\right)^{\frac{1}{2}}\exp\left[-\frac{t^2}{2}\left(\frac{\omega_p}{\gamma}\right)^2 + i\omega_p t\right] \qquad (5.23)$$

式中, τ 为时域的转换参数; S 为频域的比例因子; ω_p 为母小波的中心频率, $\gamma = 5.336$ 。

由于频域中比例因子 S 的存在,会使母小波的中心频率发生偏移变换,因此小波变换会在各个频率上实现对声发射信号的扫描。类似地,由于时域转换参数 τ 的存在,时域中的小波窗口会不断改变,从而实现小波变换对信号中所有时间的响应。小波变换的窗口大小对声发射信号的小波变换结果的精确度起着至关重要的作用。

兰姆波又称板波,它指的是声波信号波长与平板的厚度在同一量级的一种弹性应力波,一般在薄板受到外界应变时内部应力的传导而产生。兰姆波振动模式由薄板厚度以及波形传播频率决定,它的理论频散方程在理想状态下求得,理想条件为薄板均匀、各向同性且无限大。以所采用的铝板作为例子,兰姆波的求解可以转变为平面应变问题加以解决,这是因为兰姆波在其传播过程中波阵面各垂直切面上运动状态相同。

式(5.24)描述的即为板内位移与所受应力的关系,其中参数 y 代表的是以薄板中层为横轴而垂直于该方向的为纵轴的长度值,ψ 为位移函数的矢量值,φ 为该函数的标量值,u、v 分别代表 x、y 方向上的位移分量,σ 为应力。

$$
\begin{cases}
u = ik\Phi + \dfrac{\mathrm{d}\psi}{\mathrm{d}y} \\[2mm]
v = \dfrac{\mathrm{d}\psi}{\mathrm{d}y} - ik\psi \\[2mm]
\sigma_y = \lambda\left[\dfrac{\mathrm{d}^2\Phi}{\mathrm{d}y^2} - k^2\Phi\right] + 2G\left[\dfrac{\mathrm{d}^2\Phi}{\mathrm{d}y^2} - ik\dfrac{\mathrm{d}\psi}{\mathrm{d}y}\right] \\[2mm]
\tau_{yx} = G\left[2ik\dfrac{\mathrm{d}\Phi}{\mathrm{d}y} + k^2\psi + \dfrac{\mathrm{d}^2\psi}{\mathrm{d}y^2}\right]
\end{cases}
\tag{5.24}
$$

位移与应力均可以由 y 值由正弦或者余弦函数进行表示,其方程解即可分为对称模态的方程与非对称模态的方程,两种模式下的频散方程即为所求的兰姆波频散方程:

$$
\begin{cases}
\dfrac{\tanh\beta\cdot\dfrac{d}{2}}{\tanh\alpha\cdot\dfrac{d}{2}} = \dfrac{(\alpha^2+\beta^2)^2}{4\varepsilon^2\alpha\beta} \\[4mm]
\dfrac{\tanh\beta\cdot\dfrac{d}{2}}{\tanh\alpha\cdot\dfrac{d}{2}} = \dfrac{4\varepsilon^2\alpha\beta}{(\alpha^2+\beta^2)^2}
\end{cases}
\tag{5.25}
$$

其中,$\varepsilon = \dfrac{2\pi f}{C_p}$;$\alpha = \varepsilon\left[1-\left(\dfrac{C_p}{C_l}\right)^2\right]^{\frac{1}{2}}$;$\beta = \varepsilon\left[1-\left(\dfrac{C_p}{C_t}\right)^2\right]^{\frac{1}{2}}$;$d$ 为铝板厚度;f 为兰姆波频率;C_p 为兰姆波相速度;C_l 为铝板材料纵波速度;C_t 为铝板材料横波速度。

在求得了兰姆波频散方程之后,可以进行兰姆波频散曲线的求解绘制,该方程组虽然形式简单但其中包含了反三角函数,是典型的超越方程,没有精确的解析解,但是可以通过牛顿二分法的方式求得一定精确度的数值解。二分法的原理是:兰姆波频散方程尽管是超越方程但函数本身为连续函数,如果方程在一个取值区间内有根,则在这个区间的两端方程取值一定会变号即互为相反数,此时取该区间的中间值,然后重复该过程,使得该解不断逼近函数的零点,最后即可求得在设定精度下的近似解。在方程的求解过程中可以将声波频率 f 和板厚 d 的乘积 $f \cdot d$ 作为一个因子来考虑,即为板厚积。对不同材料的薄板,其材料的横波速度与纵波速度不同,本节中采用的铝板这两个参数值分别为:纵波速度 6 370 m/s、横波速度 3 160 m/s,之后便可采用 Matlab 程序对该方程进行求解,即可得到相速度的频散曲线,之后根据相速度与群速度之间的关系求出所需群速度的曲线图,结果如图 5.16 所示。

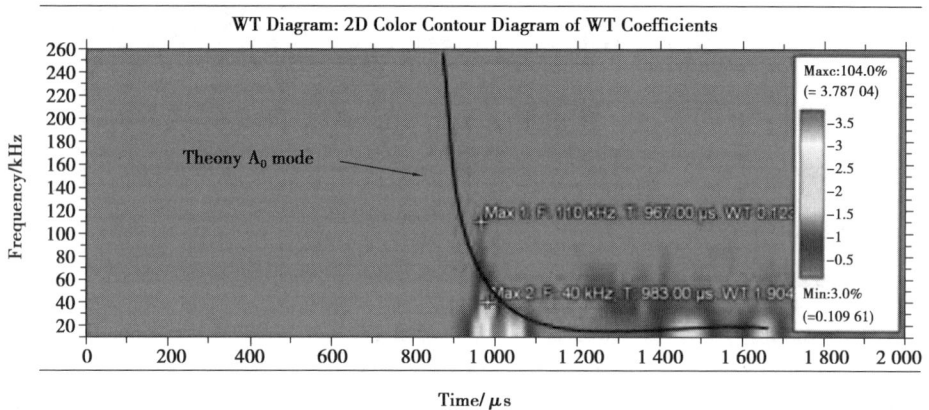

图 5.16　压电传感器撞击信号小波变换图

如图 5.17 所示为求得的铝板群速度频散曲线,由图可知,兰姆波是一种多模式且频散的应力波,在工程应用中需要确定兰姆波的实际传输模式,才可根据频散曲线确定其传播群速度。

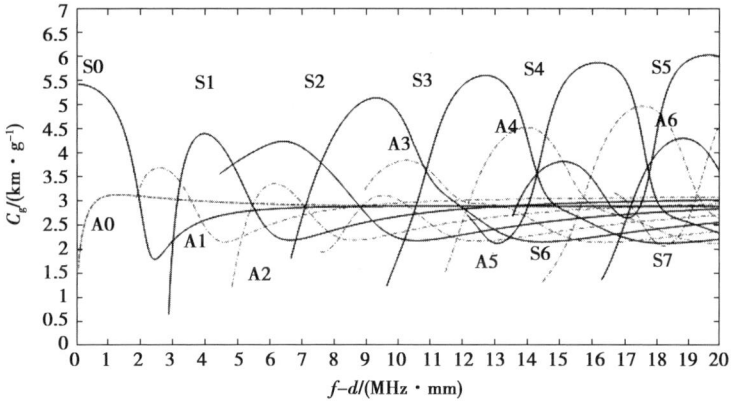

图 5.17 铝板兰姆波群速度频散曲线

2）三角定位法检测

在各种定位方法中,最被广泛接受的方法是"三角定位技术",在这种技术中,使用到达时间来获得从源到每个传感器的距离,声发射源位置由 3 个圆相交的点确定,这 3 个圆是以每个传感器为中心,振源到传感器的距离为半径,这种方法需要关于所有结构上恒定波速的先验知识。本节前面的内容中提出了声发射源定位的算法,分析了算法中必要的小波变换分析方法并通过兰姆波频散方程求得了兰姆波的群速度曲线图,本小节将对撞击实验的数据以及源定位算法对撞击声发射源进行源定位计算,并且还将对基于光纤传感器的声发射阵列传感系统和压电声发射传感器所得数据进行计算,用以比较两系统在声发射源定位方面的精确度。

为求得声发射源位置,需对某一个传感器与声发射源之间的距离 d 进行计算,此处采用坐标为($-250,0$)处的压电传感器所测得的撞击信号图作为运算实例进行阐述,该撞击点的实际坐标为($-200,0$)。由图 5.16 可知,撞击实验中兰姆波的振动模式符合 A_0 模式,并且由频率曲线图也可以看出在实验结果的频率范围内只有 A_0 模式的群速度曲线符合实际。选取频率 f_0 为 110 kHz,f_n 为 40 kHz,而实验中铝板厚度为 1 mm,在图 5.17 兰姆波群速度曲线中分别找到对应的群速度值为 1.818 km/s、1.136 km/s,而由图 5.16 则可以得到两频率分量的到达时间分别为 967 μs 和 983 μs。

由上述数值结合式(5.24)可得时间差值 $t_0(f_0)$ 为 26.85 μs,再代入群速度 $C_g(f_0)$ 即为 1.818 km/s 到式(5.23)中,可得所求距离 d_1 为 48.68 mm(d_1 表示撞击点到传感器位置 1 的计算所得距离)。随后对其余两压电传感器所得数据采用同样的计算方法运算可得 d_2 与 d_3 分别为 461.18 mm、456.19 mm,至此即可得出该撞击点由压电声发射传感器所得数据的计算坐标为(−210.32, 28.20),而实际撞击位置为(−200,0),可以得到绝对误差值(实际坐标与理论坐标间距离)为 30.02 mm,该误差值理想,可视作此次计算坐标与实际坐标相符。

为对比光纤传感系统与压电传感器对撞击声发射源定位的计算结果,再以同样位置即位置 1 处 FBG 传感器对该点撞击所得的实验数据进行一次计算实例,在图 5.18 中选取 f_0 为 150 kHz,f_n 为 40 kHz,并读出两频率到达传感器的绝对时间分别为 947 μs、987 μs,再在群速度频散曲线中得到两频率的群速度值分别为 2.05 km/s、1.136 km/s,得到的这些数据代入式(5.24)中可以求得时间差值计算结果为 49.72 μs,然后将该时间值与群速度为 2.05 km/s 代入式(5.23),即可求得所求距离 d_1 为 101.92 mm。之后采用同样的方法对其余两个 FBG 传感器的撞击信号进行处理,可以得出 d_2 与 d_3 分别为 403.40 mm、431.63 mm。由此 3 个距离值即可得出由光纤传感器系统计算所得的撞击点坐标为(−152.34, 29.16),该坐标值与实际撞击位置坐标(−200,0)的绝对误差值为 55.87 mm。该计算结果与压电传感器所得结果相比误差值相对更大,但相对每个传感器之间的距离 500 mm 较小,也在理想误差范围内。

在声发射撞击实验中,进行了多次撞击,每一次撞击后的源位置计算则重复上述计算过程得到每个撞击点的理论位置坐标,撞击所用钢制圆球在撞击前涂抹颜料,以便撞击之后确定并记录实际撞击位置坐标,所有撞击声发射实验的定位计算结果由表 5.1 给出,撞击点位置与计算位置示意图如图 5.19 所示。

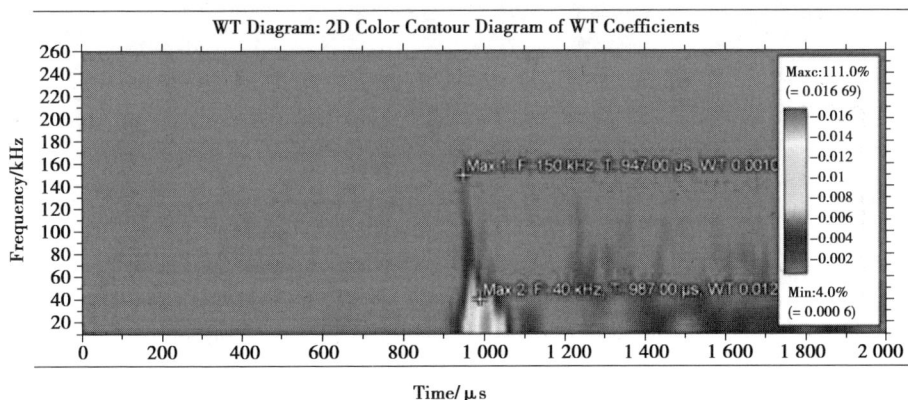

图 5.18 光纤传感器撞击信号小波变换图

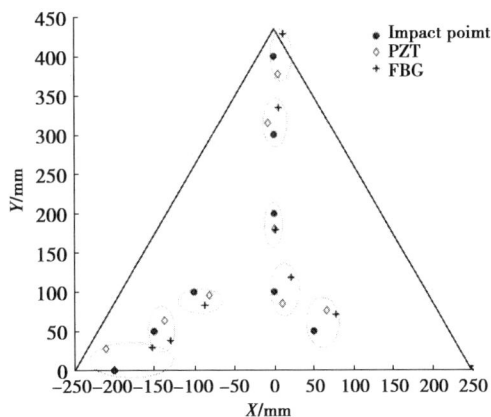

图 5.19 撞击点位置与计算结果对比示意图

由表5.1定位结果可知,通过提出的基于光纤传感器阵列的声发射定位系统以及定位算法用于声发射源定位,结果误差与实际位置误差大多在30 mm 附近,最大误差仅在55 mm 左右,结果虽然与经由压电传感器所得到数据而来的定位结果相比误差略大,但是因为该定位算法采用了小波变换,已经避免了声发射兰姆波的频散现象带来的群速度误差,对于工程应用来说已具有良好的精确度,由图5.18可知,采用压电传感器与FBG 传感器计算位置均与撞击位置比较符合。

表 5.1　压电传感器与光纤传感系统撞击源定位结果对比(单位:mm)

实验位置坐标	压电传感器定位结果	绝对误差	光纤传感器定位结果	绝对误差
(0, 100)	(10.25, 85.13)	18.06	(21.74, 118.01)	24.74
(0, 200)	(0.91, 180.37)	19.65	(1.57, 179.36)	20.70
(0, 300)	(−7.33, 315.47)	17.12	(5.97, 334.74)	35.25
(0, 400)	(5.68, 377.69)	23.02	(11.86, 428.34)	30.72
(−200, 0)	(−210.32, 28.20)	30.02	(−152.34, 29.16)	55.87
(−150, 50)	(−137.11, 63.77)	18.86	(−129.78, 37.99)	23.52
(−100, 100)	(−81.02, 95.54)	19.49	(−86.43, 83.27)	21.54
(50, 50)	(65.89, 76.23)	22.71	(77.49, 71.33)	34.79

3)椭圆定位法检测

本小节展示利用正交光纤光栅传感器网络及其对称三角形布置应用于声发射定位的方法,同时采用结合三角测量和波束形成技术,优化计算三角定位时的计算方法,由 3 个点形成两个有公共焦点的椭圆来进行定位计算,并结合每个点上的传感器呈 T 形摆放,避免角度对传感器接收声发射信号的影响,最终得到更精确的定位。

通过小波算法的对声发射源到三角形顶点布置的 FBG 传感器网络的方向和距离进行判断,采用椭圆定位的算法对声发射源进行精确定位,原理如图 5.20 所示。

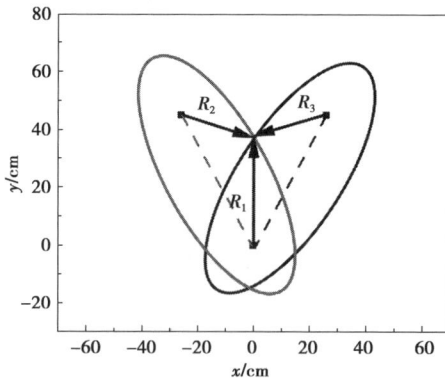

图 5.20　椭圆定位算法原理

声发射源到 3 个位置的传感器的距离分别为 R_1、R_2、R_3，此距离由兰姆波频三曲线配合小波分析法求得。以 3 个位置的传感器作为两个椭圆的焦点，构成具有一个共同焦点的两个椭圆。由椭圆方程可知，椭圆上任意一点到两焦点的距离之和为常数，即 R_1+R_2、R_1+R_3 为常数。根据以上原理建立起两个椭圆方程：

$$R_1+R_2=\sqrt{x^2+y^2}+\sqrt{\left(x+15\sqrt{3}\,\right)^2+\left(y-45\right)^2}$$
$$R_1+R_3=\sqrt{x^2+y^2}+\sqrt{\left(x-15\sqrt{3}\,\right)^2+\left(y-45\right)^2}$$

(5.26)

式中，x 和 y 分别为交点的横坐标和纵坐标。

在用 FBG 传感器阵列建立三角形分布的定位模型中，定位精度在三角形外部误差较大，主要原因是 FBG 接收信号的角度以及受撞击点到 FBG 的距离所影响。这里所提出的基于同一个定位点采用两个 FBG 传感器 T 形布置，使每个定位点均可以采集到来自各个角度的声发射撞击信号，传感系统如图 5.21 所示。实验装置传感系统部分实物布置和 FBG 传感器网络在铝板上的布置如图 5.21（a）所示。带宽均为 0.2 nm 的 6 个光栅（设计中心波长为 1 538 ~ 1 558 nm，间隔 4 nm）构成的 FBG 阵列呈正三角形布置在 1 000 mm×1 000 mm×1 mm 的铝板上，基于建立的直角坐标系，三角形顶点坐标分别为（30 cm，60 cm），（$30-15\sqrt{3}$ cm，15 cm），（$30+15\sqrt{3}$ cm，15 cm）。每个顶点以 T 形放置两个正交的 FBG，以此来降低传感器接收声发射源信号时角度影响导致的误差。

采用 C 波段平坦型放大自发辐射光源（Amplified spontaneous emission，ASE）发出连续宽谱光，经过环形器进入 FBG 传感器阵列中，FBG 传感器受到动态应变影响，携带了动态应变的信号光反射回半导体光放大器中进行放大，放大后的输出光谱如图 5.21（b）所示，FBG1—FBG6 对应的中心波长分别为 1 557.91 nm、1 553.96 nm、1 549.89 nm、1 545.86 nm、1 541.9 nm、1 537.93 nm，然后通过自由光谱范围为 50 GHz 的法布里-珀罗标准具对动态应变信号进行解调，最后经过平顶型 AWG 对 FBG 传感器阵列信号进行解复用输出到光电探测器中，系统输出的光谱图如图 5.21（c）所示，由于法布里-珀罗标准具只有满足特定位置的信号才能有较强的输出功率，所以系统输出的光谱图的反射峰对比

FBG 传感阵列反射光谱图时没有那么均衡,各反射峰高低不同。

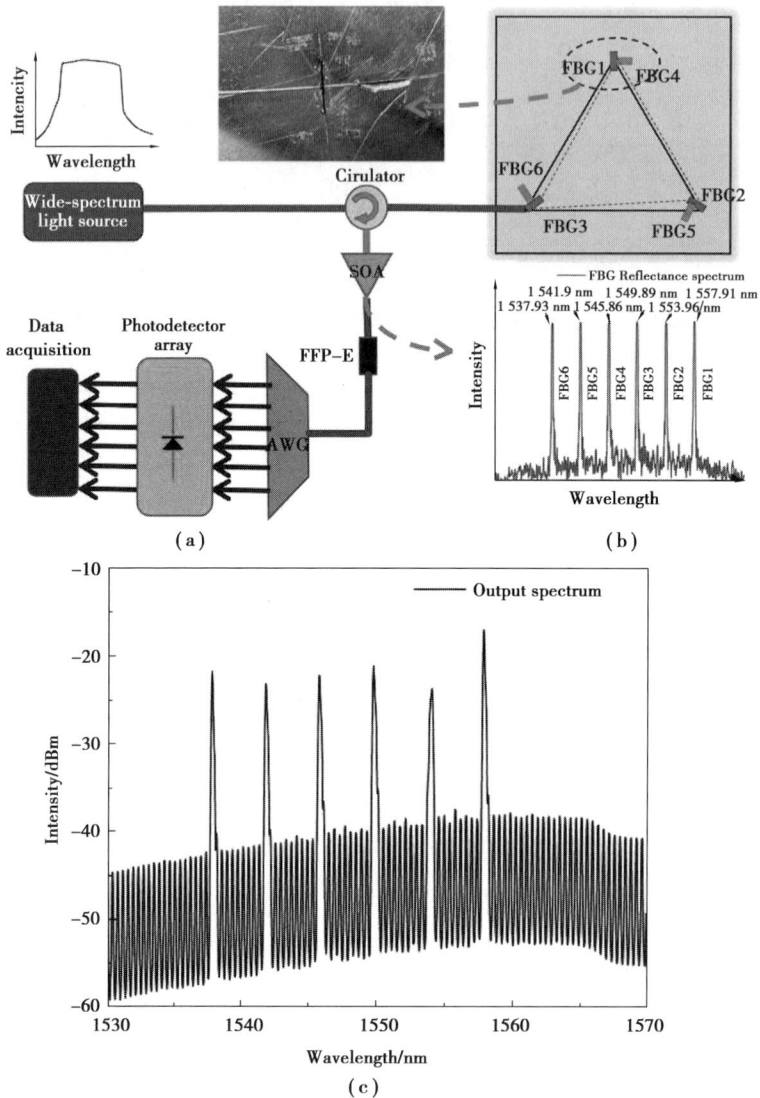

(a)

(b)

(c)

图 5.21　椭圆定位算法原理

　　首先,分析声源距离对 FBG 传感器信号的影响。钢珠撞击点在 FBG 轴向的延长线上,如图 5.22(a)所示。FFP-E 解调系统获取 FBG 传感器对不同距离的声发射信号的响应,采用中心波长为 1 557.91 nm 的 FBG 传感器作为研究对象,以水平于该传感器的方向作为研究方向分别测试距离为 10 ~ 60 cm 的撞击信号,如图5.22(b)所示。在距离 FBG 传感器 10 cm 左右,撞击信号较强,导致采集的撞击波形失去对称性,在对信号处理时容易造成误差。而距离在 20 ～ 40 cm 处,信号较好,超过 40 cm 时,信号振幅逐渐变小。可以得出声源距离主要影响声发射信号的振幅,对声发射信号的传输影响较小。

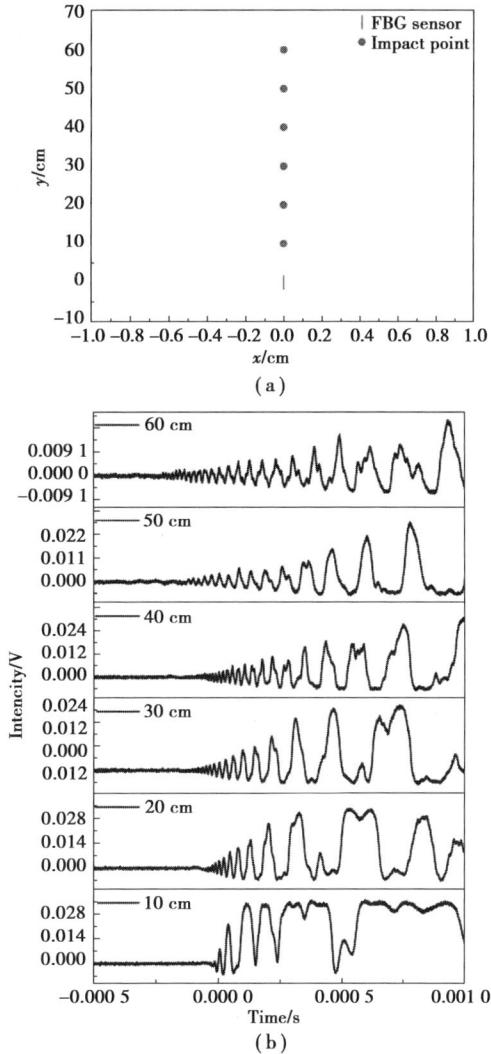

(a)

(b)

图 5.22 撞击点距离对声发射信号影响

(a)撞击点位置图;(b)不同撞击距离信号波形图

利用正交光纤光栅传感器网络及其对称三角形布置进行平面声发射定位实验。当施加撞击在坐标为(300 mm, 300 mm)时,定位点的撞击信号如图5.23所示。由每个定位点T形布置的两个FBG传感器,程序自动排除掉受角度影响较大的一个,选取受角度影响较小的3个比较好的信号,其原始中心波长分别为1 557.91 nm、1 553.96 nm、1 549.89 nm。

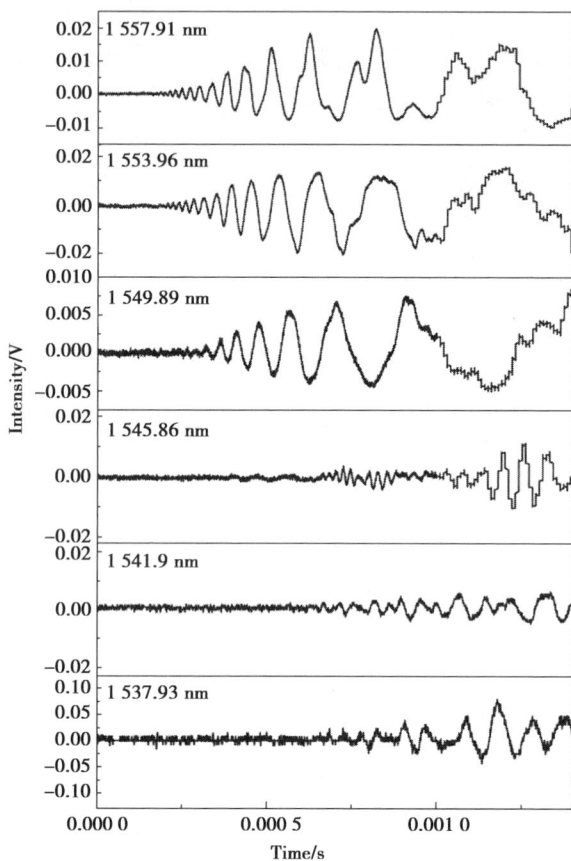

图5.23　撞击点位于(300 mm,300 mm)时6个FBG传感器获得的声发射信号图

利用兰姆波频散曲线,小波变换后,提取出中心波长为1 557.91 nm的FBG撞击信号时频图,如图5.24所示,导入兰姆波 A_0 模式曲线,取出响应两个频率的时间,即频率为60 kHz的时间为725.4 μs,50 kHz的时间为745 μs。找到在

兰姆波频散曲线上对应的群速度,60 kHz 的群速度为 1.385 km/s,50 kHz 的群速度为 1.269 km/s,计算可得,$d_1 = 29.7$ cm。同理可得声发射源到另外两个 FBG 的距离 $d_2 = 30.3$ cm、$d_3 = 30.1$ cm。

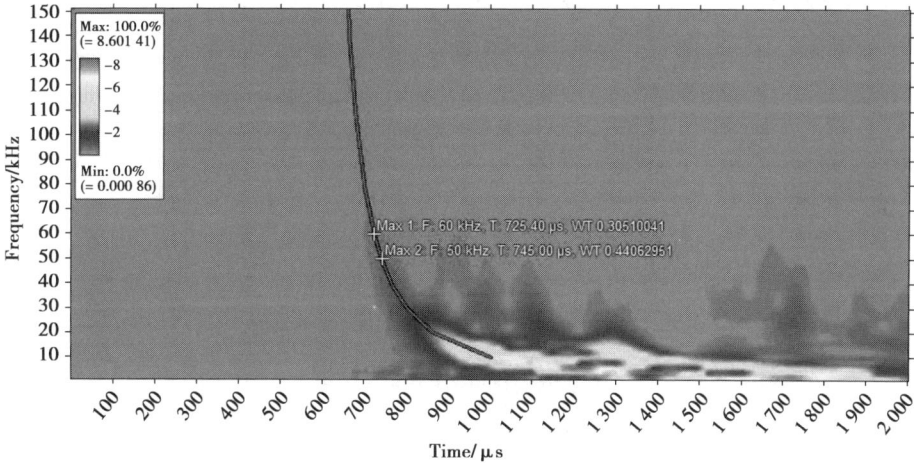

图 5.24　撞击点(300 mm,300 mm)获得的 FBG(中心波长 1 557.91 nm)
传感器信号的时频响应

将以上 d_1、d_2、d_3 数值分别代入椭圆方程程序中,可得实验测试定位坐标,FBG 采集信号点坐标已有变化,根据新的坐标系建立椭圆方程:

$$R_1+R_2 = \sqrt{(x-30)^2+(y-60)^2}+\sqrt{(x-30+15\sqrt{3})^2+(y-15)^2}$$
$$R_1+R_3 = \sqrt{(x-30)^2+(y-60)^2}+\sqrt{(x-30-15\sqrt{3})^2+(y-15)^2}$$

(5.27)

根据新的椭圆定位算法程序,可得定位结果为(29.9 cm, 30.2 cm)。同理将其他定位坐标点定位结果记录,可得最小的定位误差为 0.23 cm,最大误差为 5.81 cm,平均误差为 2.95 cm,圆形内定位平均误差为 2.04 cm,整理定位结果和误差结果图如图 5.25 所示。由于采用了 FBG 传感器 T 形布置使各个角度的撞击信号得到很好的接收,很大程度减小了 FBG 摆放角度带来的误差,但 FBG 传感器与撞击点的距离远近也会影响接收信号的强弱,因此在三角外距离较远处误差较大。误差来源有 FBG 与信号源的距离产生的误差以及计算可能产生的误差。

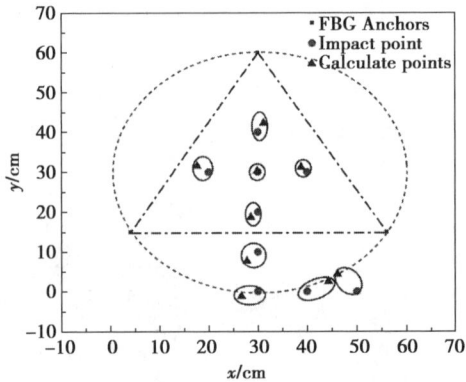

图 5.25　实际撞击点与计算定位点对比图

　　为了对比基于兰姆波频散曲线的椭圆定位算法在实际应用中的优势,采用商品声发射仪(鹏翔科技,PXWAE-3F,内含 3 个 PXDAQ24260B 模块),利用 3 个压电传感器进行了同样的钢珠撞击实验,如图 5.26(a)、(b)所示分别为声发射仪和铝板,图 5.26(c)所示为撞击时的波形图,图 5.26(d)所示为定位显示界面,图 5.26(e)所示为多点撞击之后得到结果。根据定位结果可知,声发射仪

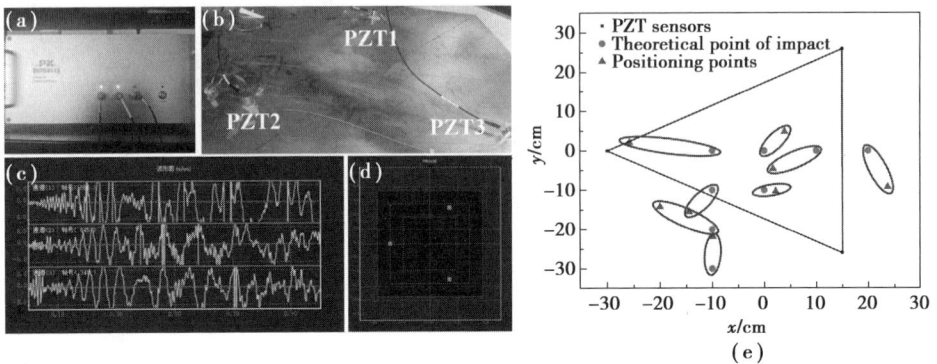

图 5.26　商品声发射仪定位实验

(a)、(b)声发射仪及传感器布置连接实物图;

(c)、(d)声发射仪显示界面信号波形图及定位示意图;

(e)撞击点与定位点对比图

定位最小误差为 2.2 cm,最大误差为 15.9 cm,平均误差为 8.78 cm,但该声发射仪利用直接阈值法,操作及计算较为简单,撞击后即可在定位图形中展示定位结果。误差较大的原因很大程度是压电传感器不能很准确地定位声源方向,且会受到声源距离以及计算误差的影响。此设计模型与此商品相比明显减小了声源方向带来的误差。

5.4 本章小结

本章主要介绍了声发射传感技术的原理和应用。特别展示了基于光纤法布里-珀罗标准具的声发射传感阵列系统以及在声发射源定位中的应用。首先对提出的光纤传感系统的组成器件与工作原理进行了分析;其次介绍了将单 FBG 传感器的系统扩展改进为阵列系统,在系统中添加了掺铒光纤放大器与阵列波导光栅,前者用于中继放大,后者用于波分复用;最后对该系统进行了复用解调实验与铝板上撞击实验,前者验证了该系统的复用解调能力,后者在 FBG 传感器阵列旁同时设置了 3 个压电传感器用作对比实验。在声发射源定位介绍了三角定位和椭圆定位的计算方法对铝板上撞击信号进行定位计算,该算法需要用到小波变换对声发射信号进行时频分离,以避免频散现象带来的速度误差,还通过频散方程绘制了兰姆波群速度曲线用以得到兰姆波不同频率分量的群速度值。最终的定位结果表明,这两种算法均能够实现对铝板上的平面声发射源精确定位,可以满足工程应用要求。

在本章节研究内容的基础上,基于光纤传感器的声发射传感系统以及提出的定位算法还有以下这些方面可以进一步开展研究与工作:

①对本章中采用的 0.2 nm 带宽的 FBG 传感器可以更换为不同带宽的 FBG 传感器来研究系统对声发射检测能力的提升潜力。

②可更换系统中的半导体光放大器为其他光源研究提供系统检测能力。

③增加 FBG 传感器阵列中的传感器个数用于更复杂的声发射源定位情况。

④对定位算法进行改进使其可过滤不平整表面带来的误差信号的影响。

⑤优化定位算法流程,并编写自动程序,使其对撞击信号具有自动计算并定位的能力。

参考文献

[1] CIVERA M,CALAMAI G,ZANOTTI FRAGONARA L. System identification *via* fast relaxed vector fitting for the structural health monitoring of masonry bridges [J]. Structures,2021,30:277-293.

[2] 丁卫良,常华峰,潘龙龙,等. X 射线无损检测的应用及发展趋势[J].科技创新与应用,2020,10(36):161-162.

[3] 邱春.磁粉检测在压力容器检验中的应用研究[J].福建冶金,2020,49(6):55-56.

[4] 许云伟,肖仲谊,马杨勇.在役机组气缸轴瓦渗透检测工艺的优化[J].无损检测,2020,42(10):59-61.

[5] 何敏,柴孟阳.三种电磁无损检测方法综述[J].测控技术,2012,31(3):1-4.

[6] 李望,吴长青,赵炜炜,等.电磁超声检测技术的应用[J].电子测试,2021(3):115-116,126.

[7] STEPANOVA L N,CHERNOVA V V,RAMAZANOV I S. Acoustic emission testing of early generation of defects in CFRP samples under static and thermal loading[J]. Russian Journal of Nondestructive Testing,2020,56(10):784-794.

[8] Li S ,Liu Z ,Xia L ,etc. Wire breaking localization of parallel steel wire bundle using acoustic emission tests and finite element analysis[J]. Structural Control and Health Monitoring.

[9] 李宏男,高东伟,伊廷华.土木工程结构健康监测系统的研究状况与进展

［J］.力学进展,2008,38(2):151-166.

［10］ KAISER J. Erkenntnisse und folgerungen aus der messung von Geräuschen Bei zugbeanspruchung von metallischen werkstoffen［J］. Archiv Für Das Eisenhüttenwesen,1953,24(1/2):43-45.

［11］ 王天资,周志勇,李伟,等.高温压电振动传感器及陶瓷材料研究应用进展［J］.传感器与微系统,2020,39(6):1-4.

［12］ 李旭,霍林生,李宏男,等.混凝土结构中 PZT 传感器的多功能性分析及应用［J］.振动 测试与诊断,2015,35(4):709-714,799.

［13］ YAN T,JONES B E. Establishment of absolute measurement standards for *in situ* calibration of acoustic emission energy［J］. Measurement and Control,2001,34(10):300-305.

［14］ FROMME P,SAYIR M B. Detection of cracks at rivet holes using guided waves［J］. Ultrasonics,2002,40(1/2/3/4/5/6/7/8):199-203.

［15］ 黄民双,梁大开,袁慎芳,等.应用于智能结构的光纤传感新技术研究［J］.航空学报,2001,22(4):326-329.

［16］ 李东升,梁大开,潘晓文.基于光纤布拉格光栅传感器的光纤光栅智能夹层试验研究［J］.光学学报,2005,25(9):1166.

［17］ LIANG D K,HUANG M S,TAO B Q. Research on some problems about optic fiber embedded in carbon fiber smart structures［A］. 2nd International Workshop on Structure Health Monitoring［C］.1999,680-689.

［18］ 李东升,梁大开,潘晓文.基于 EFPI 和 FBG 传感器的光纤智能夹层系统研究［J］.光电子·激光,2005,16(5):526-529.

［19］ ROY A,CHAKRABORTY A L,JHA C K. Fiber Bragg grating interrogation using wavelength modulated tunable distributed feedback lasers and a fiber-optic Mach-Zehnder interferometer［J］. Applied Optics, 2017, 56(12):3562-3569.

[20] XUE G Z,FANG X Q,HU X K,et al. Measurement accuracy of FBG used as a surface-bonded strain sensor installed by adhesive[J]. Applied Optics,2018, 57(11):2939-2946.

[21] ROY A,CHAKRABORTY A L,JHA C K. Fiber Bragg grating interrogation using a wavelength modulated 1651 nm tunable distributed feedback laser and a fiber ring resonator for wearable biomedical sensors[C]//2017 25th Optical Fiber Sensors Conference (OFS). Jeju,Korea. IEEE,2017:1-4.

[22] FOMITCHOV P. Response of a fiber Bragg grating ultrasonic sensor[J]. Optical Engineering,2003,42(4):956.

[23] KIRIKERA G R,BALOGUN O,KRISHNASWAMY S. Adaptive fiber Bragg grating sensor network for structural health monitoring:Applications to impact monitoring[J]. Structural Health Monitoring,2011,10(1):5-16.

[24] 宋美杰,于廷宽.一种基于3×3耦合器的光纤相位解调算法[J].光通信技术,2019,43(5):51-53.

[25] LIU T Q,HU L L,HAN M. Multiplexed fiber-ring laser sensors for ultrasonic detection[J]. Optics Express,2013,21(25):30474-30480.

[26] 段苛苛,时书丽.一种对偏振敏感的光频域反射光纤布拉格光栅传感系统解调方案[J].传感技术学报,2017,30(7):1011-1016.

[27] WEI H M,ZHAO X F,LI D S,et al. Corrosion monitoring of rock bolt by using a low coherent fiber-optic interferometry[J]. Optics & Laser Technology, 2015,67:137-142.

[28] TSUDA H,KOO J H,KISHI T. Detection of simulated acoustic emission with Michelson interferometric fiber-optic sensors[J]. Journal of Materials Science Letters,2001,20(1):55-56.

[29] 何玉钧,李永倩,杨志,等.全光纤Mach-Zehnder干涉仪及其在光纤自发布里渊散射测量中的应用[J].光子学报,2002,31(7):865.

[30] A,Filoteo Razo. Multi-wavelength Er-Yb-doped fibre ring laser using a double-pass Mach-Zehnder interferometer with a Sagnac interferometer[J]. Optics & Laser Technology,139.

[31] MA J,XUAN H F,HO H L,et al. Fiber-optic fabry-Pérot acoustic sensor with multilayer graphene diaphragm[J]. IEEE Photonics Technology Letters,2013, 25(10):932-935.

[32] SCHOLZ C H. Microfractures,aftershocks,and seismicity[J]. 1968,58(3): 1117-1130.

[33] SHANG X Y,WANG Y,MIAO R X. Acoustic emission source location from P-wave arrival time corrected data and virtual field optimization method[J]. Mechanical Systems and Signal Processing,2022,163:108129.

[34] LU S Z,JIANG M S,SUI Q M,et al. Acoustic emission location on aluminum alloy structure by using FBG sensors and PSO method[J]. Journal of Modern Optics,2016,63(8):742-749.

[35] BUCARO J A,HICKMAN T R. Measurement of sensitivity of optical fibers for acoustic detection[J]. Applied Optics,1979,18(6):938-940.

[36] LAGAKOS N,BUCARO J A,HUGHES R. Acoustic sensitivity predictions of single-mode optical fibers using Brillouin scattering[J]. Applied Optics,1980, 19(21):3668-3670.

[37] YU F M,OKABE Y. Linear damage localization in CFRP laminates using one single fiber-optic Bragg grating acoustic emission sensor [J]. Composite Structures,2020,238:111992.

[38] WEI H M, KRISHNASWAMY S. Femtosecond laser fabricated Fabry-Perot sensors on optical fiber tip for acoustic sensor[C] //Health Monitoring of Structural and Biological Systems XIII. Denver,USA. SPIE,2019:38 </first_page>.

［39］ JINACHANDRAN S, BASU A, LI H J, et al. The study of the directional sensitivity of fiber Bragg gratings for acoustic emission measurements［J］. IEEE Sensors Journal,2019,19(16):6771-6777.

［40］ BOCHKOVA S D, VOLKOVSKY S A, EFIMOV M E, et al. A method for determining the locations of impacts in a composite material using fiber optical acoustic emission sensors［J］. Instruments and Experimental Techniques, 2020,63(4):507-510.

［41］张延兵,宋高峰,朱峰.基于时差收敛算法的声发射源定位方法[J].无损检测,2020,42(4):60-64.

［42］王高平,陈云,李波,等.基于 Lamb 波的铝板损伤定位检测方法[J].武汉工程大学学报,2022,44(2):190-196.

［43］周俊宇,杨洋,肖黎,等.不同幅值激励的复合材料板时间反转损伤识别方法[J].机械科学与技术,2017,36(2):298-302.

［44］范志涵,张宇,芮小博.航天器舱壁结构碎片撞击声发射定位技术研究[J].仪器仪表学报,2020,41(1):178-184.

［45］陈结,陈紫阳,蒲源源.基于频谱分析和卷积神经网络的岩石声发射信号定位研究[J].岩石力学与工程学报,2022,41(S2):3271-3281.

［46］ALJETS D,CHONG A,WILCOX S,et al. Acoustic emission source location on large plate-like structures using a local triangular sensor array［J］. Mechanical Systems and Signal Processing,2012,30:91-102.

［47］WANG H P,WU Y B,CHEN C,et al. Dynamic response of CFRP reinforced steel beams subjected to impact action based on FBG sensing technology［J］. Sensors,2022,22(17):6377.

［48］江旭海,陶传义,肖建军,等.基于双波混频干涉解调的光纤环形激光应变传感系统[J].光学学报,2021,41(13):1306021.

［49］江旭海.基于光折变晶体中双波混频的自适应解调系统研究[D].重庆:重

庆理工大学,2021.

[50] 周春新,曾庆科,秦子雄,等.光纤光栅应变-温度传感器的原理及进展[J].激光与光电子学进展,2006,43(10):53.

[51] FOMITCHOV P. Response of a fiber Bragg grating ultrasonic sensor[J]. Optical Engineering,2003,42(4):956.

[52] 谭敏峰,朱四荣,宋显辉,等.安装方位对光纤布拉格光栅应变测量的影响[J].中国激光,2006,33(9):1251.

[53] VIOLAKIS G,LE-QUANG T,SHEVCHIK S A,et al. Sensitivity analysis of acoustic emission detection using fiber Bragg gratings with different optical fiber diameters[J]. Sensors,2020,20(22):6511.

[54] 应朝福,彭保进,任志君,等.基于闪耀光纤光栅透射特性的分布式光纤布拉格光栅传感器解调方法[J].中国激光,2010,37(11):2891.

[55] 戴慧芳,陈鹏,赵靖寅,等.啁啾体布拉格光栅的脉冲响应特性[J].光学学报,2019,39(10):1005002.

[56] 陶传义,魏鹤鸣.基于半导体光纤环形激光器的光纤布拉格光栅动态应变传感系统[J].光子学报,2016,45(7):70706002.

[57] 杨明纬.声发射检测[M].机械工业出版社,2005:4-20.

[58] Song M,Fan S,Chen H,et al. Study on the technique of Brillouin scattering distributed optical fiber sensing based on optical interferometric heterodyne detection[J]. Acta Photonica Sinica,2005,34(2):233-236.

[59] 杨建波.声发射 DSP 系统及 AE 源定位研究[D].长春:吉林工业大学,1999.

[60] 段兰,王春生,翟慕赛,等.基于声发射技术的钢桥面板疲劳损伤监测与评估[J].交通运输工程学报,2020,20(1):60-73.

[61] 孙太富,徐宁.基于阵列波导光栅光分插复用器的仿真设计[J].计算机技术与发展,2013,23(6):223-226.

[62] Takemoto M , Nishino H , Ono K . Wavelet transform—Applications to AE signal analysis[M]. Acoustic Emission-Beyond the Millennium. 2000.

[63] 沈松,应怀樵,刘进明. 小波变换在振动信号分析中的工程解释与应用 [J]. 振动 测试与诊断,2000,20(4):259-263.

[64] 张维刚,戴美泽,郭世行,等. 兰姆波频散方程的理论求解及实验研究[J]. 声学技术,2016,35(5):403-407.

6 电力装备光纤超声传感技术

6.1 电力装备光纤超声传感概述

电力装备的绝缘老化会产生局部放电,激发超声信号,光纤传感具有灵敏度高、抗干扰能力强、可内置等优点,在电力装备局部放电的超声检测方面具有显著优势和广泛的应用前景。本章首先介绍电力装备光纤超声传感研究的背景与意义、国内外研究现状;其次介绍光纤干涉型、熔锥光纤型、光纤散射型等光纤超声传感原理;最后结合基于光纤 F-P 的局放温度联合传感、基于光纤 F-P 的超声传感阵列、基于光纤 F-P 的局部放电模式识别 3 个典型案例,介绍电力装备光纤超声传感的应用。

6.1.1 研究背景与意义

随着我国电力工业的蓬勃发展,电力设备容量和电网规模日益扩大,"碳中和"和未来电力系统的"双高"特性带来了新的机遇与挑战,进一步提高电网的安全性是当前迫切需要解决的问题。电力变压器是输变电工程中的核心设备,其突发性故障将危及电力系统的稳定运行和周边人员的人身安全。针对电力变压器运行状态的在线监测受到电网运行部门的重视。大量统计数据表明,绝缘失效是引起变压器故障的主要原因。大型电力变压器多为采用油纸绝缘的油浸式变压器,气泡、裂缝、电极毛刺等内部绝缘缺陷将导致部分区域的电场强度畸变,引起绝缘的局部击穿,产生局部放电。局部放电是变压器绝缘失效的早期征兆,并将进一步加剧绝缘老化,及时检测到局部放电的存在,对保障电力变压器的安全稳定运行具有重要意义。

油纸绝缘系统中发生的局部放电将激发出超声信号,采用对超声敏感的传感器进行测量,即可检测出是否存在局部放电。近年来,采用光纤超声传感器来检测局部放电受到国内外学者的关注,相较于传统的压电式超声传感器,光纤超声传感器具有免受电磁干扰、不易受强电磁过程破坏、可内置于电气设备等优点,有望在局部放电的机理研究、电气设备的型式试验、电气设备的在线监测和带电检测中得到应用,是对传统局部放电超声检测方法的有力补充。

一般来讲,上述局部放电的检测方法可分为电测法和非电检测法两大类。电测法主要包括脉冲电流法和特高频法。①脉冲电流法:局部放电检测技术中最基本、最常用且具有国际标准(IEC60270)的检测方法就是脉冲电流法。该方法通过测量回路中的电流互感装置(如罗戈夫斯基(Rogowski)线圈)或耦合阻抗对局部放电所产生的电流脉冲进行测量,并将其转化为视在放电量,用来反映放电强弱,是典型的定量测量方法。但该方法测量的频率低、频带窄、脉冲分辨率低,无法进行局部放电的定位,仪器的灵敏度和精度受被测试品的电容量以及周围环境中各种电磁干扰影响较大,难以进行现场监测和带电检测。②特高频检测法:由于局部放电间隙小、时间短,故而能够辐射出频率很高的电磁波,一般在 300 ~ 3 000 MHz 之间。特高频测量系统的核心元件是特高频天线,它可以灵敏地检测到空间中的高频电磁波,然后利用数字信号技术进行处理,再依据典型检测图谱进行分析,便可达到局部放电检测和放电源的定位目的。实测表明,设备现场的干扰电磁波频率通常低于400 MHz,采用特高频检测法能够对环境中电磁干扰进行有效规避,实现局部放电的在线监测。特高频法有其缺点:一是变压器类设备绝缘结构复杂,电磁波在传播时会受隔板、箱体等影响而发生多次折反射及衰减,极大降低了检测精度;二是该方法无法对局部放电量大小进行衡量,这成为特高频检测技术在应用中的最大障碍。

非电检测法主要包括化学色谱分析法和超声波法:①化学色谱分析法:局部放电过程中会产生电弧和高温,促使高分子类材料裂化分解,生成各种气体,如氢气、甲烷、乙炔、一氧化碳等,通过检测生成气体的组分和含量,就可以判断所发生局部放电的缺陷类型和严重程度。目前采用气象色谱分析法对油浸式变压器进行油中溶解气体的检测来评估设备绝缘状况的技术已经非常成熟,在变压器的在线故障诊断中得到了广泛应用。化学色谱分析法具有成本低、抗电气干扰的优点,但存在气体传感器灵敏度低、不能定量测量、化学反应过程需要经过缓慢积累而不能检测到突发性状况等缺点,通常作为辅助诊断方法。②超声波检测法:电气设备局部放电时会产生电弧高温,使气隙瞬间升温膨胀,形成类似爆炸的效果,一般产生频带为 10 ~ 200 kHz 的超声波。在设备表面放置超声波传感器即可接收到内部传出的超声波信号,实现局部放电检测目的的。超声波检测法检测的是声发射信号,受电气干扰较小,对局放定位方便,是一种研究较为深入的方法。随着计算机技术和电子信息技术的快速发展,将脉冲电流法与超声波法相结合的声—电联合检测技术取得了很好的发展,这种联合监测系统的优势在于可以对局部放电进行精准定位和定量评估。

传统的局部放电超声波传感器以压电传感器为主,检测的基本原理是通过它内部核心元件——压电换能器(Piezo Electric Transducer,PZT)将超声波信号转换为电压信号传输至信号处理和数据采集系统,实现对局部放电的测量。但这种探测方法适合于目标结构的单点探测,复用性差而难以用于多点同时检测;信号的传输距离受制于电缆的性能和长度,不利于远程监测;PZT 是基于机械共振的方式感知超声波,其自身结构导致检测的响应频带很窄,且环境的电磁干扰一直是困扰 PZT 稳定工作的难题,导致传统超声波检测法的抗干扰能力差和灵敏度较低,人们一直在寻找其他更有效的超声波检测方法。

近年来,光纤超声传感技术迅速发展,越来越多性能优越的光纤超声传感器相继被研发出来并投入生产应用中。这类传感器的基本工作原理是通过解调光纤内传输光的特征参量的变化来感知超声波信号,解调方法包括光的强度解调、光的相位解调、光的频率解调等。相比于传统的压电类超声换能器,光纤超声传感器灵敏度高,不受环境电磁干扰,能够实现宽频带微弱信号的高精度探测;光纤传输损耗小距离长,易于实现分布式网络化监测,提高信息检测效率;具有耐腐蚀、耐高温的特性,可以长时间工作在极端恶劣的环境下。此外,光纤超声传感器还具有体积小、质量轻、结构紧凑的优点,便于其集成到高压电力设备(如发电机、变压器、高压断路器等)的内部,有助于解决传统外置式超声波传感器灵敏度低、抗干扰能力差等问题。光纤超声传感器各方面性能都很优秀,开展光纤超声传感器的研究并将其应用于电力设备局部放电的检测对电气工程领域来说具有重要的科学意义、广阔的研究前景,该方向也因此吸引来国内外众多科研工作者的投入,目前已取得了不错的成果。

6.1.2　国内外研究现状

1)局部放电及其超声特性的研究现状

(1)油纸绝缘局部放电机理及常用检测方法

局部放电是指在电场作用下,绝缘系统中部分区域发生的放电,但放电过程没有贯穿施加电压的导体之间。在油浸式变压器的油纸绝缘系统中,各区域绝缘材料承受的电场分布一般是不均匀的。同时,在制造和使用过程中残留或产生的一些气泡和其他杂质会引起绝缘体表面或内部的电场畸变,当某一局部位置的电场强度达到该区域介质的击穿场强时,将在该区域激发局部放电。对油纸绝缘系统,局部放电主要有内部气隙放电、沿面放电、金属尖端放电 3 种形式。

　　局部放电过程中引起的带电质点轰击、热效应、辐射效应、机械应力效应及生成的活性物质将引起绝缘材料的劣化,并最终导致绝缘击穿。局部放电的检测、识别和定位方法受到广泛关注。针对油浸式变压器局部放电的研究表明,局部放电的放电脉冲具有非常快的上升沿,并将激发出特高频电磁波;放电过程中放电区域的分子间产生剧烈的撞击,在宏观上产生压力,产生声波,且一般为频率大于 20 kHz 的超声波。同时,局部放电将激发出光信号并生成分解产物。基于上述物理现象,针对局部放电的检测方法,主要包括脉冲电流法、特高频法、超声波法、光测法、分解产物法。脉冲电流法是基于高频电流传感器采集从耦合电容、外部电极或接地线引导过来的脉冲电流信号,是目前唯一具有国际标准(IEC 60270)的局部放电定量检测方法,但在现场使用时,存在设备安装不便、电磁干扰较大等问题。特高频法是利用装设在变压器上的天线传感器接收由局部放电脉冲激发的电磁信号,安装位置一般在变压器的换油阀,天线的频带一般为 300 ~ 3 000 MHz,具有较好的抗低频电磁干扰能力,能对局放源进行定位,但该方法对信号采集系统的采样率和带宽要求较高。电磁波信号的传播速度较快,制约了该方法的定位精度。现有常规的超声波检测法,一般是基于安装在变压器外壳的压电式超声传感器,具有较好的抗电磁干扰能力和定位精度,但超声波信号在壳体界面从液体介质向固体传播的过程将产生较大的衰减,制约了该方法的检测灵敏度。光测法是基于光电倍增管、雪崩二极管面阵等采集局部放电激发的光信号,抗电磁干扰能力较强,但一般比较适合绝缘系统表面或透明介质放电的检测,在变压器内部使用时,光信号易受固体结构阻挡,导致其灵敏度不够高。分解产物法一般是指油中溶解气体分析,在变压器内部产生局部放电时,会引起变压器油或固体材料的分解,生成特征气体,油纸绝缘中出现局部放电时,产生的主要气体组分为 H_2、CH_4 和 CO,次要气体组分为 C_2H_2、C_2H_6 和 CO_2。该方法目前在现场的应用较为成熟,但特征产物的量值存在一个积累的过程,导致分解产物法不易检测出早期放电故障,时效性较低。

(2)油纸绝缘局部放电的超声特性

局部放电的超声特性与其放电状态、周围环境和传播媒质相关,其中声波的主频率(峰值频率)f_{max} 与放电能量 E_{dis} 存在如下关系:

$$f_{max} = c \sqrt{\frac{p}{E_{dis}}} \tag{6.1}$$

式中,c 为声速,m/s;p 为压力,Pa;E_{dis} 为单位长度的放电能量,J/m。

由式(6.1)可知,单位长度的放电能量越高,其声信号的频率越低。现有研究表明,变压器内部局部放电超声信号的频率主要为 20 ~ 180 kHz,而变压器内部主要的声波噪声——巴克豪森噪声的频率为 20 kHz 以内,磁声发射的频率为 20 ~ 65 kHz,IEEE 推荐使用检测频带为 120 ~ 160 kHz 的超声传感器。

在该频段内,150 kHz 谐振的压电传感器在市场上较易获得(如 R15α、R15D、VS150、SR150、AES150 等),目前在工程实际中主要使用 150 kHz 谐振的压电传感器检测局部放电超声信号。然而,不同类型的局部放电所激发的超声信号,其主频率位置存在差异,清华大学朱德恒等人的研究表明,油中金属尖端放电的频率较高,峰值频率为 150 kHz,而沿面放电和气隙放电的峰值频率则分别为 80 kHz 和 75 kHz;由于模型和传感器选用的不同,其他研究机构也给出了不同的测试结果,Wojciech 等人的实验表明,沿面放电和匝间放电的峰值频率为 40 kHz 左右。Bengtsson 等人的实验表明,低能量局部放电(100 pC)的频谱主要集中在 100 kHz 左右。如图 6.1 所示为将沿面放电、匝间放电、金属尖端放电的超声信号相加并归一化后得到的功率谱密度(Power Spectral Density,PSD),所使用的传感器为宽带的压电超声传感器 V101-RB。

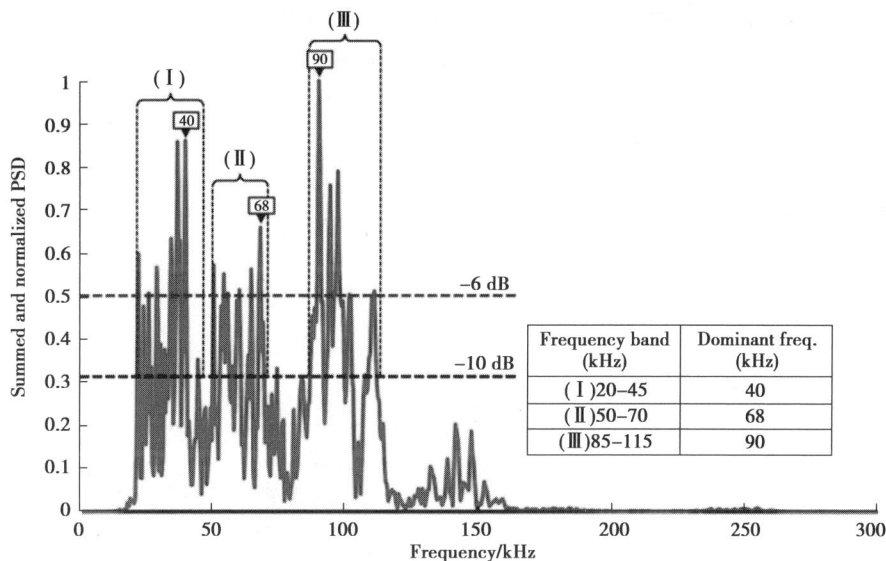

图 6.1 多种局部放电超声信号相加并归一化后的功率谱密度

超声传感器与局放源之间存在距离,在选用局部放电超声传感器时,声信号在传播过程中的衰减也应该考虑。局部放电激发的超声信号,可看作以局放源位置为点声源,以球面波形式向四周传播。超声信号在变压器内部传播的过程中将出现衰减,声波衰减的大小与其频率有关,频率越高衰减越大,在不同介质中,声波的衰减一般随频率的 1～2 次方增加。Sakoda 等人的实验表明,局放超声信号主要在 100 kHz 以下的频带传播,且显性频率约为 25 kHz。使用 150 kHz 谐振的超声传感器虽然可以提高传感系统的抗干扰能力,但会在很大程度上降低传感系统检测局部放电的灵敏度。近年来有学者和团体认为低频谐振(如 60 kHz)的超声传感器在局放检测中更具优势。此外,变压器外壳对超声信号的畸变作用尤为明显。超声信号在变压器油中以纵波的形式振动,在到达外壳时,声信号振动的形式则包括了纵波、横波和表面波;声波在传播到变压器外壳时,媒质间的声特性阻抗不匹配,将出现反射,造成很大的界面衰减,特性阻抗的差异越大则衰减也越大,这在很大程度上制约了安装于外壳的压电传感器的局部放电检测灵敏度。

声波在不同媒介质中的传播速度存在差异,如在矿物油中一般为 1 400 m/s (20 ℃),而在钢中,一般为 6 000 m/s。值得注意的是,温度也会影响声波的传播速度,如在 90 ℃ 时,矿物油中的声速在 1 200 m/s 左右。局部放电的定位一般采用的是超声信号到达不同传感器的时间差,不同介质中不同的声速将对定位精度产生影响。此外,声波在传播过程中的反射将影响定位精度,如图 6.2 所示。

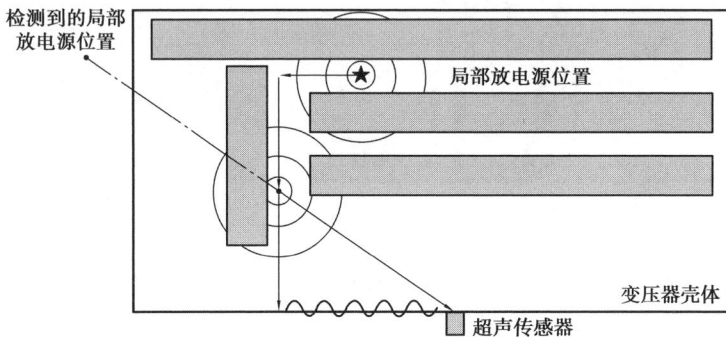

图 6.2 传播路径对局部放电超声定位的影响

如图 6.2 所示,变压器内部固体结构对超声信号的反射作用,将导致定位局部放电源的位置出现误差。

2)局部放电超声检测法的研究现状

(1)压电式超声传感器

压电元件作为压电式超声传感器的核心结构,通常由石英(SiO_2)、硫酸锂(Li_2SO_4)、铌酸锂($LiNbO_3$)等具有压电效应的永久极化材料构成,其特性在于当外界对其施加电场时,极化分子会与电场对齐,使材料尺寸发生变化;当材料尺寸因机械力作用而改变时,也会激发相应的极化电场,从而可以感应压力波,将机械振动转换为电信号。它的具体结构如图 6.3 所示,压电元件被夹放在通过同轴电缆传递电信号的两块电极之间,其厚度决定了换能器的中心频率;衬底材料除了起到支撑作用外,还影响着换能器的阻尼特性,从而决定了换能器的响应频带;压电元件与换能器表面之间通过增设阻抗匹配层,用于增强接收信号;换能器表面的耐磨板以及环氧灌封的外壳对内部元件进行保护;为了减小声波的界面损耗,通常需要在换能器与所贴的壁(如变压器箱体)之间涂覆声学耦合材料,以增强声耦合。

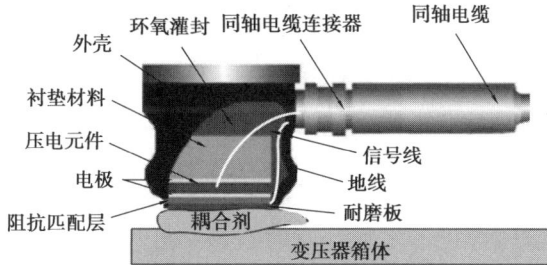

图 6.3 压电换能器示意图

压电换能器的检测原理与结构特性决定了其只能固定在变压器箱体外壁使用,并不可避免地容易受到现场的电磁干扰影响。尽管如此,压电式超声传感器目前仍然是局部放电传统声检测法中常用的传感器。在 IEEE 于 2000 年发布的《油浸式电力变压器局部放电声发射检测指南》中,就明确地将用于局部放电检测的声发射传感器定义为工作在压缩模式下的压电位移传感器。在过去的几年里,相关研究人员开展了很多关于局部放电传统压电超声检测的改进方案的研究工作。Sikorski 等人就提出了通过有源介电窗口(ADW)将压电传感器与电磁局放检测仪组合起来用于变压器局部放电检测的新概念。Siegel 等人也提出了类似的方法。但是,在这种情况下,需要将压电传感器与 UHF 天线安装在放油阀出口处,这在一定程度上限制了其所能检测到的局部放电区域。此外,商用压电换能器的成本较高,一些研究人员提出了成本更低的解决方案。例如,Castro 等人通过一种低成本的压电振膜(蜂鸣器)在油浸式电力变压器中进行了局部放电检测的可行性研究。Sikorski 等人在 2019 年发表的文章中,详细介绍了一种具有两个谐振频率的压电换能器的设计制造方法,该换能器使用了两个极化方向相反、高度不同的压电片,与目前流行的商用压电传感器相比,其平均检测信号增益最小为 5.2 dB,最大为 19.8 dB。这种多谐振的压电换能器相比于单谐振换能器,具有更宽的检测频带与更好的局部放电检测效果,是复用性较差的压电换能器适应典型油纸绝缘局部放电超声检测多谐振频率要求的一种示范。但现场的电磁干扰,以及传感器外置,使得声波多路径传输造成的局部放电难以定位的问题仍是压电换能器难以逾越的障碍。

（2）光纤超声传感器

压电换能器应用于局部放电检测过程中存在的一些问题,使人们希望能够找到这样一种理想的超声传感器——它能够可靠地在变压器内部工作,甚至是在变压器绕组的深处,以拾取干净的局部放电超声信号,并且需要具备化学惰性、不导电、体积小等特性。这使得新型传感检测技术的代表——光纤传感器,成为变压器局部放电超声检测的极佳候选者。光纤超声传感器主要由 SiO_2 等介质材料制成,并且以光纤为载体进行信号传输,具有体积小、质量轻、不受电磁干扰、耐化学腐蚀、耐高温、传输损耗小等诸多优点,且光纤柔软易弯曲的特性使其可以很容易地在变压器内部进行布置。目前光纤超声传感器已在多个领域有了应用,如水听器、材料特性分析、土木结构无损诊断、车辆检测和交通监控等。

早期的光纤超声检测方法主要是基于 Mach-Zehnder 干涉仪、Michelson 干涉仪等本征干涉仪。这些本征型光纤传感器通常使用单模光纤,并以相干光如激光作为光源。如图 6.4 所示,来自激光器的入射光被 3 dB 光纤耦合器分成两个强度相等的干涉光,一根称为传感臂的光纤暴露在声信号中,而另一根称为参考臂的光纤通过屏蔽不受声波的影响。在两臂中传播的光束通过传输（Mach-Zehnder 干涉仪）或反射（Michelson 干涉仪）经光纤耦合器重新组合,以产生由声波调制的干涉信号。研究发现,通过将光纤缠绕成圈并增加圈数的方式可以增强其检测灵敏度。然而,它们遭受随机偏振旋转引起的条纹衰落问题,同时由激光波长和温度引起的光程差变化使它们的性能并不稳定。而传感光纤过长使得传感器的体积庞大,增大了光纤固定的难度,且复用性较差是本征型干涉传感器所需要解决的一个问题。

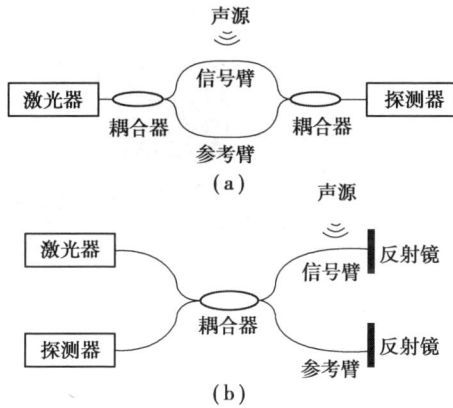

图 6.4 Mach-Zehnder 干涉仪与 Michelson 干涉仪原理图

（a）Mach-Zehnder 干涉仪；（b）Michelson 干涉仪

相比之下，基于光纤 Bragg 光栅（FBG）的局部放电传感器最大的优点就在于易复用。如图 6.5 所示，Bragg 光栅的作用类似于一个滤波器，它使得激光器发出的入射光中波长等于 Bragg 波长 λ_B 的光束发生反射，其余的光继续往前传输，图中的 n_{eff} 表示 Bragg 光栅的有效折射率。当超声波作用于 Bragg 光栅时，会使 λ_B 发生漂移从而让反射光谱发生变化，通过对反射光的解调可以实现对超声波的检测。石城等人提出了一种基于波分时分复用技术的多点 FBG 方法，用于扩大局部放电超声信号的检测范围，展现了 FBG 的复用性上的潜力。

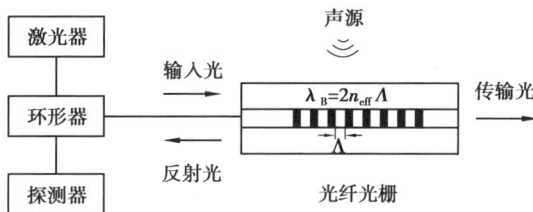

图 6.5 光纤光栅超声传感器原理图

非本征光纤 F-P 传感器通过极小的传感元件——F-P 腔，来实现对超声信号的检测，如图 6.6 所示。

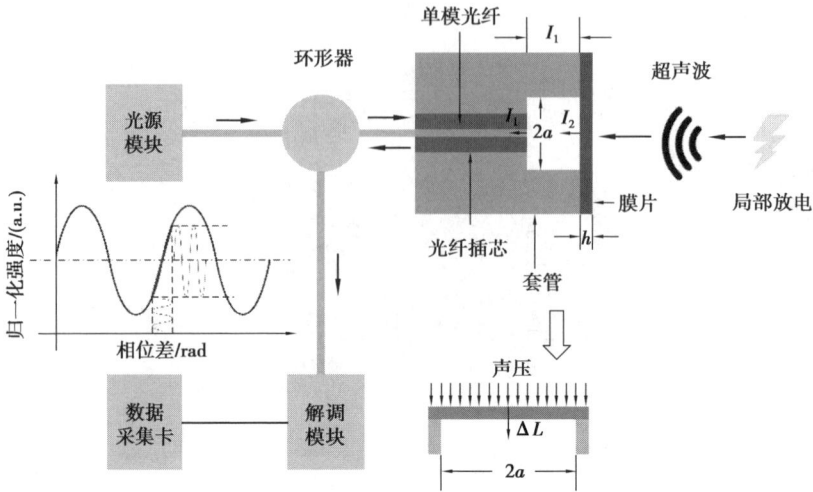

图 6.6　非本征型光纤 F-P 局部放电超声传感器工作原理

如图 6.6 所示,光源模块发出的激光经光纤环形器后射入光纤 F-P 探头,在引导光纤端面和声敏感膜片端面反射,形成干涉效应,干涉光之间的相位差将引起反射光光谱的变化。当局部放电激发的超声波作用于声敏感膜片后,引起声敏感膜片的振动,改变了光的干涉条件,引起干涉光相位差的变化,从而引起光纤 F-P 探头输出光谱的变化,通过对光谱信息的解调,可获得局部放电激发的超声信息。光源质量、F-P 腔结构、声敏感膜片的材料与结构、解调模块性能、解调算法等将影响 F-P 传感器的响应特性。

从 1991 年美国弗吉尼亚理工州立大学的 Murphy K A 等人对其用于动态应力检测进行报道以来,在近 30 年的时间里,光纤 F-P 超声传感器受到了研究者的广泛关注。Beard 等人对基于聚合物 PET 薄膜的 F-P 传感器的性能进行了研究,其在 25 MHz 测量带宽上获得了 0.1 rad/MPa 的超声相位灵敏度,线性工作范围为 5 MPa,噪声当量压力为 20 kPa,但并不适宜在变压器油中对局部放电信号进行测量。Deng 等人使用 20 μm 厚度、0.5 mm 有效半径的石英膜片和封装在石英玻璃管中的单模光纤制作了光纤 F-P 传感器,该 F-P 传感器的中心频率为 220 kHz、灵敏度为 0.134 μm/psi,能够高分辨率、高频率地检测到变压器油中的局部放电声信号。Wang 等人利用微机械加工技术(MEMS)制作了由 25 μm 厚、2 mm 边长的方形硅膜与长度为 50 μm 的 F-P 腔构成的光纤 F-P 传感器,测试结果表明,该 F-P 传感器的中心频率为 90 kHz、最小可测压强达 100 Pa。赵洪等人基于 MEMS 技术加工出了厚度为 60 μm、边长为 4 mm 的硅膜 F-P 传感器,可测到 150 pC 的局部放电量,灵敏度比 200 μm 厚,有效半径 2.5 mm 的石英膜 F-P 传感器的灵敏度高了约 7 倍。

Akkaya 等人开发了一种使用氢氧化物催化键合的可重复室温纳米组装工艺,制作了基于柔性光子晶体薄膜的光纤 F-P 传感器,实验表明这种工艺制作出的 F-P 传感器的一致性较好,在至少 100 Hz 到大于 8 kHz 的范围内具有相对平坦的频率响应,中心频率为 12.5 kHz,并显示出极高的热稳定性(2.9 pm/℃)、高动态范围(>100 dB)和极低的偏振依赖性(0.3 dB)。Ma 等人制作了基于厚度 100 nm、直径 125 μm 的多层石墨烯膜片的光纤 F-P 传感器,声学测试表明,该传感器在中心频率 10 kHz 下的压力偏转为 1 100 nm/kPa,在 0.2~22 kHz 范围内具有平坦的频率响应,可用于高灵敏度的声学传感。Yu 等人详细报道了通过金属电子束蒸发,在环境压力下硫化合成具有不同厚度的大面积、薄层 MoS_2 薄膜,然后将其转移到陶瓷套圈的端面上组装出一种高性能 F-P 传感器的研究,该传感器在低声压下的偏转灵敏度高达 89.3 nm/Pa,比传统膜片材料(如二氧化硅、银膜)的偏转灵敏度高出 3 个数量级。Zhang 等人制作了一种基于金膜片的光纤 F-P 传感器,实验结果表明,其在 20~150 kHz 范围内有很好的声学响应,输出衰减为 1.32 dB/m,最远可探测到 3 m 的微弱信号,每个测量距离的方向偏差系数小于 10%。Chen 等人提出了一种基于悬臂梁结构的光纤 F-P 传感器,声学测试表明,该传感器在低于 2 kHz 的频段具有很高的灵敏度和线性响应率,在 1 kHz 的频率下测得的压力响应度和受噪声限制的最小可检测声压级分别为 211.2 nm/Pa 和 5 μPa/Hz$^{1/2}$,与参考电容麦克风相比,信噪比提高了 10 倍以上。

目前针对光纤 F-P 传感器超声检测性能提升的解决方案主要集中在对传

感器膜片选材、膜片厚度与有效振动半径等尺寸参数以及结构的优化上。MoS_2、石墨烯等二维材料优异的力学性能表现虽然使得光纤 F-P 传感器的灵敏度有了飞跃性的提高,但其检测频段偏低,并且离真正适用于实际的变压器油环境还有一段距离。MEMS 加工工艺为 F-P 传感器膜片的尺寸向更薄更小的趋势迈进助力颇多,并支撑了悬臂梁、平面弹簧等新型膜片结构设想的实现。一方面,F-P 传感器的高灵敏度和高谐振频率是不相容的,通过尺寸优化来提升局部放电超声检测性能存在天花板;另一方面,非封闭的新型膜片结构使得变压器油侵入 F-P 腔体,这不仅导致检测灵敏度降低,还使 F-P 传感器的一阶振动频率下降,一定程度上来说,引入耗费颇多的非封闭式新型膜片结构,至少对用于油纸绝缘中超声信号检测的 F-P 传感器的性能提升而言得不偿失。

(3)超声传感器的谐振频率选定

与传统的压电接触式换能器一样,谐振频率的选定对光纤 F-P 超声传感器的局部放电检测性能的呈现至关重要。根据应用类型和由此产生的超声波信号频率差异,压电传感器大致分为低频(20 ~ 100 kHz)、标准频率(100 ~ 400 kHz)和高频(>400 kHz)三类,其中标准频率传感器的种类最多,通常用于木材干燥过程监控,再热管裂纹检测或容器,金属和复合结构的压力完整性测试。低频声发射传感器通常被推荐用于大型混凝土和地质结构的结构健康监测、液体管道泄漏检测以及平底储罐的腐蚀筛查等,而高频传感器主要应用于小样本的声发射测试。但对油浸式电力变压器局部放电检测传感器的最佳频率选择建议远没有其余声检测应用中的建议那么明确,主要原因在于使用压电式超声传感器进行电力变压器故障诊断的规模仍然很小,如 IEEE、IEC 和 CIGRE 等制订标准的国际组织提供的官方文件中对此的建议非常笼统。

在 IEEE 于 2000 年发布的《油浸式电力变压器局部放电声发射检测指南》中,建议用户使用谐振频率在 120 ~ 160 kHz 范围内的压电换能器,并搭配使用通带范围 100 ~ 300 kHz 的带通滤波器以消除大多数与局部放电无关的噪声信号。但是一些用户注意到,低频超声传感器(如 60 kHz)针对某些局部放电类型更有用,特别是当高频信号被衰减时,不过 IEEE 指南评价这种类型的传感器更容易受到外界或其他机械信号的影响。2007 年发布的 IEEE C57.127 指南的修订版指出,油中局部放电和气隙放电等低能局部放电的主要频率为 100 kHz,表面放电、匝间放电和电弧等较高能的局部放电的频率在 20 ~ 100 kHz 之间,此外,低频声信号的衰减较小。出于这个原因,部分用户选择了 60 kHz 谐振频率的传感器,但由于担心 20 ~ 60 kHz 之间的频段会出现外部干扰和噪声,因此大多数用户还是使用谐振频率为 150 kHz 的压电传感器,而这常常作为光纤 F-P 超声传感器的设计依据。遗憾的是,这种选择事实上与局部放电的频率完全无关,而只是因为市场上很容易买到谐振频率为 150 kHz 的标准换能器,如 R15α、R15D、富士陶瓷 AE154DL 等。与 60 kHz 谐振频率传感器相比,虽然 150 kHz 的标准声发射传感器具有更强的抵御噪声的能力,但其局部放电检测的灵敏度更低。

IEC 在 2016 年发布的关于局部放电声学检测法的标准中,只是告知了对局部放电检测通常使用的超声波频率范围(20 ~ 250 kHz)以及可听范围(100 ~ 20 kHz),并强调了用于声检测的频率范围应根据所采用的绝缘系统(固体、液体或气体)来选择,并未包含有关超声传感器频率选定的详细指南。提出传感器选择问题的最新文件是由 CIGRÉ 制订的,文件中建议选择工作频率为 10 ~ 300 kHz 频段的传感器,为了获得最高的局部放电检测灵敏度,建议使用共振频率在 60 ~ 150 kHz 的谐振型压电传感器。

6.2 电力装备光纤超声传感原理

光纤声传感器是一种利用光纤作为传光介质或探测单元的声传感器,通过光纤的传光特性,将声波引起的压强变化转换为光的强度、相位、偏振态、频率、波长等参数变化,通过解调光信号获得被测声波。相比传统电声传感器,光纤传感器具有体积小、质量轻、抗电磁干扰、安全性高(无电火花,可在易燃、易爆环境下工作）、探头端无须供电等优点，特别适用于电气设备高电压、大电流、强磁场环境，是对传统电学超声传感器的有力补充，在实验室研究和实际工程中具有广泛的应用前景。目前，针对电力装备光纤超声的传感原理包括萨格纳克干涉型（见2.2.1节）、马赫-曾德尔干涉型（见2.2.2节）、迈克尔逊干涉型（见2.2.3节）、光纤F-P干涉型（见2.2.4节）、光纤光栅型（见3.2.2节）、熔锥光纤型、光纤散射型。

6.2.1 熔锥光纤型超声检测原理

熔锥耦合技术是指将两根除去涂覆层的光纤以一定的方式靠拢，在高温下加热熔融，同时向光纤两端拉伸，最终在熔融区形成双锥形式的特殊波导耦合结构。在熔锥区，两根光纤包层合在一起，纤芯足够逼近，形成弱耦合，可以利用模式耦合理论进行分析。此时，两根光纤中传输的光会在锥形耦合区域发生能量耦合交换，随着耦合区的加长，能量的耦合交换呈周期性变化。两臂的分光比主要受耦合长度的影响，可以通过对分光比的监测实现对外部超声信号的传感，当外界超声信号引起光纤形变后，会导致输出光强度的变化，如图6.7所示。

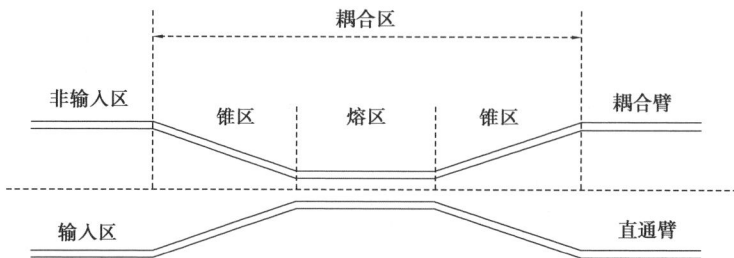

图6.7 熔锥耦合型光纤传感器结构示意图

6.2.2 光纤散射型

用于电力装备光纤超声传感的光纤散射型传感器主要是基于 φ-OTDR。φ-

OTDR 是在传统光时域反射计的基础上提出的,应用在长距离振动声学信号的监测中。光时域反射技术是分布式光纤传感技术的基础,其利用光波在光纤中传输产生的后向散射实现了对光纤损耗、断裂的检测。OTDR 的工作原理如图 6.8 所示,当一束脉冲光在传感光纤中传输时,光波与介质粒子相互作用而产生瑞利散射,而后向的瑞利散射通过光学环形器被光电探测器所探测,电信号经放大后由数据采集卡进行采集并在计算机上进行处理分析。

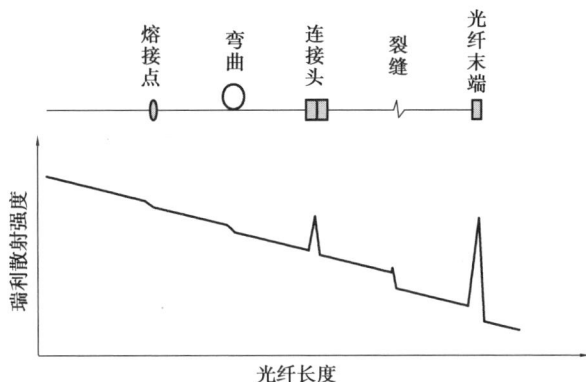

图 6.8　OTDR 测得瑞利散射强度沿光纤路径变化情况

φ-OTDR 系统工作原理如图 6.9 所示。该系统采用的激光器频率稳定性较好,且线宽非常窄,通过将连续激光输出调制为脉冲宽度较窄的光信号作为探测光注入传感光纤,光脉冲信号在传感光纤中前向传输并产生后向瑞利散射光,其中脉冲宽度范围内同时产生多个瑞利散射光信号,并在探测器处发生多光束干涉,外界物理量发生变化时将引起多光束干涉光的相位发生变化,并体现为后向瑞利散射光的强度变化,物理量改变的是干涉光相位,该技术具有非常高的灵敏度。另外,φ-OTDR 系统中空间分辨率主要由探测光的脉冲宽度所决定,通常采用脉冲宽度为几十纳秒的光脉冲作为探测光,测量系统具有较高空间分辨率。

如图 6.9 所示,在该模型中,产生后向瑞利散射过程可以看作由一系列反射镜组成,而这些反射镜可以认为是在一个特定的光纤长度 ΔL 范围内随机分

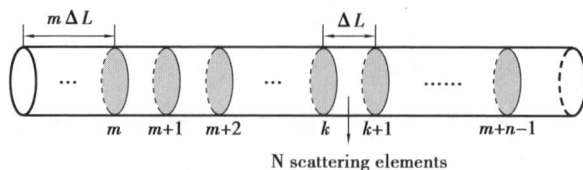

图 6.9 φ-OTDR 原理的离散模型

布的散射体的后向散射矢量之和,这些散射体的后向散射光的幅度和相位是随机的,这些散射光的矢量和将会随机落在一个复平面内。通过分析后向瑞利散射干涉场的变化,可以探测出光纤中外界振动声学扰动引起的相位变化。

6.3 电力装备光纤超声传感应用

光纤 F-P 传感器具有结构简单、灵敏度高、抗电磁干扰、易复用、内置于设备中时不易受到内部电磁过程破坏等优点,其在变压器局部放电超声监测领域的应用受到关注,本书结合基于光纤 F-P 的局放温度联合传感、基于光纤的 F-P 超声传感阵列、基于光纤 F-P 的局部放电模式识别 3 个典型案例,介绍电力装备光纤超声传感的应用。

6.3.1 基于光纤 F-P 的局放温度联合传感

光纤 F-P 传感通过解调 F-P 腔长的变化实现对外界环境参量的传感。除局部放电激发的超声信号外,环境中的温度、压力变化,也能被光纤 F-P 传感器检测到。对于变压器的状态检测而言,温度是关键参量之一。考虑超声信号的变化频率(20~200 kHz)与温度的变化频率(0.1~10 Hz)存在明显的差异,可通过设置专用的解调算法合理区分。本小节提出一种基于光纤 F-P 的变压器局放-温度联合传感方法。

首先,结合光纤 F-P 传感原理,讨论局放-温度联合传感的可行性,非本征型光纤 F-P 传感器利用光纤端面和敏感膜片构成干涉结构,如图 6.10 所示。

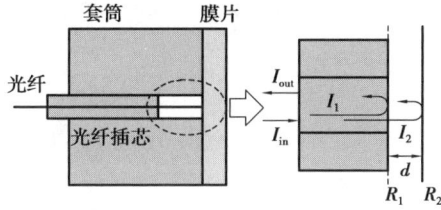

图 6.10　非本征型光纤 F-P 传感器干涉结构

图 6.10 中，I_{in} 为入射光，I_{out} 为输出光，I_1 为光纤端面的反射光，I_2 为膜片的反射光，R_1 为光纤端面反射率，R_2 为膜片反射率，d 为 F-P 腔长。

I_1、I_2 的电场强度可表示为：

$$E_i = A_i \exp(j\varphi_i)，(i=1,2) \tag{6.2}$$

式中，A_i 为电场强度的幅值，则输出光 I_{out} 的强度可表示为：

$$I_{out} = |E_1+E_2|^2 = A_1^2+A_2^2+2A_1A_2\cos(\phi_1-\phi_2) \tag{6.3}$$

将 I_{out} 表示为自变量为波长 λ 和腔长 d 的函数，即：

$$
\begin{aligned}
I_{out}(\lambda,d) &= (E_1+E_2)(E_1+E_2)^* = |A^2| \left[1+|\eta|\exp\left(\frac{-j4\pi d}{\lambda-j\pi+j\theta}\right) \right] \times \\
&\left[1+|\eta|\exp\left\{\frac{j4\pi d}{\lambda+j\pi-j\theta}\right\} \right] = I_{in}(\lambda)R_e\left\{ 1+|\eta|\cos\left[\frac{4\pi d}{\lambda+\pi-\theta(\lambda,d)}\right] \right\}
\end{aligned}
\tag{6.4}
$$

式中，η 和 θ 分别为耦合模式系数的振幅和相位；$I_{in}(\lambda)$ 为入射光的功率谱；R_e 为模型中表征光传输损耗和反射损耗的常数。

利用入射光的光谱 $I_{in}(\lambda)$ 将 $I_{out}(\lambda,d)$ 归一化（并忽略 R_e），得：

$$I_{out}(\lambda,d) = 1+|\eta|\cos[4\pi d/\lambda+\pi-\theta(\lambda,d)] \tag{6.5}$$

由式（6.5）可知，当光源稳定时，输出光的功率谱主要由波长和腔长决定。

针对局部放电传感，当局部放电激发的超声波信号作用于膜片时，将带动膜片振动，引起腔长的动态变化，并调制输出光的强度，可利用光电探测器检测输出光强度的变化，解调超声信号，从而实现局部放电的传感。

针对变压器油温的传感，温度的变化相对较慢，且可引起的腔长变化量较大，属于绝对腔长解调问题，此时仅通过光强解调难以实现温度的传感，但观察式(6.5)可知,$I_{out}(\lambda,d)$ 中含有与腔长 d 相关的余弦分量,采用矩形窗函数刻画由光谱仪或分光计获得的输出光的光谱,可得:

$$I_{out}(k,d) = \{a + \cos[4\pi kd + \pi - \theta(d)]\} \Pi\left(\frac{k - k_0}{k_b}\right) \tag{6.6}$$

式中,k 为波数,定义为 $k = 1/\lambda$;k_0 和 k_b 分别表示中心波数和可获得的波数范围,矩形函数定义为:

$$\Pi\left(\frac{k - k_0}{k_b}\right) = \begin{cases} 1, & |k - k_0| \leqslant k_b/2 \\ 0, & |k - k_0| > k_b/2 \end{cases} \tag{6.7}$$

式(6.7)的傅里叶变换(FFT)结果为:

$$\Pi_{FFT}(q) = \frac{1}{2\pi}\int \Pi\left(\frac{k - k_0}{k_b}\right) \exp(-j2\pi qk)\,dk \tag{6.8}$$

对式(6.8)作 FFT 变换可得:

$$I_{outFFT}(q) = \frac{1}{2\pi}\int I(k,d)\exp(-j2\pi qk)\,dk$$

$$= a\Pi_{FFT}(q) - \frac{1}{2}\Pi_{FFT}(q - 2d)\exp[-j\theta(d)] - \tag{6.9}$$

$$\frac{1}{2}\Pi_{FFT}(q + 2d)\exp[j\theta(d)]$$

分析式(6.9)可知,输出光的 FFT 结果由 3 个部分组成,其中,第一部分为直流分量,第二部分和第三部分对应余弦分量,其峰值分别位于 $q = 2d$ 和 $q = -2d$,可以通过提取 $I_{outFFT}(q)$ 在 $q > 0$ 部分的峰值来实现绝对腔长解调,从而实现油温的传感。

由此提出一种多参量光纤 F-P 传感系统,通过对传感器光学元件的整合,实现温度和局部放电的联合传感,如图 6.11 所示。

图 6.11 中,虚线代表光纤、点划线代表信号线路、实线代表控制线路。图中每个探头均具备传感变压器局部放电和油温的能力;由 DFB 可调谐激光器、光纤环形器、探头、光电探测器构成局部放电传感模块;由 ASE 宽带光源、光纤环形器、探头、光谱仪、FPGA 构成油温传感模块。由 FPGA 控制光开关的开断,

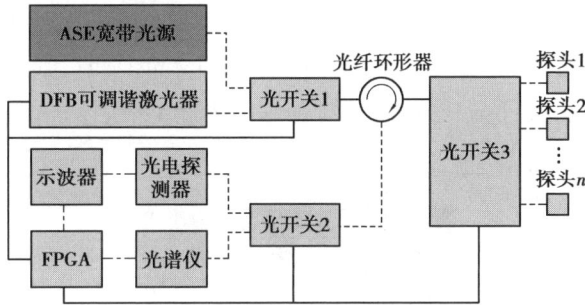

图 6.11　多参量光纤 F-P 传感系统

通过光开关 1、光开关 2,在局部放电传感和变压器油温传感间切换。同时,结合光纤传感器易于复用、抗电磁干扰的特性,通过光开关 3,实现对 F-P 传感探头的复用。该系统可用于变电站区域多个电力变压器或一个电力变压器多点的局部放电和油温监测。基于 FPGA 也可根据计算得到的 F-P 腔腔长,跟踪温度的变化,调节 DFB 可调谐激光器的输出光波长,从而实现局部放电传感时工作点的稳定。此外,在实际使用时,可采用光纤光栅解调模块、可调谐 F-P 光纤滤波器替代光谱仪,以降低系统的成本。

在该案例中,采用镀有介质反射膜($R=98\%$)的康宁玻璃(杨氏模量 73.6 Gpa、密度 2 380 kg/m³、泊松比 0.23)来制备光纤 F-P 传感器用于传感局部放电超声波信号的敏感膜片。当膜片在液体环境中振动时,液体的惯性和黏性,将使膜片的谐振频率相较空气中的谐振频率出现下降。单面与液体环境接触的F-P 传感器膜片的一阶谐振频率为:

$$f_{n1} \approx \frac{3.2^2 h}{4\pi a^2} \sqrt{\frac{E}{3\rho(1-\mu^2)}} \times \frac{1}{\sqrt{1+0.669\dfrac{\rho_0 a}{\rho h}}} \tag{6.10}$$

式中,h 为膜片厚度;a 为膜片的有效振动半径;ρ 为膜片的密度;μ 为膜片的泊松比;ρ_0 为 F-P 传感器所处液体的密度(该案例中为变压器绝缘油,密度取为 895 kg/m³)。

基于式(6.10),结合局部放电超声波信号能量的典型集中区域(20 ~ 400 kHz),并考虑变压器内部的声学和振动噪声主要集中在 20 ~ 60 kHz,而在本系统中,声学噪声不仅会影响局部放电传感的准确度,还会增加温度解调的复杂度,将传感探头的膜片设计为 $h = 165$ μm,$a = 1.3$ mm,此时,膜片谐振频率的理论值在 152 kHz 附近,研制全介质光纤 F-P 传感探头(套筒的材质为石英,插芯不带金属尾端),如图 6.12 所示。

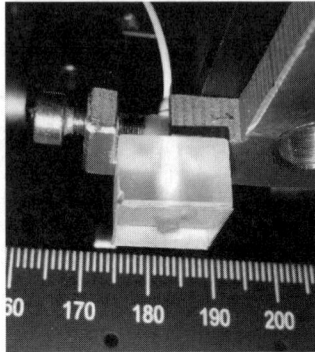

图 6.12　多参量传感探头

光纤 F-P 传感系统采集到的超声信号(此时所加的电压为工频 3.6 kV)和检测阻抗采集到的对应的脉冲电流信号,如图 6.13 所示。

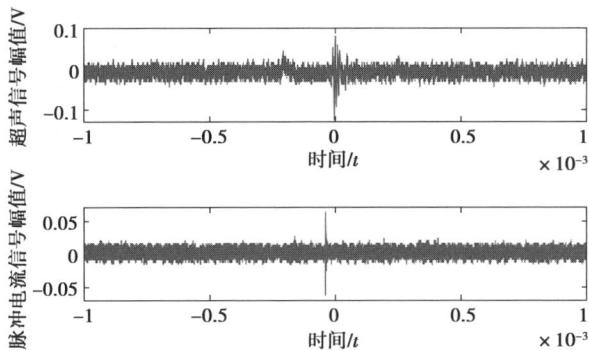

图 6.13　局部放电超声信号及脉冲电流信号

经标定图 6.13 中检测阻抗采集到的脉冲电流信号对应的局部放电视在放电量为 52.78 pC。

由于光纤 F-P 传感器需要内置于变压器油中,因此需要对其绝缘可靠性进行分析,采用有限元仿真分析光纤 F-P 探头内置于变压器时,沿 F-P 腔轴向的电场分布情况。在电力变压器绕组外侧靠近壳体的绝缘油区域电场强度一般较低,如±800 kV 的换流变压器,其靠近壳体位置的电场强度一般低于 10 kV/cm。搭建的光纤 F-P 传感探头电场分布仿真模型如图 6.14(a)所示。其中,上下电极为圆板电极,材料为铜,在上极板施加了 110 kV,50 Hz 的交流电,上下极板之间的距离为 60 mm,极板之间及四周区域中使用的绝缘介质为变压器绝缘油。光纤 F-P 传感器的膜片厚度设置为 115 μm,并忽略了内部的光纤插芯结构。光纤 F-P 探头轴向的电场分布如图 6.14(b)所示。

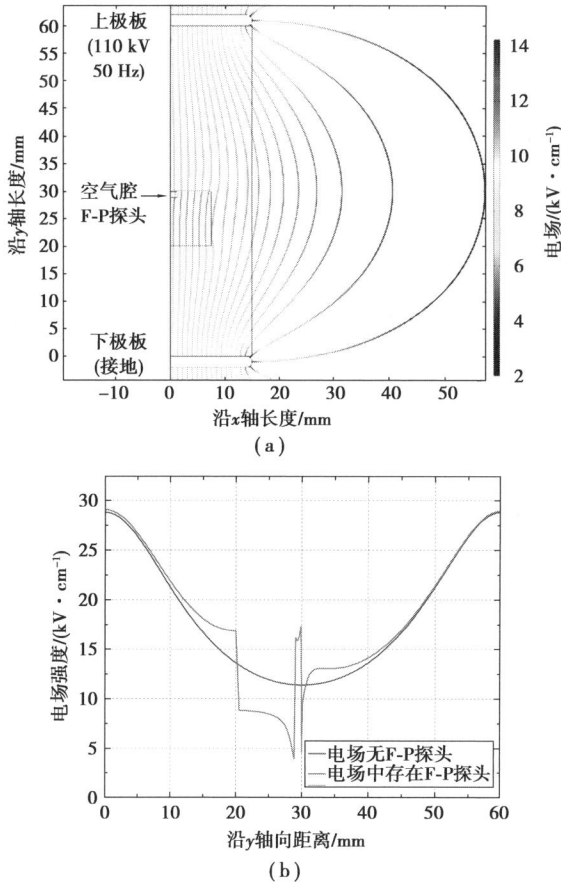

(a)

(b)

图 6.14　外施电场下的光纤 F-P 探头轴向电场分布

(a)电场仿真模型设置;(b)电场强度沿 y 轴分布

由图 6.14(b)可知,光纤 F-P 探头置于电场中将引起周围电场的小幅度畸变,而光纤 F-P 探头本身的空气腔中,电场强度将升高。在本书设置的相较于变压器内部靠近壳体的低场强区仍有较大裕度的仿真模型中,光纤 F-P 探头空气腔中的电场强度仍低于常温常压下的空气击穿场强 30 kV/cm。

切换传感系统的工作状态,在 25℃、53℃、82℃等不同温度时,输出光的光谱如图 6.15 所示。

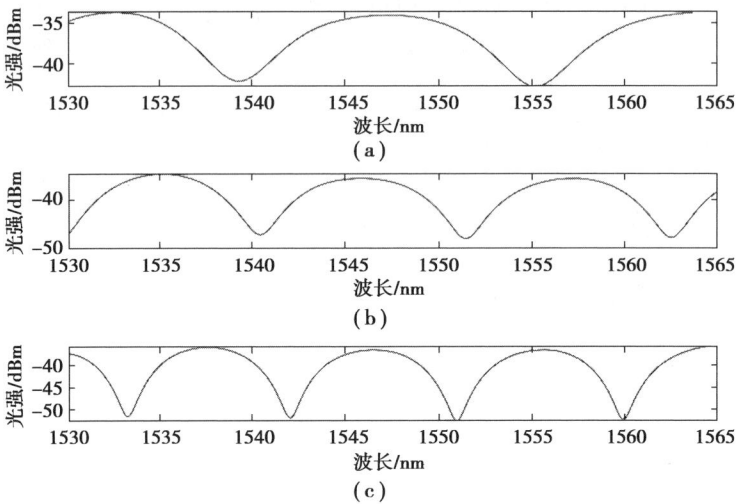

图 6.15 不同温度下探头的输出光谱

(a)25 ℃探头输出光光谱;(b)53 ℃探头输出光光谱;(c)82 ℃探头输出光光谱

经解调后,光纤 F-P 传感探头腔长变化与温度变化呈线性关系,如图 6.16 所示。

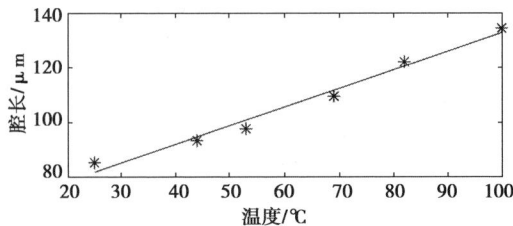

图 6.16 温度变化与腔长变化的关系

由图 6.15 和图 6.16 可知,随着温度的升高,传感器的腔长逐渐增大,温度变化与解调得到的腔长近似呈线性关系,拟合函数为 $y = 0.68x + 65$,确定系数(R-square)为 0.98。同时,当温度从 25 ℃ 变化至 100 ℃ 时,本书研制的光纤 F-P 探头的腔长大致在 85 ~ 134 μm 变化。但该传感系统对温度传感的灵敏度还较低。提高传感系统温度灵敏度的措施可考虑提高光谱数据的采样间隔、扩展激光器的带宽、改变 F-P 腔套筒的材料等。

本案例介绍了一种基于光纤 F-P 的电力装备局放超声与温度联合传感方法及系统,结合强度解调和相位解调两种模式,该系统针对局部放电的检测下限为 52.78 pC,解调得到的温度变化与腔长变化的确定系数为 0.98。

6.3.2 基于光纤 F-P 的超声传感阵列

光纤 F-P 传感器在谐振区可取得较大的幅值响应,但谐振区的带宽一般小于 40 kHz。采用谐振频率在 50 kHz 左右的光纤 F-P 传感器可以取得较高的局部放电超声检测灵敏度,但对现场在运变压器,在 30 ~ 60 kHz 存在较多的声学噪声干扰。同时,若只使用一个窄带谐振的光纤 F-P 传感器,将遗失大量有用的局部放电超声信号特征,不利于开展局部放电的模式识别和定位分析。为此,在本案例中,介绍一种光纤 F-P 超声传感阵列。

基于光纤传感器易于复用的特性和高灵敏、高准确检测局部放电的需要,本小节提出一种光纤 F-P 超声传感阵列结构,如图 6.17 所示。

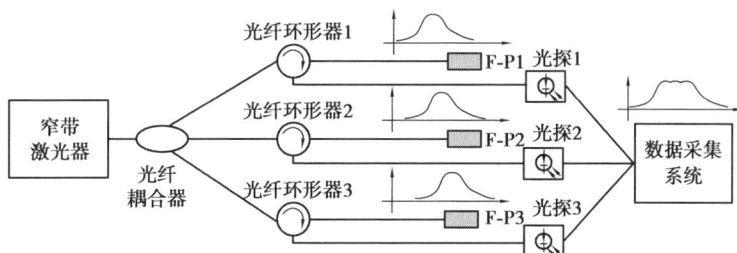

图 6.17 光纤 F-P 超声传感阵列结构

如图 6.17 所示,基于光纤传感器易于复用的特性,将窄带激光器输出的激光通过 1×3 光纤耦合器输入 3 个具有不同谐振频率的光纤 F-P 探头,从而实现检测系统频带的扩宽。在光电转换部分,针对每一个光纤 F-P 传感探头,各配备了一个光电探测器,独立进行光电转换。所使用的激光器为 UNL-1550-1K-20-FA-M 超窄带激光器,激光器的功率设置为 20 dBm;所使用的光探头为 2053-FC-M,带宽设置为 10 ~ 300 kHz,放大因子设置为 100 倍;所使用的数据采集系统为 WAVERUNNER 640Zi 示波器,具备 4 个高速数据采集通道,设置各通道的采样率均为 2 500 kS/s。

由于针对每一个光纤 F-P 探头均单独配置了一个光电探测器,因此在信号传输到数据采集系统时,低、中、高频的局部放电超声信号将各自单独使用一个数据通道,后续在信号处理时,可以方便地对不同频率的信号进行处理。同时,使用这种光纤 F-P 超声传感阵列自然地将局部放电超声信号的低、中、高频的信号分别独立检出,有利于开展局部放电超声特性的分析及局部放电的模式识别。

在局部放电检测中,使用数字滤波器对检测到的信号进行处理,以进一步提高检测的信噪比是常用的技术手段。以光纤 F-P 超声传感阵列为例,各个具有不同谐振频率的光纤 F-P 探头分别用于检出局部放电超声信号的低、中、高频成分,可以给它们各自设计相适应的滤波器带宽。由于采用常规的带通数字滤波器将引起信号的相移,使输出信号相对原始信号出现时延,而这种时延将对基于到达时间差的局部放电定位产生影响,因此采用零相位数字滤波器(Zero-Phase Digital Filter)来处理各光纤 F-P 探头传感到的局部放电超声信号。零相位数字滤波器在进行滤波时,先将输入序列按顺序滤波,然后将所得结果翻转后通过滤波器,再将所得结果翻转后输出,得到零相位失真的输出序列。

针对 F-P 1、F-P 2、F-P 3 设置它们的通带分别为 20 ~ 60 kHz、60 ~ 100 kHz、100 ~ 200 kHz,阻带相较通带的衰减为 80 dB,各滤波器的幅值响应如图 6.18 所示。

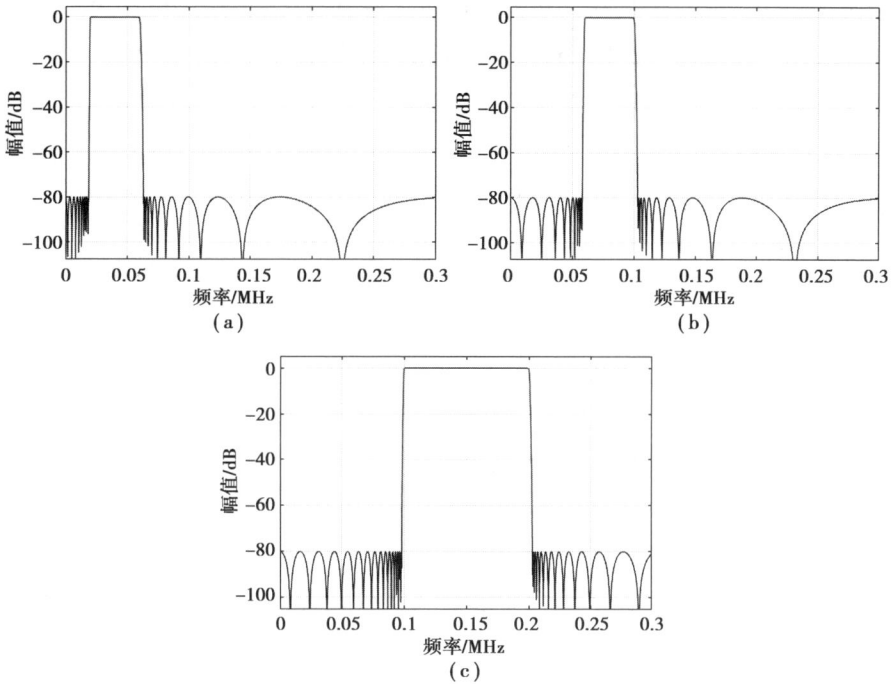

图 6.18　用于 F-P 1、F-P 2、F-P 3 的滤波器幅值响应

（a）F-P 1 带通滤波器；（b）F-P 2 带通滤波器；（c）F-P 3 带通滤波器

如图 6.19 所示为搭建了光纤 F-P 传感器的响应特性试验平台。

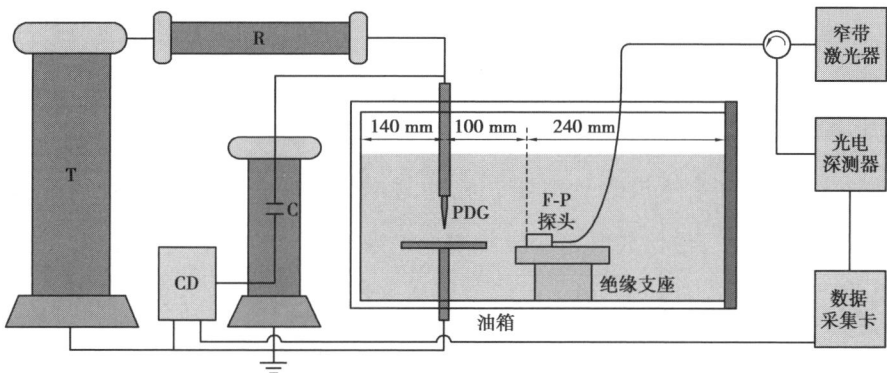

图 6.19　光纤 F-P 传感器的最小可测局放量试验平台

T—无局放试验变压器（60 kVA/60 kV）；R—高压电阻（60 kV，5.3 kΩ）；C—耦合电容；

CD—检测阻抗；PDG—局放模型

图6.19中,由无局放试验变压器提供工频高压电源,高压电阻进行限流、局放模型用于模拟局部放电(包括金属尖端、沿面放电、气隙放电模型),如图6.20所示。

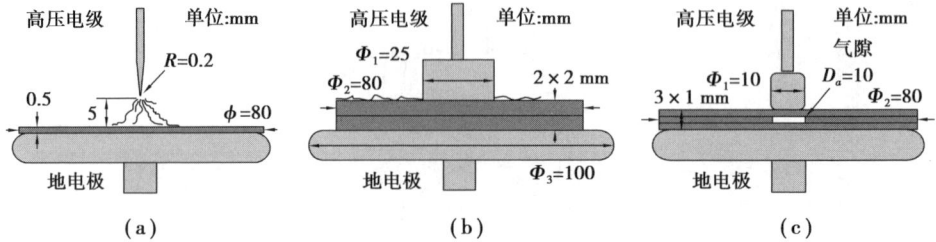

图6.20　局部放电试验模型

(a)金属尖端放电;(b)沿面放电;(c)气隙放电

图6.20中,油中金属尖端放电的针电极直径为2 mm,针尖曲率半径为0.2 mm,板电极的直径为80 mm,在板电极上放置有一厚度为0.5 mm,直径为80 mm的绝缘纸。该电极模型用于在油中产生局部放电,对变压器内部的金属突出物(接线端子、金属颗粒等)引起的局部放电进行模拟。此外,变压器绝缘系统中的早期局部放电一般是在不均匀电场区的油隙中产生,如匝间绝缘的放电一般是先在线圈边缘的高场强区对油隙进行放电,该模型将有助于对各类放电的早期状态进行模拟。沿面放电采用柱-板电极,其中柱电极下部的直径为25 mm,未对其边缘进行导角,使其在边缘位置更易产生放电。下极板的直径设置为100 mm,以利于引导电弧的前进。柱板电极之间放入了两层2 mm的绝缘纸板,沿面放电将在纸板的上表面发生,通过增加纸板的厚度,可避免放电直接从中间击穿纸板。沿面放电是变压器油纸绝缘最危险的放电类型之一,可能导致电力变压器突发性故障,应采取有效措施来抑制和预警电力变压器中的沿面放电。沿面放电一般发生在绕组沿面和围屏沿面。气隙放电采用小柱-板电极,柱电极下部的直径为10 mm,柱电极边缘为圆角以避免边缘的放电,下极板直径为80 mm,在柱电极与下极板之间为3层1 mm厚度的绝缘纸板,其中在中间层纸板的中间位置为一孔径为10 mm的圆孔,形成气隙,纸板层间用胶水密

封,防止绝缘油浸入气隙中。气隙放电用于模拟固体绝缘材料内部存在的缺陷所引起的局部放电。

基于图 6.19 搭建的实验平台,在 10#变压器绝缘油中,设置光纤 F-P 传感器距离局部放电源 20 cm,该系统针对金属尖端放电、沿面放电和气隙放电检测得到的超声信号波形如图 6.21 所示。

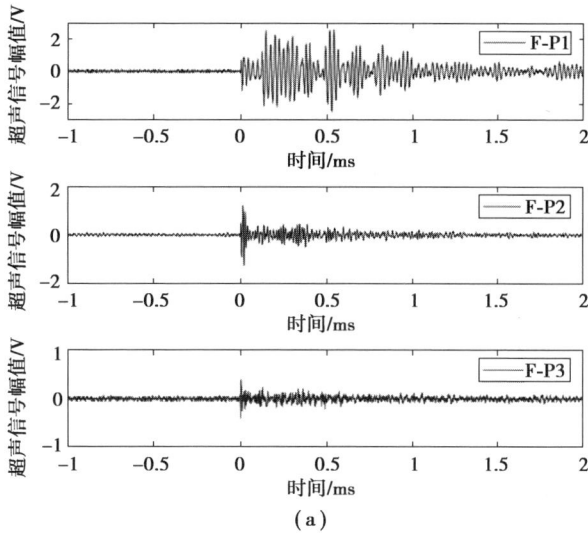

（a）

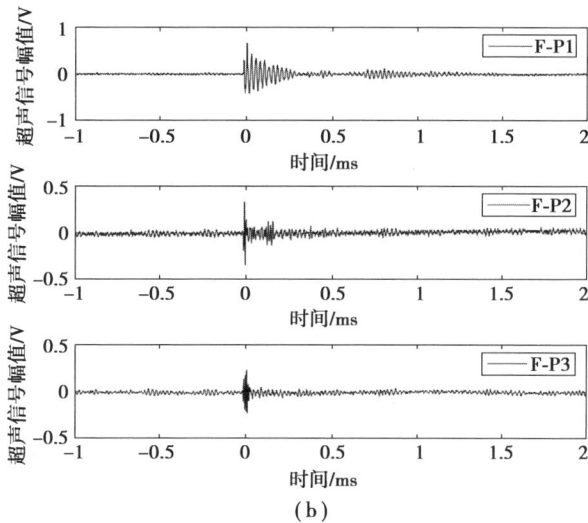

（b）

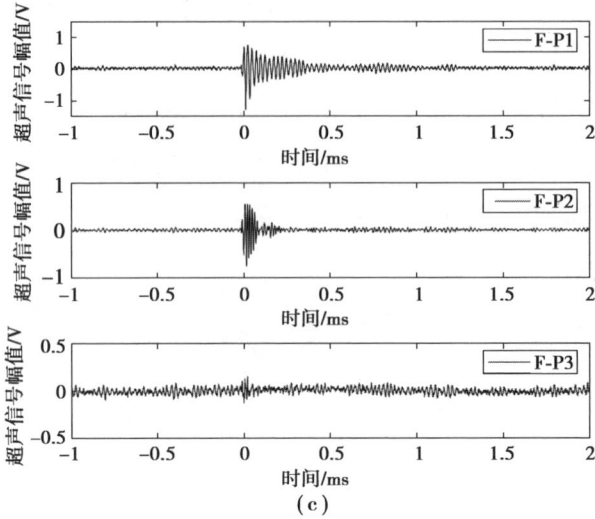

图 6.21 光纤 F-P 超声传感阵列检测到的局部放电时域波形

(a)金属尖端放电时域波形;(b)沿面放电时域波形;(c)气隙放电时域波形

由图 6.21 可知,F-P 1 在检测局部放电时最为敏感,F-P 2 和 F-P 3 的检测灵敏度较低,尤其是 F-P 3 在检测气隙放电时,已较难分别局部放电与噪声信号,在光纤 F-P 超声传感阵列中,添加灵敏度较高的低频谐振的光纤 F-P 探头,提高了系统的灵敏度,有望降低局部放电的漏报率。

将局部放电源替换为压电晶体(压电晶体外壳经封装后可在绝缘油环境中使用,谐振频率为 300 kHz),结合信号发生器和信号放大器,生成以 30 kHz、60 kHz 为中心频率的噪声信号,考察检测系统的抗噪声能力,压电晶体与光纤 F-P 传感器均置于绝缘油中,距离为 20 cm,在未使用零相位滤波前的检测结果如图 6.22 所示。

由图 6.22 可知,F-P 1 对 30 kHz 的噪声和 60 kHz 的噪声均响应明显,F-P 2 对 30 kHz 的噪声响应不明显,但对 60 kHz 的噪声响应明显,F-P 3 对 30 kHz 和 60 kHz 的噪声响应均较弱,可见在光纤 F-P 超声传感阵列中,从 F-P 1 到 F-P 3 的各个探头,其抗低频声学噪声干扰能力逐渐增强。在使用零相位数字滤波器后,F-P 3 的抗干扰能力将进一步增强,滤波前后 F-P 3 对噪声的响应如图 6.23 所示。

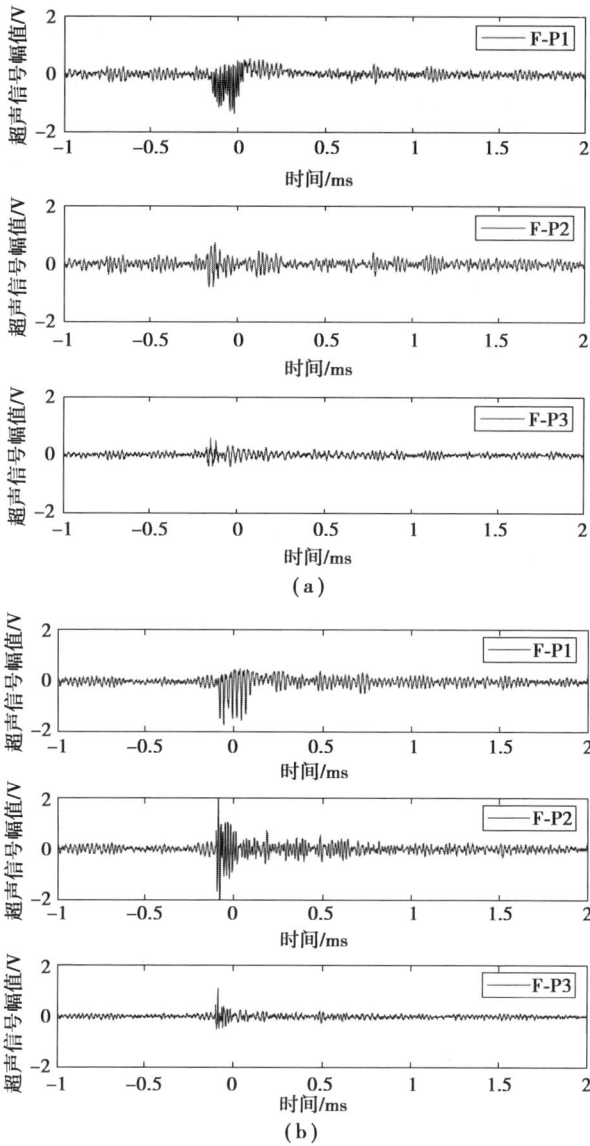

图 6.22 光纤 F-P 超声传感阵列在滤波前对噪声的响应

（a）光纤 F-P 超声传感阵列对以 30 kHz 为中心的脉冲噪声的响应；

（b）光纤 F-P 超声传感阵列对以 60 kHz 为中心的脉冲噪声的响应

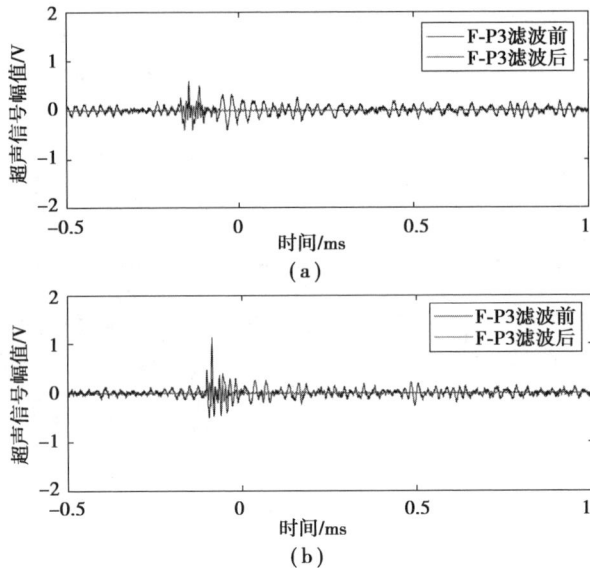

图 6.23　经带通零相位滤波之后的波形对比

(a)F-P 3 滤波前后对以 30 kHz 为中心的脉冲噪声的响应;

(b)F-P 3 滤波前后对以 60 kHz 为中心的脉冲噪声的响应

由图 6.23 可知,经滤波后,噪声信号的幅值进一步衰减,同时信号没有出现相位移动。在局部放电检测时,一般以超声信号的幅值是否超过某一预先设置的阈值来判断局部放电的存在,在光纤 F-P 超声传感阵列中,添加抗噪声干扰能力较强的高频光纤 F-P 探头和基于零相位滤波器的信号处理流程,提高了系统的抗声学噪声干扰能力,有望降低局部放电的误报率。

本案例介绍了一种基于光纤 F-P 的超声传感阵列,研究结果表明,通过将不同谐振频率的光纤 F-P 探头组成传感系统,有助于提高局部放电检测的灵敏度和抗干扰能力。

6.3.3　基于光纤 F-P 的局部放电模式识别

不同类型的局部放电对绝缘系统的破坏不同,危害也不同。一般情况下,油中低放电量的局部放电危险程度较低,因为液体绝缘较易恢复,而固体绝缘材料的绝缘较难恢复,当产生局部放电后,会形成正反馈,逐渐加剧绝缘老化。在研究中,一般对固体绝缘内部或表面的局部放电较为关注。不同类型的局部放电超声信号具有不同的频谱特征,可基于局部放电超声信号的频谱特征来对局部放电进行识别。

在本案例中,采用放电模型对不同类型的局部放电进行模拟,包括金属尖端放电、沿面放电、气隙放电,以及沿面放电经纸板阻挡和经纸板加绕组阻挡的模型,如图 6.24 所示。将金属尖端放电、气隙放电、沿面放电、沿面放电经纸板阻挡、沿面放电经纸板加绕组阻挡分别记为 MT、AC、SD、SD-p、SD-p-w。

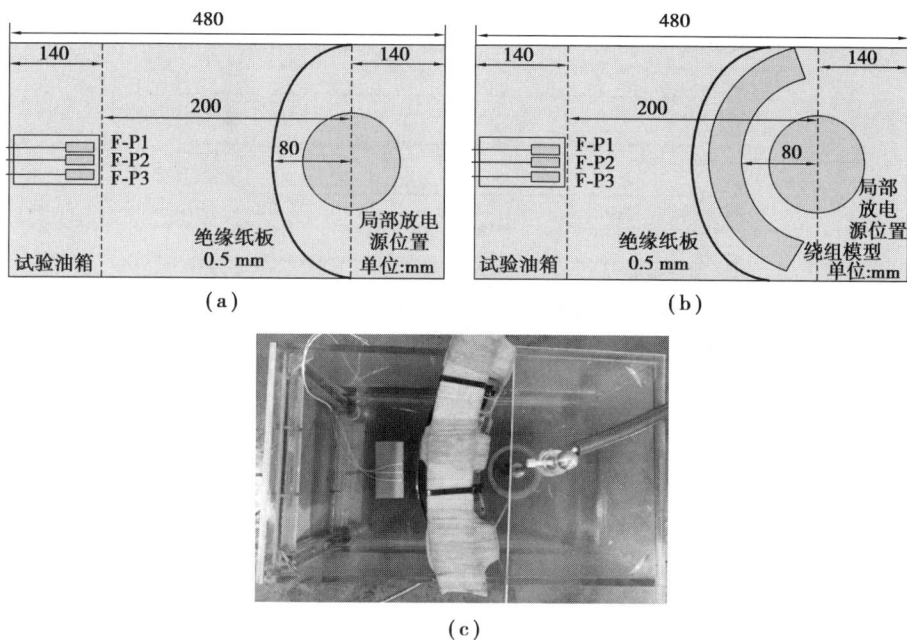

图 6.24 带固体介质阻挡的局部放电模型

(a)纸板阻挡模型;(b)纸板加绕组阻挡模型;(c)纸板加绕组阻挡模型实物照片

在实验过程中,电压以 1 kV/s 的速率增加,直至达到 5 kV;每隔 1 min 将电压增加 0.5 kV,直到 F-P1 检测到局部放电超声信号。此时,施加于 MT、AC、SD、SD-p 和 SD-p-w 局部放电模型的电压分别在 15.3 kV、18.2 kV、14.4 kV、15.7 kV 和 16.7 kV 左右;停止升压,将示波器设置为通道 1 触发,该通道对应

F-P 1,连续采集局部放电激发的超声信号。当采集到的信号组数达到50组时，将电压降至0 V,更换纸板,重复上述过程。基于光纤 F-P 传感阵列和 R15α 压电传感器检测到的局部放电超声信号如图6.25所示。

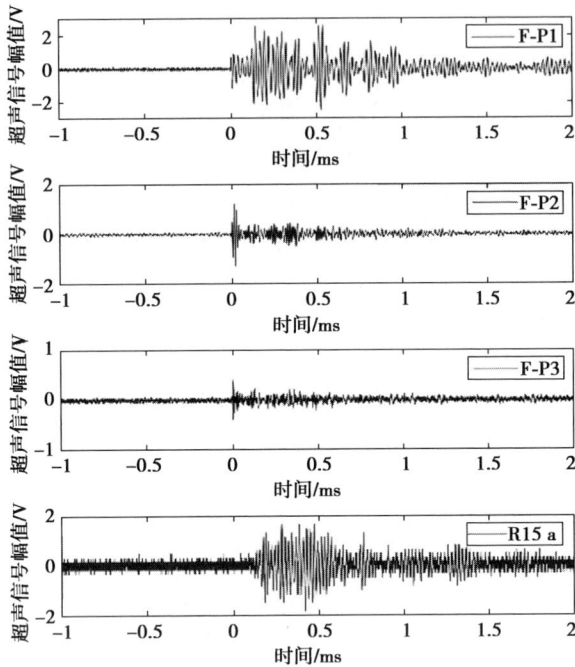

图6.25　不同传感器检测到的超声信号时域波形

采用自适应最优核时频表示（Adaptive Optimal-Kernel Time-Frequency Representation,AOK TR）来对局部放电超声信号进行处理,该方法对不同频率的信号具有自适应性并且具有较快的计算速度。AOK 时频表示的原理如下：

绝大部分具有双线性形式的时频分布都可以看作 Cohen 类分布的成员,具有一般表达式

$$C_x(t,\Omega:g) = \frac{1}{2\pi}\iiint x(u+\tau/2)x^*(u-\tau/2)g(\theta,\tau)e^{-j(\theta t+\Omega\tau-u\theta)}\,du d\tau d\theta$$

$$(6.11)$$

式中,t 为时间;Ω 为频率;τ 为时移;θ 为频移;u 为积分变量;$g(\theta,\tau)$ 为时频

分布的核函数。

基于不同的 $g(\theta,\tau)$，可以得到不同类型的时频分布。式(6.11)及本节后续公式中，如无注明，积分域均为 $(-\infty,+\infty)$。式(6.11)也可采用模糊函数（Ambiguity Function，AF）表示为：

$$C_x(t,\Omega) = \iint A_x(\theta,\tau)g(\theta,\tau)\,e^{-j(t\theta+\Omega\tau)}\,d\tau d\theta \qquad (6.12)$$

式(6.12)中，$A_x(\theta,\tau)$ 为信号 $x(t)$ 的对称模糊函数，定义为：

$$A_x(\theta,\tau) = \frac{1}{2\pi}\int r_x(t,\tau)\,e^{j\theta t}\,dt \qquad (6.13)$$

式(6.13)中，$r_x(t,\tau)$ 为 $x(t)$ 的瞬时自相关函数，定义为：

$$r_x(t,\tau) = x\left(t+\frac{\tau}{2}\right)x^*\left(t-\frac{\tau}{2}\right) \qquad (6.14)$$

$r_x(t,\tau)$ 相对于 τ 的傅里叶变换为：

$$W_x(t,\Omega) = \int r_x(t,\tau)\,e^{-j\Omega\tau}\,d\tau$$

即为信号 $x(t)$ 的 Wigner-Ville 分布，简称 WVD，由此可得：

$$W_x(t,\Omega) = \iint A_x(\theta,\tau)\,e^{-j(\theta t+\Omega\tau)}\,d\theta d\tau \qquad (6.15)$$

然而，WVD 存在交叉项振荡，将影响时频分析的精度，由此，在式(6.15)中引入了核函数 $g(\theta,\tau)$，其本质上是一个 (θ,τ) 平面上的二维低通滤波器，对原含有交叉项的 WVD 作平滑。选取不同的核函数 $g(\theta,\tau)$ 将得到不同的时频分布，但对一个确定了的核函数，其在应用于不同信号时所得到的时频分布性能是不同的，Baraniuk 等人给出了一种设计最优核函数的方法，通过对径向高斯函数的调参来设计针对特定信号 $x(t)$ 的最佳核函数，式中 $\psi = \arctan(\tau/\theta)$ 为径向角度，函数 $\sigma(\psi)$ 控制了高斯函数在角度 ψ 上的控制，称为扩展函数。式(6.16)可采用极坐标形式表示为：

$$g(\theta,\tau) = e^{-(\theta^2+\tau^2)/2\sigma^2(\psi)} \qquad (6.16)$$

$$g(r,\psi) = e^{-r^2/2\sigma^2(\psi)} \qquad (6.17)$$

式中，$r=\sqrt{\theta^2+\tau^2}$ 为径向变量。

针对核函数的最优化问题可以列写为：

$$\max_g \int_0^{2\pi} \int_0^{\infty} \mid A_x(r,\psi)g(r,\psi)\mid^2 rdrd\psi \tag{6.18}$$

$$\text{s. t.} \begin{cases} g(r,\psi) = e^{-r^2/2\sigma^2(\psi)} \\ \dfrac{1}{4\pi^2}\int_0^{2\pi}\int_0^{\infty} \mid g(r,\psi)\mid^2 rdrd\psi \leqslant \alpha, \alpha > 0 \end{cases} \tag{6.19}$$

然而，基于该设计方法只能用于"块数据"，不能实现信号的实时处理，且当信号前后变化较大时，核函数整体的适应性存在不足。Jones 等人提出一种改进后的自适应核函数设计方法，定义短时模糊函数（Short-Time Ambiguity Function，STAF）为：

$$A_x(t;\theta,\tau)=\frac{1}{2\pi}\int r_x(u,\tau)w(u-t+\tau/2)w^*(u-t-\tau/2)e^{j\theta u}du \tag{6.20}$$

式（6.20）中，$r_x(u,\tau)$ 是信号 $x(t)$ 的瞬时自相关函数，$w(u)$ 为窗函数，t 为施加窗函数的中心位置，采用 STAF 的目的是基于窗函数将信号分成一个个的小段，基于时间变量 t 逐次计算不同时刻对应信号段的最佳核函数 $g_{opt}(t;\theta,\tau)$，从而提高整段信号的时频分布性能。

数据采集系统的采样率设置为 2 500 kS/s，AOK 算法的窗函数长度设置为 32，移动的步长设置为 1，FFT 的长度设置为 2 048，基于此，得到一个频率范围为 0 ~ 1 250 kHz，时间范围为 0 ~ 0.15 ms 的时频矩阵，时频矩阵的大小为 1 025× 375。为了使有效信息的比例增加，同时降低后续算法的计算复杂度，将时频矩阵的行数从 1 025 剪切为 300，得到用于分析的时频矩阵，此时时频矩阵的频率范围为 0 ~ 365 kHz，大小为 300×375。基于光纤 F-P 传感器 1、2、3 采集到的局部放电超声信号时频分布如图 6.26 所示，其中信号的起始点设置为坐标轴的原点。

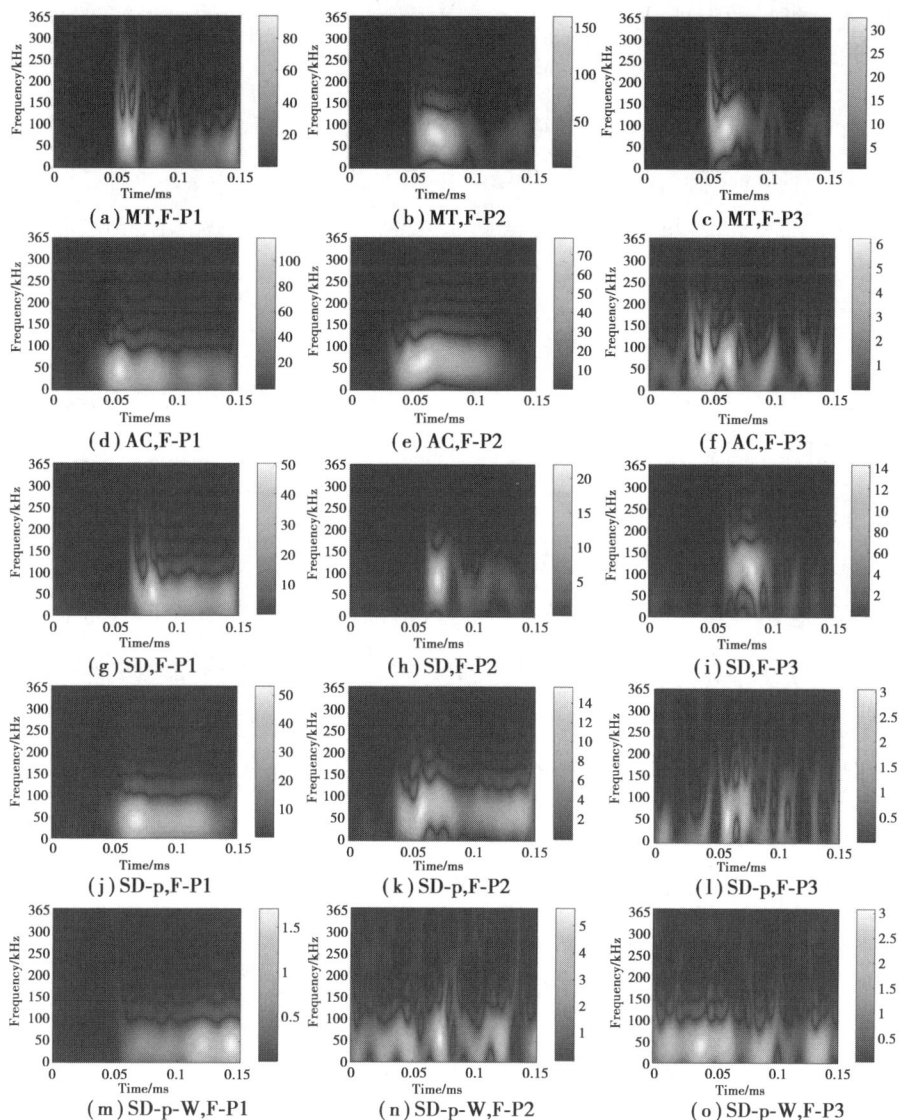

图 6.26　不同局部放电类型的 AOK 时频分布

如图 6.26 所示,由 MT 和 SD 模型激发的超声波信号具有较强的幅值,可以灵敏地被 3 个光纤 F-P 传感器检测到,这是由于这两类的局部放电分别发生在油中和油纸界面,在超声波信号的传播过程中没有受到固体结构的阻挡。由 AC 模型激发的超声波信号发生在固体材料内部的气隙中,超声信号在传播过程中,受到纸板的阻挡,导致高频成分的下降,F-P 3 接收到的信号幅值出现了明显的下降。由 SD-p 模型和 SD-p-w 模型激发的局部放电超声信号,在传播过程中,分别受到纸板的阻挡或纸板加绕组的阻挡,与 SD 模型相比,其高频信号都出现了明显的下降,尤其是在 SD-p-w 模型中,仅在 F-P 1 获得的时频分布矩阵中,可以明显地区分噪声和局放信号。由 MT、AC、SD 模型的超声信号时频分布矩阵可知,超声信号的高频成分主要集中在信号的头部,频率越高的声信号在经过固体结构时的幅值衰减越大,基于此,可以布置于油中的光纤 F-P 传感器相较于布置于箱壁外侧的压电传感器,其在波达时刻的上升沿更为陡峭的现象进行解释。

在采用卷积神经网络分析图像数据时,输入的每一个数据样本多为张量(Tensor),张量的形状为(通道数、行数、列数)。对于彩色的图像数据而言,一般采用的是 RGB 颜色系统,即通过对红(R)、绿(G)、蓝(B)3 个颜色通道的变化以及它们相互之间的叠加来得到不同的颜色。常用的卷积神经网络结构,其在输入层的通道数一般为 3 个。考虑本书使用的光纤超声联合传感阵列结构,针对每一个局部放电样本,采集到的时频矩阵数量也为 3 个,将这 3 个时频矩阵各自归一化到[0, 1]区间后,组合为一个张量,张量的大小为(3, 300, 375),R = F-P 1, G = F-P 2, B = F-P 3,如图 6.27 所示。

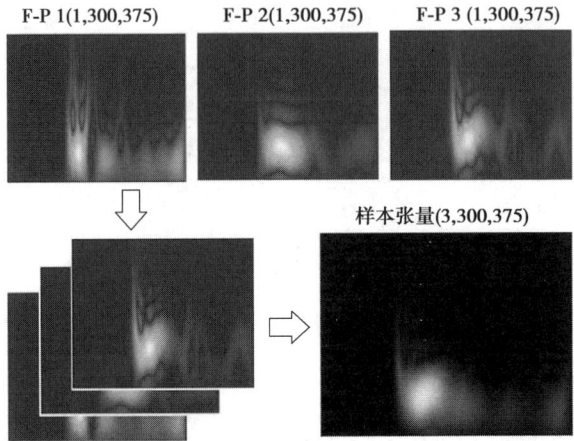

图 6.27 样本张量的合成

本案例所构建的局部放电数据库远小于在图像识别领域中常用的数据库（如 Cifar-10、ImageNet 等），同时，考虑在现场条件下硬件的计算能力可能存在制约，本书选用层数较少的 ResNet-18 网络为基础来构建用于局部放电模式识别的神经网络，如图 6.28 所示。

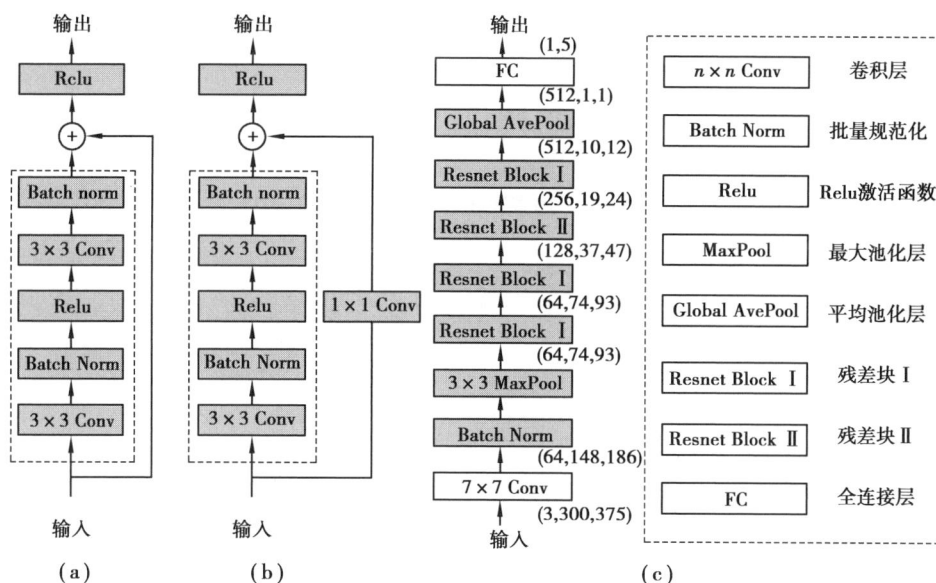

图 6.28　基于 ResNet-18 的局部放电多频联合模式识别神经网络

（a）残差块Ⅰ；（b）残差块Ⅱ；（c）基于 ResNet-18 的局部放电多频联合模式识别神经网络

在本案例中，数据库中含有 1 100 个样本，即针对每类局部放电模型有 220 个样本，其中 180 个样本用于训练，20 个样本用于调参，20 个样本用于测试。局部放电时频矩阵在输入时，均归一化到 [0,1] 区间。采用小批量随机梯度下降算法进行模型的训练。每个批量的大小设置为 5，迭代次数设置为 10，初始的学习率设置为 0.001，同时每完成两个批次，使学习率衰减 20%，权重衰减设置为 1e-5。采用一张 RTX 3060 显卡进行模型的训练，在训练过程中损失函数和准确率的变化如图 6.29 所示，其中基于测试集样本的识别准确率在第 10 次迭代时达到 98%。

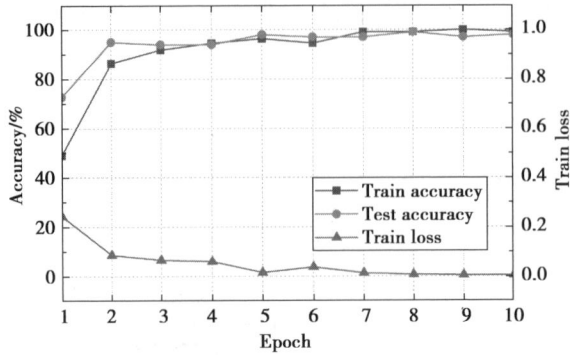

图 6.29　训练过程中损失函数和识别准确率的变化

此时得到的混淆矩阵如图 6.30 所示。

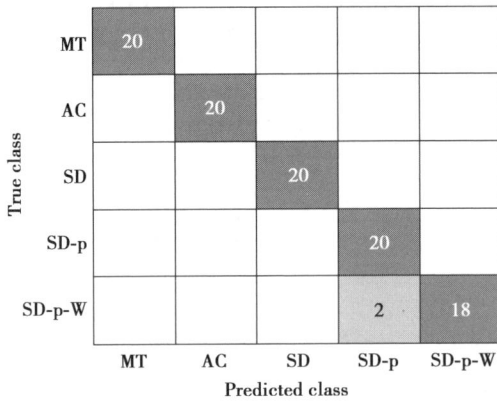

图 6.30　完成训练后的混淆矩阵

由图 6.30 给出的混淆矩阵结果来看,沿面放电经纸板阻挡模型和沿面放电经纸板加绕组阻挡模型,超声信号在传播的过程中,受到了固体结构的阻挡,导致信噪比下降,从而也导致了针对这两种放电的模式识别准确率的下降。

本案例介绍了一种基于光纤 F-P 的局部放电模式识别方法,针对 5 种典型局部放电模式的识别准确率达到了 98%,显示了光纤超声传感在诊断局部放电故障时具有的优势。

6.4　本章小结

　　电力变压器作为输变电工程的核心设备,其突发性故障会危及电力系统的稳定运行和周边人员的安全。统计数据显示,绝缘失效是变压器故障的主要原因,特别是油纸绝缘的油浸式变压器,其内部绝缘缺陷可能导致局部放电,进而引发绝缘老化,及时检测局部放电对保障变压器安全运行具有重要意义。局部放电会激发超声信号,通过对这些信号的检测,可以判断绝缘状态。光纤超声传感器由于其抗电磁干扰、不易受强电磁过程破坏等优点,相较于传统的压电式超声传感器,更适用于局部放电检测。

　　本章重点介绍了电力装备局部放电的超声特性、超声传感器的设计原则、光纤超声传感原理、基于光纤 F-P 的局放温度联合传感、基于光纤 F-P 的超声传感阵列、基于光纤 F-P 的局部放电模式识别等。为推进光纤超声传感器在局部放电检测中的应用,下一步应重点研究:

　　①研究光纤超声传感器与电力装备的高可靠集成技术,分析电力装备内部多物理场对光纤传感器的影响,以及光纤传感器对变压器内部多物理场的影响,确定光纤传感器在变压器上的最佳安装位置和安装方式,开展光纤传感器的长期可靠性实验,为大规模推广应用奠定基础。

　　②研究基于光纤传感器的局部放电超声定位技术,明确光纤传感系统对不同位置局部放电超声信号的检测特性,建立定位算法,为诊断具体的故障类型和故障位置提供依据,为实现电力变压器的主动安全防护奠定基础。

参考文献

[1] 江秀臣,盛戈皞.电力设备状态大数据分析的研究和应用[J].高电压技术,

2018,44(4):1041-1050.

[2] 李元,张冠军,梁钰,等. 不同热老化程度下油纸绝缘沿面放电发展特性 [J].高电压技术,2017,43(3):923-930.

[3] 齐波,冀茂,郑玉平,等. 电力物联网技术在输变电设备状态评估中的应用 现状与发展展望[J].高电压技术,2022,48(8):3012-3031.

[4] 张宁,马国明,关永刚,等. 全景信息感知及智慧电网[J].中国电机工程学 报,2021,41(4):1274-1283,1535.

[5] 曹晓珑,钟力生.电气绝缘技术基础[M].北京:机械工业出版社,2010.

[6] 王威望,李盛涛.工程固体电介质绝缘击穿研究现状及发展趋势[J].科学 通报,2020,65(31):3461-3474.

[7] 唐炬,张晓星,肖淞.高压电气设备局部放电检测传感器[M].北京:科学出 版社,2017.

[8] 周芯,吴广宁,高波,等. 液压对油纸绝缘击穿特性及纸板损伤程度的影响 [J].高电压技术,2020,46(12):4155-4162.

[9] 李军浩,韩旭涛,刘泽辉,等.电气设备局部放电检测技术述评[J].高电压 技术,2015,41(8):2583-2601.

[10] 王国利,郝艳捧,李彦明.电力变压器局部放电检测技术的现状和发展 [J].电工电能新技术,2001,20(2):52-57.

[11] 律方成,刘云鹏,李燕青.电力变压器局部放电检测与诊断方法评述[J]. 华北电力大学学报,2003,30(6):1-5.

[12] 陈起超,张伟超,白仕光,等.非本征光纤法-珀传感器局部放电检测研究进 展[J].电工技术学报,2022,37(5):1305-1320.

[13] MA G M,WANG Y,QIN W Q,et al. Optical sensors for power transformer monitoring:A review[J]. High Voltage,2021,6(3):367-386.

[14] IEC 60270 Partial discharge measurements[S] ,2000.

[15] 王国利,郝艳捧,李彦明.电力变压器局部放电检测技术的现状和发展

[J]. 电工电能新技术,2001,20(2):52-57.

[16] 黄琮鉴. 基于超高频法的高压开关柜局部放电在线监测的研究[D]. 重庆:
重庆大学,2013.

[17] 宁佳欣. 电力变压器局部放电超高频在线监测方法研究[D]. 重庆:重庆大
学,2007.

[18] 张晓星,姚尧,唐炬,等. SF_6 放电分解气体组分分析的现状和发展[J]. 高
电压技术,2008,34(4):664-669,747.

[19] LI Dajian. Research on characteristics of acoustic signatures from typical
defects in GIS[J]. Xi'an,China:Xi'an Jiaotong University,2009:5-7.

[20] 白宇峰,何业慎,张翼英. 基于 BP 网络的声电联合检测在 GIS 局部放电的
定位研究[J]. 沈阳工程学院学报(自然科学版),2017,13(3):259-264.

[21] 乔学光,邵志华,包维佳,等. 光纤超声传感器及应用研究进展[J]. 物理学
报,2017,66(7):128-147.

[22] 郭少朋,韩立,徐鲁宁,等. 光纤传感器在局部放电检测中的研究进展综述
[J]. 电工电能新技术,2016,35(3):47-53,80.

[23] 郭少朋,高莹莹,徐鲁宁,等. 基于光纤法珀传感器的局部放电测试系统
[J]. 仪表技术与传感器,2015(12):61-64.

[24] 崔鲁,陈伟根,张知先,等. 植物油浸绝缘纸的热稳定性及其对气隙放电发
展的影响[J]. 中国电机工程学报,2018,38(4):1248-1254,1302.

[25] 高胜友,王昌长,李福祺. 电力设备的在线监测与故障诊断[M]. 2 版. 北
京:清华大学出版社,2018.

[26] 赵晓辉,杨景刚,路秀丽,等. 油中局部放电检测脉冲电流法与超高频法比
较[J]. 高电压技术,2008,34(7):1401-1404.

[27] IEC 60270, High-voltage test techniques:partial discharge measurements
[S]. 2000.

[28] 张强,李成榕,刘齐,等. 变压器升高座内部套管局部放电特高频信号传播

特征[J].电网技术,2017,41(4):1332-1337.

[29] 杜劲超,陈伟根,张知先,等.真型变压器局部放电超高频信号的传播特性[J].高电压技术,2020,46(6):2185-2191.

[30] 辛晓虎,李继胜,纪海英,等.用于变压器中局部放电定位的十字形超声阵列传感器研究[J].中国电机工程学报,2013,33(21):154-162,205.

[31] 任明,夏昌杰,陈荣发,李信哲,董明,王思云.局部放电多光谱比值特征分析方法[J/OL].中国电机工程学报:1-10[2022-08-17].http://kns.cnki.net/kcms/detail/11.2107.

TM.20220106.1507.016.html.

[32] 王建新,陈伟根,王品一,等.变压器故障特征气体空芯反谐振光纤增强拉曼光谱检测[J].中国电机工程学报,2022,42(16):6136-6144,6187.

[33] IEEE C57.127,IEEE Guide for the Detection,Location and Interpretation of Sources of Acoustic Emissions from Electrical Discharges in Power Transformers and Power Reactors[S],2018.

[34] SIKORSKI W.Development of acoustic emission sensor optimized for partial discharge monitoring in power transformers[J].Sensors,2019,19(8):1865.

[35] Bengtsson,T.;Leijon,M.;Ming,L.Acoustic frequencies emitted by partial discharges in oil[C].In Proceedings of the 8th International Symposium on High Voltage Engineering,Yokohama,Japan,23-27 August 1993.

[36] Bengtsson,T.;Jönsson,B.Transformer PD diagnosis using acoustic emission technique[C].In Proceedings of the 10th International Symposium on High Voltage Engineering,Montréal,QC,Canada,25-29 August 1997.

[37] SAKODA T,ARITA T,NIEDA H,et al.Studies of elastic waves caused by *Corona* discharges in oil[J].IEEE Transactions on Dielectrics and Electrical Insulation,1999,6(6):825-830.

[38] CIGRE D1.29,Partial Discharges in Transformer[S],2017.

[39] MARKALOUS S M, TENBOHLEN S, FESER K. Detection and location of partial discharges in power transformers using acoustic and electromagnetic signals[J]. IEEE Transactions on Dielectrics and Electrical Insulation, 2008, 15(6):1576-1583.

[40] ILKHECHI H D, SAMIMI M H. Applications of the acoustic method in partial discharge measurement: A review[J]. IEEE Transactions on Dielectrics and Electrical Insulation, 2021, 28(1):42-51. [LinkOut]

[41] IEEE Std C57. 127-2000. IEEE Guide for the Detection and Location of Acoustic Emissions From Partial Discharges in Oil-Immersed Power Transformers and Reactors[S]. Piscataway, NJ, USA: Institute of Electrical and Electronics Engineers, 2000:57P; A54.

[42] SIKORSKI W. Active dielectric window: A new concept of combined acoustic emission and electromagnetic partial discharge detector for power transformers[J]. Energies, 2019, 12(1):115.

[43] SIEGEL M, BELTLE M, TENBOHLEN S, et al. Application of UHF sensors for PD measurement at power transformers[J]. IEEE Transactions on Dielectrics and Electrical Insulation, 2017, 24(1):331-339.

[44] CASTRO B, CLERICE G, RAMOS C, et al. Partial discharge monitoring in power transformers using low-cost piezoelectric sensors[J]. Sensors, 2016, 16(8):1266.

[45] SIKORSKI W. Development of acoustic emission sensor optimized for partial discharge monitoring in power transformers[J]. Sensors, 2019, 19(8):1865.

[46] ZHOU H Y, MA G M, ZHANG M, et al. A high sensitivity optical fiber interferometer sensor for acoustic emission detection of partial discharge in power transformer[J]. IEEE Sensors Journal, 2021, 21(1):24-32.

[47] DANDRIDGE A, KERSEY A D. Overview of Mach-Zehnder sensor technology

and applications[C] //Fiber Optic and Laser Sensors VI. Boston, MA. SPIE, 1989:34.

[48] BUCARO J A, DARDY H D, CAROME E F. Fiber-optic hydrophone[J]. The Journal of the Acoustical Society of America, 1977, 62(5):1302-1304.

[49] GREENE J A, TRAN T A, BHATIA V, et al. Optical fiber sensing technique for impact detection and location in composites and metal specimens[J]. Smart Materials and Structures, 1995, 4(2):93-99.

[50] GUNTHER M F, WANG A B, FOGG B R, et al. Fiber optic impact detection and location system embedded in a composite material[C] //Fiber Optic Smart Structures and Skins V. Boston, MA. SPIE, 1993:262-269.

[51] Pham T, Sim L. Acoustic detection and tracking of small, low-flying threat aircraft[C] //23rd Army Science Conference, 2002.

[52] 郭少朋, 韩立, 徐鲁宁, 等. 光纤传感器在局部放电检测中的研究进展综述 [J]. 电工电能新技术, 2016, 35(3):47-53, 80.

[53] DE MELO A G, BENETTI D, DE LACERDA L A, et al. Static and dynamic evaluation of a winding deformation FBG sensor for power transformer applications[J]. Sensors, 2019, 19(22):4877.

[54] 石城, 马国明, 毛乃强, 等. 基于波分时分复用技术的变压器局部放电光纤 超声定位技术研究[J]. 中国电机工程学报, 2017, 37(16):4873-4879, 4913.

[55] MURPHY K A, GUNTHER M F, VENGSARKAR A M, et al. Quadrature phase-shifted, extrinsic Fabry-Perot optical fiber sensors[J]. Optics Letters, 1991, 16(4):273-275.

[56] BEARD P C, PERENNES F, MILLS T N. Transduction mechanisms of the Fabry-Perot polymer film sensing concept for wideband ultrasound detection [J]. IEEE Transactions on Ultrasonics, Ferroelectrics, and Frequency Control,

1999,46(6):1575-1582.

[57] DENG J D,XIAO H,HUO W,et al. Optical fiber sensor-based detection of partial discharges in power transformers[J]. Optics & Laser Technology,2001, 33(5):305-311.

[58] WANG X D,LI B Q,XIAO Z X,et al. An ultra-sensitive optical MEMS sensor for partial discharge detection [J]. Journal of Micromechanics and Microengineering,2005,15(3):521-527.

[59] AKKAYA O C, AKKAYA O, DIGONNET M J F, et al. Modeling and demonstration of thermally stable high-sensitivity reproducible acoustic sensors [J]. Journal of Microelectromechanical Systems,2012,21(6):1347-1356.

[60] Ma J,Xuan H,Ho H L,et al. Fiber-optic Fabry-Pérot acoustic sensor with multilayer graphene diaphragm[J]. IEEE Photonics Technology Letters,2013, 25(10):932-935.

[61] YU F F,LIU Q W,GAN X,et al. Ultrasensitive pressure detection of few-layer MoS_2[J]. Advanced Materials,2017,29(4):1603266.

[62] ZHANG W,LU P,NI W J,et al. Gold-diaphragm based Fabry-Perot ultrasonic sensor for partial discharge detection and localization [J]. IEEE Photonics Journal,2020,12(3):6801612.

[63] CHEN K,YU Z H,YU Q X,et al. Fast demodulated white-light interferometry-based fiber-optic Fabry-Perot cantilever microphone[J]. Optics Letters,2018, 43(14):3417-3420.

[64] Vallen H. Acoustic Emission Testing:Fundamentals,Equipment,Applications [M]. Castell,2006.

[65] IEEE Std C57. 127-2007. IEEE Guide for the Detection and Location of Acoustic Emissions From Partial Discharges in Oil-Immersed Power Transformers and Reactors[S]. Piscataway,NJ,USA:Institute of Electrical and

Electronics Engineers,2007:57P；A54.

[66] Bengtsson T, Kols H, Jonsson B. Transformer PD diagnosis using acoustic emission technique[J].1997.

[67] CIGRE Working Group D1.47. High Voltage Test Techniques—measurement of Partial Discharges by Electromagnetic and Acoustic Methods[S].London, UK:CIGRE Working Group,2016.

[68] CIGRE Working Group D1.29. Partial Discharges in Transformers [S]. London,UK:CIGRE Working Group,2017.

[69] 司文荣,李泽春,熊朝羽,等.基于 MEMS 光纤超声传感器的局放定位系统研制[J].传感技术学报,2020,33(10):1522-1528.

[70] 吴旭涛.电力设备状态检测光纤传感技术[M].北京:中国电力出版社,2020.

[71] 方祖捷,秦关根,瞿荣辉,等.光纤传感器基础[M].北京:科学出版社,2014.

[72] 毕卫红.本征不对称光纤法布里-珀罗干涉仪的理论模型[J].光学学报,2000,20(7):873-878.

[73] 程立丰,张伟超,赵洪,等.固体介质声耦合光纤法-珀传感器局部放电检测方法[J].广东电力,2020,33(9):11-17.

[74] 陈起超,赵洪,张伟超.外置油腔耦合局放超声非本征光纤法布里-珀罗传感器[J].光学 精密工程,2020,28(7):1471-1479.

[75] 魏宁.光纤法布里—珀罗传感器局部放电检测方法研究[D].哈尔滨:哈尔滨理工大学,2018.

[76] 周进.多参数分布式光纤传感系统关键技术研究[D].重庆:重庆大学,2015.

[77] 胡广书.现代信号处理教程[M].2 版.北京:清华大学出版社,2015.